这是一本提供学习资源的教材

建议配合二维码一起使用本书

获取资源

Yee4mW18052334299401216O2

资源兑换码

全书总的资源码

1. 用手机扫“资源兑换码”，注册“天生云课程”用户，再完成兑换。

2. 兑换后，扫描右边“全书总的资源码”查看对应资源。

3. 若使用电脑，可通过浏览器访问“天生云课程”https://course.xdcbs.com，注册用户，再搜索进入《奥妙植物学》页面，点击“购买课程”后，输入二维码下方兑换码，完成兑换。

4. 一个二维码或兑换码仅限兑换一次。

5. 最终解释权归西南大学出版社所有，如有疑问，请联系客服。

电话:023-68253858 023-68868624

全国高等院校“新农科”建设系列规划教材

·植物生产类·

奥妙植物学

杨晓红◎主编　杨　毅◎副主编

西南大学出版社
SWUP 国家一级出版社 全国百佳图书出版单位

图书在版编目（CIP）数据

奥妙植物学 / 杨晓红主编. -- 重庆 : 西南大学出版社, 2024.5
ISBN 978-7-5697-2327-4

Ⅰ. ①奥… Ⅱ. ①杨… Ⅲ. ①植物—普及读物 Ⅳ. ①Q94-49

中国国家版本馆CIP数据核字(2024)第059780号

奥妙植物学

AOMIAO ZHIWUXUE

主　编　杨晓红

副主编　杨　毅

责任编辑： 鲁　欣
责任校对： 陈　欣
装帧设计： 汤　立
排　　版： 吴秀琴
出版发行： 西南大学出版社（原西南师范大学出版社）
印　　刷： 重庆恒昌印务有限公司
成品尺寸： 185 mm×260 mm
印　　张： 14.5
字　　数： 318千字
版　　次： 2024年5月 第1版
印　　次： 2024年5月 第1次印刷
书　　号： ISBN 978-7-5697-2327-4

定　　价： 48.00元

编 委 会

主　　编：杨晓红（西南大学）

副 主 编：杨　毅（四川大学）

编写人员：施松梅（云南农业大学）

曾　静（长江师范学院）

周　游（三峡学院）

杨一丰（重庆中医药学院）

仝瑞建（菏泽学院）

前言

“奥妙植物学”是西南大学在2003年秋季开创设置的一门大学生特色通识教育选修课，开课至今已有20年，至今校内可查选课人数超过1.4万人，年均选课人数超过700人。2019年至2024年春季，在中国大学MOOC、超星尔雅开设线上课11期，在中国大学MOOC学堂在线国际平台开设中英文对译线上课7期。在限制选课人数的情况下，5年内线上选课人数0.4万余人，累计页面浏览量超过238万次，年均选课人数超过800人，选课人数平稳增长。“奥妙植物学”课程获得了西南大学首批文化素质教育精品课程建设的支持，2019年被评为重庆市高校精品在线开放课程。不少高校都开设了“奥妙植物学”公选课，如清华大学、西南大学、四川农业大学、广州中医药大学等40余所高校开设了该门课程作为公选课，因此编写一本符合时代要求、教学要求的《奥妙植物学》教材显得尤为重要。

为了全面贯彻党的教育方针，落实立德树人根本任务，面向新技术、新模式对人才培养的新要求，对标一流、拓宽基础、强化交叉，我们邀请了西南大学、四川大学、云南农业大学、重庆中医药学院、三峡学院、长江师范学院、菏泽学院7所大学的一线专家来承担编写任务，以期提高教材的质量。同时，教材更新了知识体系，增加了丰富的课程思政内容，结合不同学科的内容，体现时代特征，完善通识教育教材体系，满足新农科等学科建设发展需要。

通识教育是普通高等学校人才培养的重要组成部分，旨在培养学生的科学精神和人文素养，促进学生全面发展，是普通高等学校教育质量的重要保证。本教材是“奥妙植物学”通识教育课的配套教材，坚持以学生为中心，采取学生线上自主学习与线下教师授课相结合的教学模式。教材配备的在线课程面向全球开放，师生互动便捷高效，修读模式得以进一步完善，通识教育情境性特征更加突出。编写团队从知识、文化、素质、能力等方面体现本教材的通识性、高阶性和挑战性，致力于把《奥妙植物学》教材建设成有中国特色的高等教育教学通识选修课教材。

《奥妙植物学》也可作为《植物学》的一本补充教材，让读者视野更广阔，站位更高，极具可读性，是高校师生、中学师生、科普教育机构以及海外学生了解植物奥秘的可选教材或参考书。

本教材由西南大学杨晓红教授担任主编、四川大学杨毅教授担任副主编，云南农业大学施松梅、长江师范学院曾静、三峡学院周游、重庆中医药学院南川药物种植研究所杨一丰和菏泽学院仝瑞建等一线专家参与编写。由于编者水平有限、编写时间仓促，本教材难免还存在不足之处，恳请广大读者批评指正，我们将诚恳接受，以便重印、再版时修订。

本教材中所列资料，除编者原创的外，大多来源于植物学教材、植物学挂图、植物学网站、新闻报道以及其他数据库，未能在书中一一列出，在此向这些资料的原创作者致以诚挚的谢意和崇高的敬意！

杨晓红

2024年4月于西南大学

CONTENTS 目录

第一章

丰富的植物资源

地球上有大约50万种植物，中国有高等植物3万余种，仅次于巴西和哥伦比亚，居世界第三位；苔藓植物2200种，占世界总种数的9.7%，隶属106科，占世界科数的70%；蕨类植物2200~2600种，隶属52科，分别占世界总种数的22%和总科数的80%；裸子植物全世界共15科，79属，约850种，中国就有12科，34属，约250种，是世界上裸子植物最多的国家；被子植物中国约有328科，3123属，3万多种，分别占世界科、属、种数的75%、30%和10%。中国是植物资源十分丰富的国家，其中可作为资源开发利用的共2411种，约为全国植物种类的10%。

研究资源植物的分布、分类、引种驯化，资源植物中有用物质的特性、形成、积累和转化的规律，以及资源植物的开发利用、保护与人类社会和自然环境需求关系的学科称为资源植物学（resource botany）。资源植物是研究自然界所有植物的分布、数量、用途及其开发的科学，与药用植物学、植物分类学和保护生物学有密切关系。我国著名学者吴征镒院士定义植物资源为一切有用植物的总和，并将植物资源按用途分为五大类：食用植物资源、药用植物资源、工业用植物资源、保护和改造环境用植物资源、种质资源。植物资源是国家的重要财富，国家要发展经济，必须可持续地开发和利用植物资源。

在已发现的约50万种植物中，包括了藻类、地衣、苔藓、蕨类和种子植物。它们的大小、形态、结构、寿命和生活习性、营养方式、生态特性等是多种多样的，支原体（一类只有质膜、无细胞壁的原核细胞微生物）最小的直径为0.1 μm，而巨杉高可达142 m；最简单的单细胞植物只有一个细胞，如衣藻，比较复杂的有多细胞群体，继而出现丝状体，而后演化出具有根、茎、叶的多细胞植物体。有的生活在陆地上，有的生活在水中；有的需要强烈的阳光，有的则喜生于光弱的阴暗处；有的营自养生活，有的营异养生活等。

很多植物体内具有叶绿素，吸收太阳光能，表现出绿色，这叫作绿色植物；另一大类不具叶绿素的，叫作非绿色植物。

植物的多种多样不是偶然产生的，而是植物有机体在和环境的相互作用中，经过长期不断的遗传、变异、适应和选择等一系列的矛盾运动，有规律地演化而成的。演化规律是由原核到真核、水生到陆生、简单到复杂、低等到高等。

我国是世界上植物种类最丰富的国家之一，也是经济植物最多的国家之一，许多植物不仅原产于我国，还多引种到国外。裸子植物多是经济用材树种，我国的银杏、水杉、银杉素有三大活化石（也是重要的孑遗植物）之誉，另外台湾杉、粗榧等也是孑遗植物。我国还有许多特产树种，如金钱松、油杉、红豆杉、白豆杉、根树、福建柏等。被子植物中，粮食作物如水稻、小米（粟）早在数千年前已有栽培，大豆原产于我国。果树中的桃、梅、梨、枇杷、荔枝、杨梅、橙、栗等皆原产于我国。蔬菜种类在世界上也居前列。我国特种经济植物有条桑、油桐、苎麻、大麻等。观赏植物以种类繁多闻名于世，如牡丹、芍药、茶花等均为我国特产。药用植物有人参、首乌、贝母等数千种，更是宝贵的财富。

我国广东、广西、福建、台湾和云南南部的热带地区，气候温暖，雨水充沛，有利于植物的繁殖生长，仅广东一省就有几千种有花植物。这一地区植物种类繁多，有菠萝、甘蔗、剑麻等农田、山谷植物，海湾内有抗强风的红树，果树有荔枝、龙眼、芒果等，还有橡胶、椰子、咖啡、可可、胡椒、油棕、槟榔等经济作物。我国台湾地区盛产香樟，樟脑的产量极大。

农业是国民经济的基础。人类生活中的衣、食、住、行的物质基础都直接或间接地来自植物。各种动物，包括家畜、家禽、鱼类等，其饲料也离不开植物。冶炼工业、医药卫生等方面也与植物密切相关。在环境保护方面，农业生产上大量应用有毒农药，工业生产排放各种有害的废气、废水、废渣，污染环境，危害人民健康。可以利用某些绿色植物来净化空气，利用某些藻类和细菌来净化污水，利用植物和微生物来净化土壤等，从而保护环境。此外，造林、种草、种花可以美化环境，也可以保护、改造和改良生态环境，维持生态平衡。

第一节

食用植物

绿色植物能够将太阳能转化为化学能，是所有动物的直接或间接的能量来源。食物提供给人类生存所需要的物质及能量，维持人类生活所需。

粮食作物包括三类：一是种子中淀粉含量很高的谷类作物；二是种子中富含蛋白质、脂肪等营养成分的豆类作物；三是块根、块茎等富含淀粉等营养成分的薯类作物。随着科技不断发展，一批高产、稳产、优质的粮食作物不断被科技人员培育出来，为我国和世界农业做出了重要贡献。本节重点介绍谷类和薯类作物。

一、稻(水稻) *Oryza sativa* L.

在中国，水稻的栽培历史十分悠久，河母渡遗址出土的大量稻谷遗存，经测定距今7000年左右，研究水稻的起源与演化对人类来说意义重大。除旱稻的生态型外，水稻都在热带、亚热带和温带等地区的沿海平原、潮汐三角洲和河流盆地的淹水地栽培。种子播在准备好的秧田上，在苗龄为20~25 d时移植到周围有堤的水深为5~10 cm的稻田内。收获的稻粒称为稻谷，有一层外壳，碾磨时常把外壳连同米糠层一起去除。碾磨时只去掉外壳的稻米叫糙米，富含淀粉，并含约8%的蛋白质和少量脂肪，含硫胺、烟酸、核黄素、铁和钙。碾去外壳和米糠的大米叫精米或白米，其营养价值大大降低。米的食用方法多为煮成饭，在东方、中东及许多其他地区，米可配以各种汤、配菜、煮茶食用。碾米的副产品主要是米糠，可用作饲料。加工米糠得到的油既可作为食品，也可用于工业。碎米用于酿酒、提取工业用酒精和提取淀粉及制作米粉。稻壳可作燃料、填料、抛光剂，也可用以制造肥料和糠醛。稻草用作饲料、牲畜垫草、覆盖屋顶材料、包装材料，还可制席垫、服装和扫帚等。稻的主要生产国是中国、印度、日本、孟加拉国、印度尼西亚、泰国和缅甸等，其他重要生产国有越南、巴西、韩国、菲律宾和美国等。水稻也是许多国家、地区和民族之间的物质和精神纽带。

杂交水稻之父袁隆平院士与水稻

水稻是世界主要粮食作物之一，在我国主要分布于长江流域，是禾本科、禾亚科的一年生草本，须根系，不定根发达。高1 m左右。秆直立，圆柱状。叶鞘与节间等长，下部长于节间；叶舌膜质而较硬，窄长披针形，基部两侧下延长成叶鞘边缘；叶片扁平披针形，长25~60 cm，宽5~15 mm，幼时具明显叶耳。圆锥花序疏松，颖片常粗糙；小穗长圆形，通常带褐紫色，退化外稃锥刺状；能育外稃具5条脉，被细毛，有芒或无芒；内稃3条脉，被细毛；鳞被2枚，卵圆形；雄蕊6枚；花柱2个，柱头帚刷状，自小花两侧伸出。自花授粉，颖果平滑，粒饱满，稍圆，色较白，煮熟后黏性较大。花果期7—8月。

中国工程院院士、世界“杂交水稻之父”、农学家、杂交水稻育种专家袁隆平研究员长期从事杂交水稻育种理论研究和制种技术实践。1964年，他在国内首创水稻雄性不育研究；1970年，其助手李必湖和南红良种繁育场的技术员冯克珊在海南发现一株花粉败育的雄性不育野生稻，成为突破“三系”配套的关键；1972年育成中国第一个大面积应用的水稻雄性不育系“二九南一号A”和相应的保持系“二九南一号B”；1974年育成了第一个大面积推广的强优组合“南优二号”，并研究出整套制种技术；1986年提出了杂交水稻育种分为“三系法品种间杂种优势利用、两系法亚种间杂种优势利用到一系法远缘杂种优势利用”的战略设想。2023年10月14日,超级杂交水稻单季亩(1亩≈666.7 m^2)产1200 kg超高产攻关测产验收会在四川省凉山彝族自治州德昌县举行,最终测定3块田平均亩产1251.5 kg,创造了杂交水稻单季亩产的世界新纪录。

二、小麦 *Triticum aestivum* L.

自古以来,小麦和稻米就是人类的主要食物来源。欧洲、非洲、美国、澳大利亚和亚洲部分地区的主要食物是小麦,世界上大约三分之一的人口依赖小麦生存。可以肯定,人类文明的历史与小麦的历史紧密相关。据考古学家研究发现,小麦原产于北非或者西亚,大约在1万年前,人类就开始把野生的小麦当作食物。在古埃及的石刻中,已有对小麦的记载。作为人类最早采集、食用、储存的谷物,小麦大约在5000年前被驯化为栽培作物传入欧洲和非洲,并逐渐引种到世界各地。15世纪末哥伦布第二次远航时,首次将小麦、稻米和大麦带到美洲新大陆。

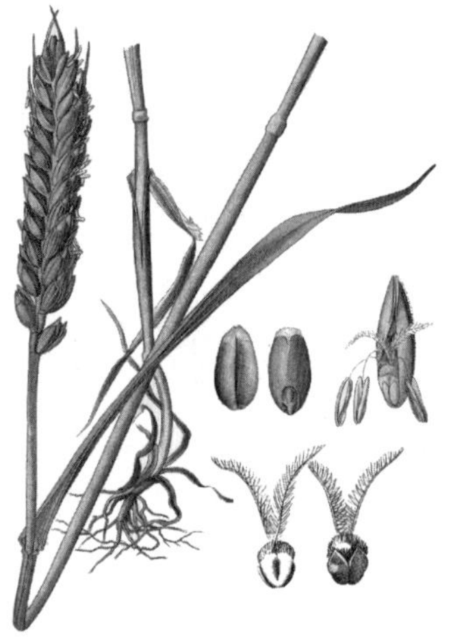

小麦

有学者认为,小麦大约在4000年前经两个途径传入中国。一个是草原通道,传播路线为西亚—中亚—欧亚草原诸青铜文化—中国北方文化区—黄河中下游地区;另一个是绿洲通道,传播路线为西亚—中亚—帕米尔高原—塔里木盆地南北两侧的绿洲—河西走廊—黄土高原地区。中国栽培小麦的历史悠久,根据有文字可考的历史记载,商代(公元前16世纪—公元前11世纪)种植的农作物中就有“麦”,《诗经》里多处提到“麦”“来”“牟”等。小麦引入中国后,经过数千年的栽培演变,不仅产生了性状各异的品种,并且形成了三个独特的普通小麦亚种,即云南小麦(云南铁壳麦)、西藏半野生小麦和新疆小麦(新疆稻麦),所以中国是小麦的一个次生起源中心。

云南小麦(云南铁壳麦)、西藏半野生小麦和新疆小麦(新疆稻麦)的起源问题一直是个谜,而且学术界争论激烈。2005年,贵州师范大学教授陈庆富和四川农业大学教授颜济等人提出,西藏半野生小麦和云南小麦,可能都是中东原始小麦品种,传入中国后分别在西藏和云南保存了与环境相适应的类型。他们发现这两种小麦具有相同的碎穗基因和包壳基因,所以推断它们可能是同一起源。新疆小麦可能起源于中国新疆,是含有黄化基因 *Ch1* 的波兰小麦与中国的节节麦天然杂交并且染色体数目加倍的结果。

小麦是单子叶植物,禾本科,早熟禾亚科。一年生或越年生草本。秆中空或基部有髓,有分蘖,叶片长披针形,复穗状花序顶生,直立。小穗有3~9朵小花,单独互生于穗轴各节。外稃背部扁圆或多具脊,有芒或无芒。颖果顶端有毛,腹面具深纵沟。小麦在全世界广泛栽培，品种或类型极多，我国以普通小麦最为普遍。按播种期不同，可分为冬小麦和春小麦。按春化阶段对温度的要求不同有冬性、半冬性和春性之分。麦粒用于磨制面粉，为我国尤其是我国北方的主要粮食；麸皮可作饲料；麦芽可入药，秆为编织及造纸原料。

三、高粱 *Sorghum bicolor* (L.)Moench

高粱属于禾本科高粱属，是古老的谷类作物之一。它具有抗旱、耐涝、耐盐碱、适应性强等优点，在农业生产上一直占有重要的地位。

高粱在我国东北、华北种植面积较大，20世纪50年代以前为东北地区人民的主要粮食，但目前种植面积下降。较少直接食用，因为其蛋白质中含人体难以消化的醇溶性蛋白较多，而人体必需的赖氨酸、色氨酸偏低，加上其籽粒特别是深色的籽粒含有单宁，往往有涩味，适口性较差，所以目前除了少量用于煮饭外，更多的是用作饲料。在饲料中添加一定量的高粱可以增加牲畜的瘦肉比例，还可防治牲畜的肠道传染病。在工业上高粱还可以酿酒，做醋，生产酱油、味精或提取单宁等。

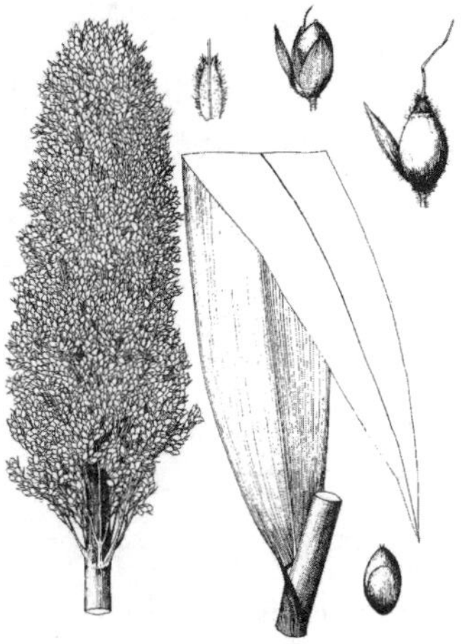

高粱

糖用高粱，又称甜高粱，一般茎秆较高、节间长、茎髓多汁，含糖量为10%~19%。这种高粱在我国长江中下游地区种植较多，常作为糖料作物。甜高粱秆可以像甘蔗那样直接生食，也可用于榨汁熬糖，做成糖稀、片糖、红糖粉或白砂糖等。饲用高粱一般以分蘖力强、生长旺盛、茎内多汁并有一定再生能力的品种为好，主要用作青饲、青贮或干草。但应注意，高粱幼嫩的茎叶含有蜀黍苷，牲畜食后在胃内能形成有毒的氰氢酸，所以含蜀黍苷多的品种不宜作青饲。工艺用高粱的茎皮坚韧，有紫色和红色等，是工艺编织的良好原料。此外，有的高粱品种适于制作扫帚，穗柄较长者可用来制作帘、盒等多种工艺品。

高粱为异花授粉作物，广泛分布在世界各地，在长期的种植过程中形成了许多的变种和类型。按其穗部性状可分成散穗和紧穗两种；按其原产地和生态类型可分成中国高粱、印度高粱、非洲高粱等多种类型。生产上多是根据其用途划分成粒用高粱、糖用高粱、饲用高粱和工艺用高粱四类。粒用高粱顾名思义是收获其籽粒用作粮食、饲料或是工业原料，这种高粱一般籽粒大而外露，易脱粒，品质较优。高粱籽粒一般淀粉含量为60%~70%，蛋白质为10%左右，营养价值不是很高。高粱的营养价值与玉米近似，稍有不同的是高粱籽粒中的淀粉、蛋白质、铁的含量略高于玉米，而脂肪、胡萝卜素的含量略低。

四、玉蜀黍(玉米) *Zea mays* L.

玉米

墨西哥是玉米的故乡,墨西哥人对玉米有着深厚的感情。现代考古证实,玉米起源于生长在墨西哥的小颖大刍草亚种和墨西哥高原大刍草亚种。经过培育,在3000~4000年前,中美洲的古印第安人已经开始种植玉米了。现在的墨西哥人的玉米种植和加工技术可以说是已经发展到了极致。墨西哥人最先培育并推广了彩色玉米,像深蓝色、墨绿色、紫红色,还有红、黄、蓝、白、绿各色间杂的五彩玉米。玉米是墨西哥文化的根基,是墨西哥的象征,是墨西哥人无穷无尽的灵感源泉,墨西哥人自豪地称自己为玉米人。我国黑龙江的青冈、湖北的武汉等地举办过玉米文化节。

玉米学名为玉蜀黍,亦称包谷,禾本科,玉蜀黍属。一年生草本,茎秆粗壮、直立、多节、实心,高1~4 m,通常不分枝。叶片阔线形,小穗单性,雌雄同株异花,雄花序为顶生的圆锥花序;雌花序腋生,肉穗花序,雌蕊有细长的丝状花柱伸出苞鞘之外,苞鞘可作造纸原料;花柱(玉米须)作药用,能利尿消肿;果穗轴可造酒或作饲料。

玉米的利用价值较高,现今全世界约有1/3的人以玉米籽粒作为主要粮食,其中玉米在亚洲人的食物中占50%,多者达90%,非洲占25%,拉丁美洲占40%。玉米的营养价值优于稻米、薯类等,缺点是颗粒大、食味差、黏性小。随着玉米加工业的发展,玉米的食用品质不断改善,形成了种类多样的玉米食品。

玉米籽粒中含有70%~75%的淀粉,10%左右的蛋白质,4%~5%的脂肪,2%左右的维生素。玉米籽粒中的蛋白质、脂肪、维生素A、维生素B_1、维生素B_2的含量均比稻米高。玉米籽粒的热量很高,每100 g籽粒中约有1528 kJ的热能,比高粱、大麦、燕麦高。

专家们对玉米、稻米、小麦等多种粮食作物进行了营养价值和保健作用的各项指标对比,结果发现:玉米的维生素含量非常高,为稻米、小麦的5~10倍。同时,玉米含有大量的营养保健物质,对预防心脏病、癌症等疾病有很大的好处。研究还显示,特种玉米的营养价值要高于普通玉米。比如,甜玉米的蛋白质、脂肪及维生素含量就比普通玉米高1~2倍;“生命元素”硒的含量比普通玉米高8~10倍;在17种氨基酸中,有13种的含量高于普通玉米。此外,鲜玉米的水分、活性物质等各种营养物质的含量也比老熟玉米高很多,因为在贮存过程中,玉米的营养物质含量会快速下降。德国著名营养学家拉赫曼教授指出,在当今被证实的最有效的50多种营养保健物质中,玉米含有多种,如钙、谷胱甘肽、胡萝卜素、镁、硒、维生素E和脂肪酸等。经测定,每100 g玉米能提供近300 mg的钙,几乎与乳制品中所含的钙差不多。丰富的钙可起到降血压的功效,如果每天摄入1 g钙,6周后血压能降低9%。此外,玉米中所含的胡萝卜素,被人体吸收后能转化为维生素A，它具有防癌作用；植物纤维素可以治疗糖尿病、便秘、肥胖症以及抗癌等；天然维生素E具有调节血压、延缓衰老、促进血液循环、保护皮肤黏膜等功能，还能减轻动脉硬化和脑功能衰退。

五、燕麦 *Avena sativa* L.

野燕麦原为谷类作物的田间杂草，后被驯化为农作物即燕麦。燕麦为世界性栽培作物，分布广泛，但集中产区是北半球的温带地区，最大的燕麦生产国是俄罗斯，总产量占全世界的40%以上。中国燕麦的栽培历史悠久，距今已有两千多年；中国燕麦在内蒙古种植面积最大，约占全国燕麦总面积的40%。中国的栽培燕麦以大粒裸燕麦为主，俗称莜麦、铃铛麦。

燕麦一般分为带稃型和裸粒型两大类。世界上许多国家栽培的燕麦以带稃型的为主，常称为皮燕麦。我国栽培的燕麦以裸粒型为主，常称裸燕麦。裸燕麦的别名颇多，在我国华北地区称为莜麦，西北地区称为玉麦，西南地区有时称燕麦为莜麦，东北地区称为铃铛麦。

燕麦在我国种植历史悠久，遍及各山区、高原和北部高寒冷凉地带。历年种植面积超过100万 hm^2，其中裸燕麦占燕麦播种面积的92%。主要种植在内蒙古、河北、山西、甘肃、陕西、云南、四川、宁夏、贵州、青海等省(自治区)，其中前4个省(自治区)种植面积约占全国总面积的90%。种植燕麦的县有200多个，但集中产区是内蒙古自治区的阴山南北，河北省阴山和燕山地区，山西省太行山和吕梁山区，陕、甘、宁、青的六盘山、贺兰山和祁连山，云、贵、川的大凉山、小凉山及其他高海拔地区。2021年，全国燕麦种植面积为52.5万 hm^2，由于新品种的不断推广和栽培技术水平的提高，平均产量达到750~1125 kg/hm^2。实践证明，在我国裸燕麦是适应性强、产量较高的粮、饲兼用作物。

燕麦

燕麦为禾本科一年生草本粮食作物，秆高60~100 cm，直立，叶舌膜质，椭圆形，半透明，外围锯齿状，无叶耳或叶耳不显著。圆锥花序，花枝具棱角，有4~9个主分枝，主分枝再生分枝，每小穗2~5朵花，内颖较外颖长，颖与小穗等长，宿存，披针状，先端细尖，平滑，7~11条脉，并具横隔脉，纸质；外稃具芒，狭长椭圆形披针状，背部圆形，坚硬，下半部被小刺毛，7~9条脉；小穗轴伸长，近于无毛或疏生短毛，不易断落；小穗含1~2朵小花；芒由背面中央处长出，内稃较外稃短，棱脊上被短毛。颖果被毛，腹面有腹沟，有丛毛着生顶部，内外颖不易脱离。第1外稃背部无毛，基部仅具少数短毛或近于无毛，无芒；或仅背部有1较短的芒，第2外稃无毛，通常无芒。

在我国人民日常食用的粮食中，燕麦的经济价值极高，其主要表现在营养、医疗保健和饲用价值均高。

（1）营养价值高。在我国，有的裸燕麦品种的粗蛋白质含量超过了20%，脂肪含量在8%左右，淀粉含量高，且富含人体所需的氨基酸、微量元素和膳食纤维。燕麦中水溶性膳食纤维分别约为小麦和玉米的4倍和7倍。燕麦中的B族维生素（烟酸、叶酸、泛酸等）的含量都比较丰富，每100 g燕麦粉中维生素E含量高达15 mg。此外燕麦粉中还含有谷类粮食中均缺少的皂苷。蛋白质的氨基酸组成比较全面，包括人体必需的8种氨基酸，赖氨酸含量达0.68 g/100 g。燕麦最常见的吃法是用开水和面之后，趁热在涂有油的陶瓷板上推成薄的指筒状的"窝窝"或压成"饸饹"蒸熟食用，也可制成炒面加水调食，燕麦片、燕麦粥可作为各国人民的早餐食品。燕麦粉也是制作高级食品的原料，还可制作肥皂、化妆品。涂有燕麦粉的纸张具有防腐作用，适用于包装乳制品。从绿色的燕麦干草中可提取叶绿素、胡萝卜素。

（2）医疗保健价值高。A.控血糖：燕麦中的β-葡聚糖不仅能增强胰岛素的敏感性，而且吸水后具有较高的黏度，在胃中能够延缓食物排空的速度，减少消化酶对碳水化合物的水解，并且抑制葡萄糖在小肠内的扩散和吸收，减缓餐后血糖的上升速度，有助于维持血糖平稳。B.控血脂：多吃燕麦有利于降低总胆固醇，进而降低心血管疾病的发病率。C.控体重：燕麦β-葡聚糖对减肥很有帮助，可以减少腹部脂肪。β-葡聚糖具有吸水膨胀的作用，可以占据更多的胃部体积，增强饱腹感，有利于控制食欲，避免进食过量。D.维护肠道健康：燕麦β-葡聚糖能改善肠道菌群环境，在大肠中被微生物酵解后，会被盲肠内的乳酸菌和双歧杆菌发酵，从而产生对人体健康有益的双歧杆菌。E.增强免疫力：β-葡聚糖能够与免疫细胞的表面受体结合，激活和调节免疫细胞，刺激免疫反应，增强机体免疫力。

（3）饲用价值高。燕麦秸秆对牲畜来说适口性好，粗蛋白含量约为5.2%、粗脂肪含量约为2.2%、无氮浸出物含量约为44.6%，均比谷草、麦草、玉米秆高；难以消化的纤维含量约为28.2%，比小麦、玉米、粟秸低4.9%~16.4%，是最好的饲草之一。其籽实是饲养家畜家禽的优质饲料。

六、马铃薯 *Solanum tuberosum* L.

在我国，马铃薯在不同的地区叫法也不同，常被称为土豆、洋芋、山药蛋、洋番薯、洋山芋。它和玉米、小麦、水稻、燕麦被称为世界五大粮食作物。

据中国农业科学院报道，世界公认的马铃薯起源中心有两个：马铃薯栽培种起源于秘鲁和玻利维亚交界处的盆地中心地区，及南美洲秘鲁、玻利维亚沿安第斯山麓以及乌拉圭等地区。野生种起源于中美洲及墨西哥。马铃薯在世界范围内的传播，首先从南美洲传到欧洲，有两条路线：一条是1551年西班牙人将块茎带到西班牙介绍给国王，

1570年引进并在南部种植，后来传播到欧洲大部分国家以及亚洲的一些国家和地区；另一条是1588—1593年，马铃薯被引种到英格兰，并遍植英伦三岛及北欧诸国，后又引种至大不列颠所属殖民地及北美洲。

我国马铃薯的栽培始于明朝万历年间(1573—1620年)，京津地区可能是我国最早种植马铃薯的地区之一，已有近400年的栽培历史。在19世纪前期，我国的云南、贵州、山西和甘肃已有大面积种植，并有相当的产量。目前，全国种植面积较大的省份有甘肃、内蒙古、四川、贵州、云南。马铃薯产量高，营养丰富，对环境的适应性较强，现已遍布世界各地，热带和亚热带国家甚至在冬季或凉爽季节也可栽培并获得较高产量。

马铃薯

最重要的马铃薯栽培种是四倍体种，世界马铃薯主要生产国有波兰、中国、美国。中国马铃薯根据自然条件的不同，划分为：北方一作区，占比约50%；西南混作区，占比约37%；中原间作区，占比约8%；南方冬作区，占比约5%。

马铃薯是茄科茄属的一年生草本植物，高30~80 cm，无毛或疏被柔毛。茎分地上茎、地下茎、匍匐茎和块茎四部分，块茎块状，圆、扁圆、卵圆或长圆形，直径3~10 cm，外皮白色、淡红色或紫色等，薯肉有白、淡黄或黄色等。块茎可供食用，是重要的粮食、蔬菜兼用作物。普通栽培种马铃薯由块茎繁殖，形态因品种而异。由种子长成的植株形成细长的主根和侧根；而由块茎繁殖的植株则无主根，只形成须根系。初生叶为单叶，全缘，随植株的生长，逐渐形成奇数不对等的羽状复叶，小叶常大小相间，长10~20 cm，叶柄长2.5~5 cm，小叶6~8对，先端尖，基部稍不相等，全缘，两面均被白色疏柔毛。夏季开花，伞房花序顶生，有白、淡蓝、紫和淡红等色。花萼钟形，直径约1 cm，外面被疏柔毛，5裂，裂片披针形，先端长渐尖；花冠辐射状，直径2.5~3 cm，花冠筒隐于花萼内，长约2 mm，裂片5枚，三角形，长约5 mm；雄蕊长约6 mm，花药长为花丝长的5倍；子房卵圆形，无毛，花柱长约8 mm，柱头头状。浆果，圆球形，光滑，直径1.5 cm。

块茎富含淀粉，是淀粉工业的主要原料。食用土豆不必担心脂肪过剩，因为它只含有0.1%的脂肪，热能很低，每百克鲜土豆所产生的热量只有约80 kJ，而米、面每百克为110~360 kJ，因此食用土豆不会引起发胖，每天多吃土豆可以减少脂肪的摄入，是优质的减脂食物。也不必担心吃土豆营养单纯，不利于健康。在人们的印象里，黄豆含的优质蛋白是非常丰富的，其实土豆中的蛋白质能让黄豆自叹弗如。马铃薯还富含人体需要的其他营养素，如碳水化合物、维生素B、维生素C、钙、镁、钾等，且比米面的营养更全面。具有很高营养价值的苹果与土豆相比，也相形见绌，3.5 kg苹果与1 kg土豆的营养价值相当，因此欧洲人把土豆称为“地下苹果”。土豆营养价值之高，使美国营养学家断言:“每餐只要吃全脂奶和马铃薯,便可得到人体需要的全部营养素。”食用土豆更不必担心有难熬的饥饿感,土豆在补足人体需要的几乎全部营养素的同时,那丰富的纤维素可以让胃鼓鼓的,有饱腹之感,故土豆在欧美享有“第二面包”的称号。

【思考题】

1.什么叫粮食?包括了哪三大类?
2.世界杂交水稻之父是谁?
3.草本粮食植物有哪些?
4.木本粮食植物有哪些?
5.世界五大粮食作物指哪些?

第二节

能源植物

煤炭、石油、天然气等不可再生资源是能源的重要组成部分,但是,随着科技的飞速发展、人口的急剧增长和能耗的成倍增加,这些不可再生资源日趋紧缺,能源危机已直接威胁到世界的和平与发展,成为各个国家共同关注的战略难题。正当人们对能源的前景备感忧虑的时候,科学家们设想,既然煤炭、石油和天然气的“祖宗”皆系远古时代的植物,那么就有可能通过种植绿色植物来“生产”石油,从而为人们所利用。

美国加利福尼亚大学的化学家、诺贝尔化学奖得主梅尔温·卡尔文突发奇想,决定寻找可能生产“石油”的植物,进而从地里“种”出石油来。以卡尔文为代表的研究小组的足迹遍及世界各地,从寻找产生类似石油成分的树种入手,集中研究了十字花科、菊科、大戟科等十几个科的大部分植物,分析了这些植物的化学成分。功夫不负有心人,历经多年的寻觅,他们终于在巴西的热带雨林里发现了一种名为“三叶橡胶树”的高大的常绿乔木。这是一种能产生“石油”的奇树,人们只需要在它的树干上打一孔洞,就会有胶汁流出。卡尔文对这种胶汁进行了化验,发现其化学成分居然与柴油有着惊人的相似之处,无须加工提炼,即可充当柴油使用。将这种胶汁加入安装有柴油发动机的汽车的油箱,汽车可立即点火发动,上路行驶。1986年,美国率先种植石油植物,每公顷年收获“石油”120~140桶。随后,英国、法国、日本、巴西、菲律宾、俄罗斯等国也相继开展了石油植物的研究与应用,建立起石油植物园、石油农场等全新的石油生产基地。此外,他们还借助转基因技术培育新品种,采用更先进的栽培技术来提高产量。

能够生产"石油"的植物被称为21世纪的绿色能源。植物界可用于制成"石油"的植物品种很多,包括乔木、灌木、草本植物;另外,藻类、细菌等都含有可观的天然炼油物质。近年来,科学家还发现利用玉米、高粱、甘蔗等的秸秆可以生产燃料乙醇,用作汽车的动力燃料。

能源是人类社会进步的重要的基础,化石能源一直是人类社会发展的主要动力。随着工业的发展、人口的增长,人类对能源的需求不断增加,在化石能源大规模开采利用过程中对环境造成了严重的污染与不可逆的破坏。这种不可再生的耗竭性和破坏的不可逆性形成内在的危险性机理,威胁着社会可持续发展。研究现有生物柴油资源,开发替代的、可再生的环保型能源显得非常迫切。生物柴油是清洁的可再生能源,是以能源作物、能源林木果实、工程微藻以及动物油脂、废餐饮油等为原料制成的液体燃料,是优质的石油和柴油代用品,又称"绿色能源"。

中国广阔的土地面积、适宜的土壤质地和气候条件可以满足多种能源植物的生长,是生物柴油原料供应的坚实基地。目前,我国栽植了大戟科、漆树科、夹竹桃科、桃金娘科、樟科、山茶科、桑科、十字花科等科的植物,适应大面积推广应用的有夹竹桃、桉树、澳洲金合欢、油桐、油菜等,这些植物在中国分布较广,适应性很强。结合农业产业结构的调整、林业的退耕还林、园林的城市生态林等项目,加上生物柴油龙头企业的牵动,我国生物柴油领域的发展速度将大大提升。

发展生物柴油的瓶颈在于原料供给。植物油的价格占生物柴油总成本的70%~80%,比投资、操作费用、能耗等的占比都更大,显然,原料是生物柴油经济发展的限制性因素。要建立持续发展的生物柴油厂,必须建立起稳定、足量、优质、价廉的植物油供应基地。

由能源植物中提炼出来的脂质物,可供食用、工业用和作为生物质能源。草本能源主要有油菜籽、花生、萝卜籽、芝麻、向日葵、小葵子、胡麻、红花、苏子、火麻子等,木本能源主要有油棕、核桃、油茶果、油桐、乌桕、香果、小桐子、漆树、蓖麻籽等。中华人民共和国成立前,群众多食用动物油;中华人民共和国成立后,植物油发展较快。1952—1995年,油菜年平均种植面积9.92万hm^2,油菜籽年平均产量5640万kg。油菜为长江流域主要油料作物,其种植面积、产量和收购量均居能源作物之首。

一、油棕 *Elaeis guineensis* Jacq.

油棕,棕榈科油棕属,又称油椰子,是世界上单位面积产油量最高的一种木本能源植物,产量在3000 kg/hm^2左右,号称"世界油王"。

油棕

油棕为直立乔木状，高达10 m或更高，直径达50 cm，叶片羽状全裂，簇生于茎顶，长3~4 m，羽片外向折叠，线状披针形，长70~80 cm，宽2~4 cm，下部退化成针刺状，叶柄宽。花雌雄同株异序，雄花序由多个指状的穗状花序组成，穗状花序长7~12 cm，直径1 cm，上面着生密集的花朵，穗轴顶端呈突出的尖头状，苞片长椭圆形，顶端为刺状小尖头；雄花萼片与花瓣长卵形或卵状长圆形，长5 mm，宽2.5 mm；子房长约8 mm。果实卵球形或倒卵球形，长4~5 cm，直径3 cm，熟时橙红色。种子近球形或卵球形。花期6月，果期9月。

原产于非洲热带地区。我国台湾、海南及云南热带地区有栽培，是重要的热带能源作物。其油可供食用和工业用，在食品工业中应用较多。

二、黄连木 *Pistacia chinensis* Bunge

黄连木

黄连木别名楷木、楷树、黄楝树、药树、药木和木蓼树等，是漆树科黄连木属落叶乔木，因心材经常腐烂又名烂心木。树冠浑圆，枝叶繁茂而秀丽。原产于我国，分布很广，北自河北、山东，南至广东、广西，东到台湾，西南至四川、云南，都有野生和栽培，其中以河北、河南、山西、陕西等省最多。

黄连木是漆树科落叶木本能源及材用树种，高达25 m，胸径可达2 m。植株有特殊气味。树干扭曲，树皮暗褐色，幼枝灰棕色，疏被微柔毛或近无毛。冬芽红色。奇数羽状复叶互生，叶片全缘，基部偏歪，受细胞中的花青素影响，幼叶呈铜红色，随后变绿色，入秋变鲜红色或橙红色，小叶10~14枚，对生或近对生，纸质，长5~15 cm，宽1.5~2.5 cm，卵状披针形，小叶柄长1~2 mm。花单性，雌雄异株，雄花为总状花序，排列紧密，长6~7 cm，雄花紫色。雌花为圆锥花序，排列疏松，长15~20 cm，被微柔毛。花期3—4月，雄花花被片2~4枚，雌花花被片7~9枚，花柱极短，柱头3个。核果9—10月成熟，倒卵状球形，直径约5 mm，成熟时紫红色。

黄连木果壳含油量为3.28%，种子含油量为35.05%，种仁含油量为56.5%，是生产生物柴油的上等原料。种子油可用于制肥皂、润滑油，照明，治牛皮癣，也可食用，油饼可作饲料和肥料。树皮含单宁，可生产栲胶。果、叶亦可作黑色染料。树皮、叶可入药，根、枝、叶、皮也可作农药。鲜叶可提芳香油,也可制茶。环孔材,边材宽,灰黄色,心材黄褐色,材质坚重,纹理致密,结构匀细,不易开裂,能耐腐,钉着力强,木材可供建筑、家具、车辆、农具、雕刻等用。叶含鞣质10.8%,果实含鞣质5.4%,可生产栲胶。

三、麻风树 *Jatropha curcas* L.

也写作麻疯树、麻枫树,又名小桐子、芙蓉树、膏桐、黑皂、亮桐、臭油桐、青桐木、黄肿树、水漆、桐油树、假花生树,是大戟科麻风树属植物。

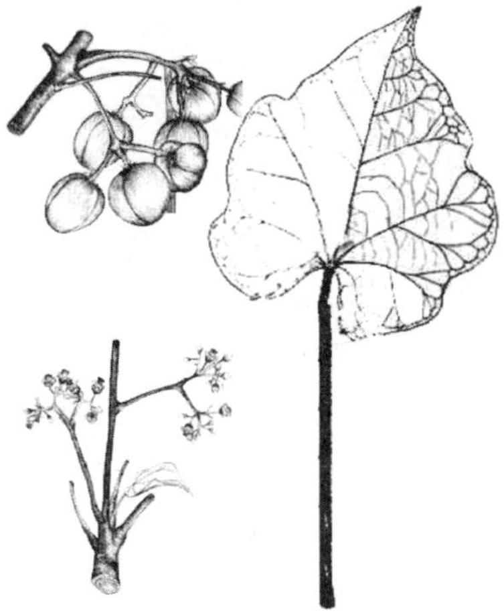

麻风树

麻风树是研究最多的能源植物之一,原产于美洲热带地区,其适应力强、生长快、投产早,可用于干旱地区的植树造林,荒山、荒坡、荒地、四旁(树旁、路旁、水旁、宅旁)杂地等均可栽种,是优质木本能源树,其种子含油量为40%~60%,种仁含油量约为52.4%,是提炼生物环保清洁汽油、柴油的主要原料树种。这种新型清洁柴油可适用于各种发动机,并在闪点、凝固点、硫含量、一氧化碳排放量、颗粒值等关键指标上均优于国内零号柴油。无论是汽车还是农用发动机、拖拉机使用后,都没有出现传统柴油容易导致的黑烟弥漫的现象。与传统汽油、柴油相比,生物柴油除更加清洁和高效外,还具有加工成本低廉以及可再生的优势,是国民经济发展的重要物质。

麻风树是多年生耐旱型木本植物,根系粗壮发达,具有较强的耐干旱瘠薄能力,灌木或小乔木,高2~5 m;幼枝粗壮,绿色,无毛。枝、干、根近肉质,组织松软,含水分、浆汁多,有毒性而又不易燃烧,抗病虫害。叶互生,近圆形至卵状圆形,长宽约相等,8~18 cm,基部心形,不分裂或3~5浅裂,幼时背面脉上被柔毛;叶柄长达16 cm。花单性,雌雄同株;聚伞花序腋生,总花梗长,无毛或被白色短柔毛;雄花萼片及花瓣各5枚;花瓣披针状椭圆形,长于萼片1倍;雄蕊10枚,二轮,内轮花丝合生;花盘腺体5枚;雌花无花瓣;子房无毛,2~3室;花柱3个,柱头2裂。蒴果卵形,长3~4 cm,直径2.5~3 cm;种子椭圆形,长18~20 mm,直径11 mm。适于在贫瘠和边角地栽种,栽植简单、管理粗放、生长迅速,头年就有收成,产量逐年增加,果实采摘期长达50年,果实的含油量高,该树可用扦插法繁殖,而且成活率高,是最有种植潜力的能源植物品种之一。

麻风树为喜光植物,广泛分布于亚热带及干热河谷地区,我国有300多年的引种历史。野生麻风树分布于我国福建、广东、海南、广西、贵州、四川、云南等地区,以及非洲的莫桑比克、赞比亚等国,澳大利亚的昆士兰及北部地区,美国佛罗里达的奥兰多地区、夏威夷群岛。干热河谷野生状态下的种子,一般一年一熟,少有一年两熟,枝、干具再生能力，种子发芽率在90%以上。

麻风树果实可生产生物柴油，每生产1000 kg生物柴油需麻风树果实3000多千克。种植麻风树的收益也较高，即便按较低的产量6750 kg/hm^{2}计，每公顷收益也比较高。同化石柴油相比，麻风树油是一种绿色柴油，对环境友好[麻风树油硫含量低，二氧化硫(SO_2)和其他硫化物排放量是0号柴油的1/10]，低温启动性能好(无添加剂冷凝点达-20 ℃)，润滑功能强(喷油泵、发动机缸体和连杆的磨损率低，使用寿命长)，安全性能高(闪点高，不属于危险品，运输、储存方便)，燃料性能佳(十六烷值高，燃烧性能优于柴油，燃烧残留物呈微酸性，能延长催化剂和发动机机油的使用寿命)，而且具有可再生性。

生物柴油和石化柴油相比既有优点也有缺点，优点是这些生物柴油从热量上可以替代石化柴油作燃料，燃烧时产生的悬浮粒子、挥发性有机化合物、聚芳香烃和二氧化碳等污染物的量比石化柴油少。尽管产生的氮氧化物量高于石化柴油，但总体上对环境的污染较少，排烟排热少，运输、储存也更为安全。缺点是黏度比较大，点火点比石化柴油高，不能直接替代石化柴油，需要经过必要的工艺改造。在能源越来越紧缺的今天，麻风树这种“绿色能源”无疑成为各地竞相引种推广的“摇钱树”。在我国四川、贵州、云南等西南地区，麻风树已作为水土保持防护林和替代能源树种进行推广，仅在云南种植面积已超过1000万亩，有望成为这些地区的支柱产业和一个新的经济增长点。

四、油菜 *Brassica* spp.

可作为能源植物的菜籽油菜有3个类别：白菜型油菜、芥菜型油菜和甘蓝型油菜。

油菜是人类栽培的最古老的农作物之一，是十字花科(Crucifere)芸薹属(*Brassica*)植物，以采籽榨油为种植目的，一年生或越年生草本植物，因其籽实可以榨油，故有油菜之名。油菜的适应性强、用途广、经济价值高、发展潜力大，菜籽油是良好的食用油，饼粕可作为肥料、精饲料和食用蛋白质来源。油菜在世界四大主要油料作物(大豆、向日葵、油菜和花生)中，无论是面积，还是总产量，都仅次于大豆，位居第二。作为油料作物，油菜籽的含油率比大豆高得多。

油菜

油菜是直根系，由主根、侧根、支根和细根组成。一般主根上部前渐次膨大，而下部细长，呈圆锥形，侧面生出侧根，侧根延长形成支根，支根上再生细根，构成完整的直根系。

叶面平展，或现皱缩，无毛或被刺毛，有光泽或被蜡粉。叶色一般为黄绿、绿或浓绿，有的呈紫红色。白菜型油菜的薹茎叶无叶柄，叶片全抱茎着生；甘蓝型油菜的薹茎叶披针形，叶片半抱茎着生；芥菜型油菜的薹茎叶则具有短叶柄。油菜的花序是总状花序，呈伞房状。花盛开时呈十字形，花瓣分离。一般黄色，也有鲜黄或金黄色的，少数白色、乳白色或其他颜色。

角果呈圆筒状，由果喙、果身和果柄三部分组成，果身一般长4~5 cm，少数10 cm以上。一般着生种子15~25粒；种子球形或卵形；种皮色泽一般为暗褐或红褐色，少数淡黄或黄色；种皮上有黑色斑点，有或无黏质。种子内部有两片子叶，内、外子叶相互对折，子叶内富含油分。角果成熟后，由于果瓣失水收缩，能自动开裂；种子由种皮、胚及胚乳遗迹三部分组成。

茎一般光滑无毛，呈淡绿或紫红色；子叶以上的幼茎延伸后形成主茎，一般呈绿色或淡紫色，少数为紫红色或深紫色，表面薄被或密被蜡粉，茎面较光滑或着生稀疏刺毛。由主茎叶腋间抽生腋芽，延伸形成分枝。种子的化学成分：一般含氮3.9%~5.2%，蛋白质24.6%~32.4%，纤维素5.7%~9.6%，灰分4.1%~5.3%，油脂37.5%~46.3%。油菜籽中含有一定量的芥酸，会影响油菜籽及菜籽油的质量。油菜籽中还含有一定量的芥子碱、单宁等化学物质，都有一定的毒性，故菜籽饼须去毒后才能作饲料。

油菜为喜冷凉作物，种子发芽的下限温度为3 ℃左右，在16~20 ℃条件下3~5 d即可出苗，苗期具有较强的抗寒能力，叶片在−5~−3 ℃时开始受冻，−8~−7 ℃受冻害较重，冬性极强的品种能耐−10 ℃以下的低温。日平均气温10 ℃以上迅速抽薹，开花最适温度为16~25 ℃，微风有利于花粉的传播，可提高结实率；高于26 ℃，开花显著减少；4 ℃以下，绝大多数植株花朵不能开放。开花后如遇0 ℃左右冰雪天气则整个花序枯萎脱落，甚至受冻致死。高温使油菜的生长发育不正常，角果脱落率增加；大风容易引起植株倒伏，严重影响产量。只要正常开花受精，角果在发育期日平均温度6 ℃以上都能正常结实。20 ℃左右最适宜油菜生长，昼夜温差大，有利于营养物质的积累，增加种子千粒重。如遇干热风天气，或出现30 ℃高温，易造成高温逼熟。

油菜从播种到成熟需要一定的积温，一般秋播油菜从播种到成熟需要0 ℃以上积温1800~2500 ℃。油菜的土壤适应性较强，但若种植于中性和微碱性土壤，籽粒含油量较高；在酸性土壤上含油量次之；在碱性土壤上含油量最低。

在亚洲，油菜栽培面积最大的国家是中国和印度。自20世纪70年代后期起，两国种植面积都扩大到300万 hm^2以上，1985年中国油菜种植面积和总产量都超过了印度。

西南大学李加纳教授是中国著名的油菜专家，他主持研究的甘蓝型黄籽油菜产量高、品质好，产生了良好的社会效益和经济效益。其技术上的先进性和超前性，对世界油菜发展十分重要。

五、番薯 *Ipomoea batatas*（L.）Lam.

番薯又称甘薯、山芋、地瓜等，是旋花科番薯属一年生草本植物。

据《金薯传习录》记载，明代万历年间，福建华侨陈振龙将番薯藤及栽种方法从吕宋（今菲律宾）带回我国。当时他常到吕宋经商，发现吕宋出产的番薯产量最高，而统治吕宋的西班牙当局却严禁番薯外传。于是他就耐心地向当地农民学习种植的方法，并且设法克服许多困难，在海上航行七昼夜，终于把番薯种带回福州，当年试种番薯，收获甚大。万历二十一年，福建大旱歉收，于是陈振龙之子陈经纶具禀福建巡抚金学曾，陈述了种植番薯的益处，请求推广种植番薯，最终得到了准许并且成功减灾度荒。由于番薯适应性较强，抗逆性很突出，除对温度要求较严外，对土壤及其他生态因子的适应性很广，比较耐旱耐贫瘠，后来逐渐在我国推广开来。

甘薯

番薯为缠绕草质藤本，茎匍匐蔓生或半直立，长1~7 m，呈绿、绿紫或紫、褐等色。茎左旋，基部有刺，被钉子形肉毛。茎节能生芽，长出分枝和发根，利用这种再生力强的特点，可剪蔓栽插繁殖。地下茎顶端通常有4~10或更多个分支根，各分支末端膨大成块根。叶着生于茎节，互生。叶片有心脏形、肾形、三角形和掌状形，全缘或具有深浅不同的缺刻，同一植株上的叶片形状也常不相同，绿色至紫绿色，叶脉绿色或带紫色，顶叶有绿、褐、紫等色；叶柄5~8 cm。聚伞花序腋生，形似牵牛花，淡红或紫红色。雄蕊5个，雌蕊1个。蒴果近圆形，着生1~4粒褐色具刺的圆形种子。染色体数$2n$=90。

番薯根可分为须根、柴根和块根3种形态。须根呈纤维状，有根毛，根系纵向伸展，一般分布在30 cm的耕层土壤内，深度可超过100 cm，具有吸收水分和养分的功能。柴根粗1 cm左右，长可达30~50 cm，是须根在生长过程中遇到土壤干旱、高温、通气不良等障碍，以致发育不完全而形成的畸形肉质根，没有利用价值。块根是贮藏养分的器官，也是供食用的部分。分布在5~25 cm深的土层中，先伸长后长粗，其形状、大小、皮肉颜色等因品种、土壤和栽培条件不同而有差异，形状有纺锤形、圆筒形、球形和块形等，皮色有白、黄、红、淡红、紫红等色，肉色可分为白、黄、淡黄、橘红或带有紫晕等。具有根出芽特性，是育苗繁殖的重要器官。块根的外层是含有花青素的周皮，通常称为薯皮，周皮以下的几层细胞为皮层，其内侧是可食用的中心柱部分。中心柱内有许多维管束群，以及初生、次生和三生形成层，并不断分化为韧皮部和木质部。同时木质部又分化出次生、三生形成层，再次分化出三生、四生的导管、筛管和薄壁细胞。由于次生形成层不断分化出大量薄壁细胞并充满淀粉粒，使块根能迅速膨大。中心柱内的韧皮部，具有含乳汁的管细胞，最初只限于韧皮部外侧，以后由于各种形成层均能产生新的乳汁管而遍布整个块根，切开块根时流出的白浆，即乳汁管分泌的乳汁，内含紫茉莉苷。

番薯为无性繁殖作物，块根及茎叶均可作为繁殖器官。番薯在大田生产中主要采用薯块育苗的繁殖方法。1个薯块一般有5~6列纵向排列的侧根，侧根枯死后，就留下了略微凹陷的根痕，位于根痕附近的不定芽原基萌动并穿透薯皮，即为发芽。不定芽在薯块上的分布情况：一般头部多于中部和尾部，朝向土表的阳面（背面）多于朝向垄心的阴面（腹面），块根的发芽存在顶端优势。番薯是主要旱粮作物，富含淀粉，营养价值较高，用途广。它是制造淀粉、酒精和糖的原料，又是重要的饲料作物，鲜、干茎叶和薯块以及加工后的粉渣等副产品都是营养价值很高的饲料。番薯的叶柄、叶还可作为无公害蔬菜。

重庆环球石化有限公司以西南大学农学与生物科技学院为技术依托，着眼于生物质能全局发展，利用三峡库区丰富的番薯资源生产醇类产品，形成了番薯研究成果的产前、产后产业化开发链，计划实现年产60万t乙醇生产规模。

六、橡胶树 *Hevea brasiliensis* (Willd. ex A. Juss.) Müll. Arg.

橡胶树一词来源于印第安语cau-uchu，意为“流泪的树”，又名三叶橡胶树。1770年，英国化学家J.普里斯特利发现橡胶可用来擦去铅笔字迹，当时将这种用途的材料称为rubber，此词一直沿用至今。橡胶基本化学成分为顺-聚异戊二烯，分子链可以交联，交联后的橡胶受外力作用发生形变时，具有迅速复原的能力，并具有良好的物理力学性能和化学稳定性。天然橡胶由于具有高弹性、绝缘性、不透水、相对密度低等优良性能，且经过适当处理后还具有耐油、耐酸、耐碱、耐热、耐寒、耐压、耐磨等优良性能，因此其用途极为广泛。如日常生活中所用的水鞋、暖水袋、松紧带；医疗卫生上所用的医用手套、输血管、导尿管；交通运输上所用的各种轮胎；工业上所用的传输带、耐酸和耐碱手套；农业上使用的排灌胶管、氨水袋；天文气象上使用的气象气球；国防上的飞机、大炮、坦克，甚至尖端科学技术领域里的火箭、卫星、航天飞机等的制作原材料都不能缺少天然橡胶。目前，橡胶制品已超过10万种，因此，天然橡胶在国民经济中占有极其重要的地位。

橡胶树

已发现的含胶植物有2000多种，包括木薯橡胶、美洲橡胶、印度榕、非洲藤胶属和三叶橡胶树等。但具有产量高、质量优良、产胶期长、制胶费用低、加工方便等优点的只有三叶橡胶树一种，其产量已占天然橡胶总产量的99%以上。通常所说的天然橡胶就是指三叶橡胶树。

从三叶橡胶树采集到的鲜胶乳是一种乳白色液体，外观与牛奶相似，其成分十分复杂，除了含橡胶烃和水之外，还含有少量的其他物质，这些物质统称为非橡胶物质。一部分非橡胶物质溶于水构成乳清；一部分被吸附于橡胶粒子表面构成橡胶粒子的保护层；还有一部分构成非橡胶粒子而悬浮于胶乳中。

天然橡胶主要由三叶橡胶树的胶乳提取而来，胶乳是天然橡胶的主要来源。胶乳中的生胶含量较高，35%~45%。一般橡胶烃含量在90%以上，水分在1%以下，树脂3%左右，蛋白质2%~4%，灰分0.5%左右。

三叶橡胶树原产于巴西亚马孙河流域马拉岳西部地区，主产巴西，现已布及亚洲、非洲、大洋洲、拉丁美洲40多个国家和地区。一般培植5~7年，即可开始割取胶乳，产量比其他橡胶树高。

三叶橡胶树是多年生的高大常绿乔木。叶互生或生于枝条顶部的近对生，具长叶柄，叶柄顶端有腺体，具小叶3~5片，全缘，有小叶柄。花为雌雄异花，同序，无花瓣，由多个聚伞花序组成圆锥花序，雌花生于聚伞花序的中央，其余为雄花，雄花花蕾近球形或卵形，花萼5齿裂或5深裂；花盘分裂为5枚腺体，浅裂或不裂；雄蕊5~10枚，排成2轮，花丝合生成一超出花药的柱状物；雌花的花萼与雄花同，子房3室，稀较少或较多，每室1枚胚珠，通常无花柱，柱头粗壮。硕果大，通常具3个分果爿，外果皮近肉质，内果皮木质；种子长圆柱形，具斑纹，子叶宽扁。

七、布朗葡萄藻 *Botryococcus braunii* Kütz.

从植物中提炼“石油”最令人鼓舞的前景之一是来自对藻类的研究与开发，因为藻类生长迅速，产量也很高。在淡水中生存的布朗葡萄藻可以说是一种“产油机”，它们能够直接排出液态“燃油”。

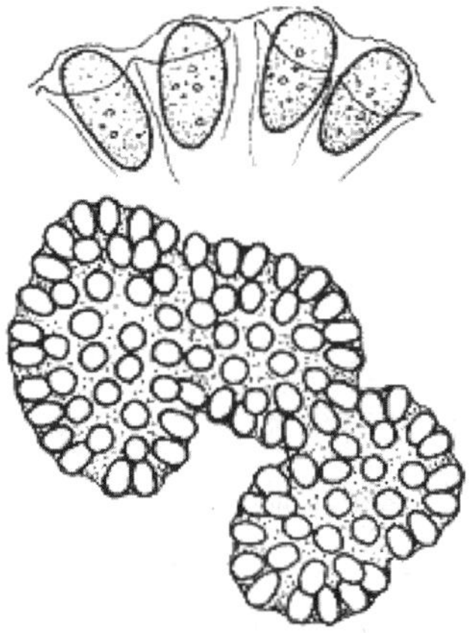
布朗葡萄藻

布朗葡萄藻属于绿藻门绿球藻目，又称葡萄藻、丛粒藻或黄被藻等，对环境的适应性很强，广泛分布于温带至热带地区，通常生活于淡水中，并在盐度变化较大及半咸水环境中也能大量繁殖。其最大的特点是具有耐酸性，在pH值4.5~8的水体中也能大量繁殖，生长迅速，产量也高。

植物体为浮游的原始定形群体，无一定的形态，包在坚质、透明的胶被中，呈黄绿色；细胞呈椭圆形、卵形或楔形，罕为球形。细胞宽3~6 μm、长5.7~12 μm，每个细胞中有一个红亮色的颗粒。常2个或4个藻胞为一组，多数包被在不规则分支或分叶的半透明的群体胶被的顶端。色素体一个，呈杯状或叶状，几乎充满整个细胞，黄绿色或橘红色，具一个裸出的蛋白核。

布朗葡萄藻的含油量高达85%，能够直接产生大量液态碳氢化合物。在产油底层的孢粉、藻类化石研究中发现,布朗葡萄藻是最好的生油母质之一。

八、小环藻 *Cyclotella* spp.

硅藻门圆筛藻科小环藻属的植物细胞呈圆盘形,很少呈椭圆形。壳面构造分成两圈:外圈有向中心的带,条纹或条状纹,有时有小刺;内圈即中央部分,平滑无纹,或有向心排列的点纹,或有排列不规则的花纹。壳面平或有起伏。色素体多,小盘形。有1个复大孢子。细胞单独生活,或2~3个相连在一起,或包埋于自身分泌的胶质管内。该属植物有100余种,中国有24种,16变种,1变型,如扭曲小环藻(*Cyclotella comta*)和梅尼小环藻(*C. meneghiniana*)等。多生活于淡水中,海水中也有,底栖或浮游。

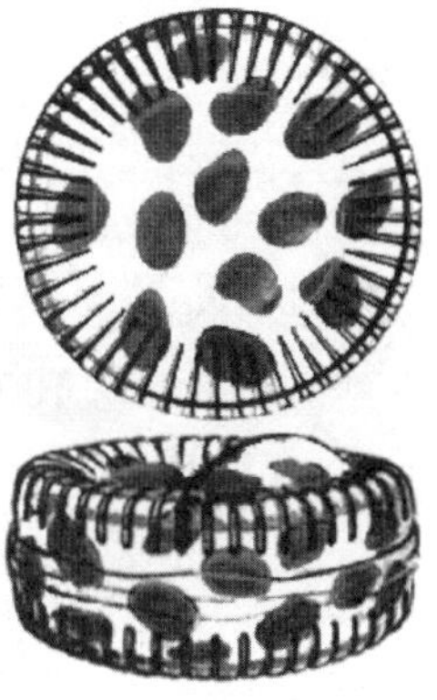
小环藻

小环藻通过现代生物技术可建成"工程微藻",在实验室条件下可使细胞中脂质含量增加到60%以上,户外生产也可增加到40%以上。而在一般自然状态下小环藻的脂质含量为5%~20%。"工程微藻"脂质含量的提高主要是乙酰辅酶A羧化酶(*ACC*)基因在微藻细胞中的高效表达所致。目前,正在研究合适的分子载体,使*ACC*基因在细菌、酵母和植物中充分表达,还进一步将修饰的*ACC*基因引入微藻中以获得更高效表达。利用"工程微藻"生产柴油具有重要的经济意义和生态意义,其优越性在于:生产能力高,用海水作为天然培养基可节约农业资源;比陆生植物的油脂单产量高出几十倍;生产的生物柴油不含硫,燃烧时不排放有毒有害气体,排入环境中也可被微生物降解,不污染环境。

九、巨藻 *Macrocystis* spp.

巨藻是褐藻门巨藻科植物,它们是藻类王国中最大的一种。原产于美国加利福尼亚、墨西哥和新西兰沿岸,澳大利亚、秘鲁、智利及南非沿岸都有分布。我国科学家在1978年从墨西哥把巨藻引进我国。目前,巨藻养殖已经在我国沿海地区获得成功。大多数巨藻可以长到几十米,最长的甚至可以达到200~300 m,重达200 kg。靠1 m多长的固着器将藻体固定在礁石上。巨藻的中心是一条主干,上面生长着100多个树枝一样的小柄,柄上生有小叶片,有的叶片长度超过1 m,宽度达到了6~17 cm。叶片上生有气囊,气囊可以产生足够的浮力将巨藻的叶片甚至整个藻体托举起来,这些气囊有规律地排列在叶片上主叶脉

巨藻

的两侧。在巨藻生长茂盛的地方，巨大的叶片层层叠叠地可以铺满几百平方千米的海面，由于气囊的作用，可使藻体浮在海面上，使海面呈现出一片褐色，故称之为“大浮藻”。巨藻是世界上生长最快的植物之一，在适宜的条件下，每棵巨藻一天内就可以生长30~60 cm。一年里，一棵巨藻可以长到50多m。在热带的巨藻全年都在生长，海边以采集巨藻为生的渔民们每年可以收获3~4次。巨藻的寿命一般在4~8年，最长寿的巨藻可以生长12年。如果每公顷海面种植1000棵巨藻，那么每年可以收获新鲜的巨藻75万~120万kg。

巨藻可用来提炼汽油和柴油，成为石油的代用品。将巨藻植物体粉碎，加入微生物发酵几天后，每100万kg原料就可产生4000 m^3以甲烷为主的可燃性气体，转化率超过80%，利用这种气体作原料还可制造酒精、丙酮等。如果使用超临界水将高含水量的巨藻气化还可产生氢。假如种植4 km^2的巨藻，那么一年就可产生10万kW的能量，所以说巨藻也是一种很有发展前途的能源植物。

巨藻个体大、生长快、产量高、分布广，用途十分广泛，可以将它作为生产食物、燃料、肥料、塑料和其他产品的原料。因为巨藻含有39.2%的蛋白质和多种维生素及矿物质，所以巨藻还可以用来生产沼气，也可作提取碘和褐藻胶、甘露醇等工业产品的原料。

【思考题】

1. 什么是能源植物？
2. 什么是生物质能源？
3. 能源植物分成哪三类？
4. 为什么说生物质能源是洁净能源？

第三节

芳香植物

芳香植物指在根、茎、叶、花、果实、种子等器官中有挥发性芳香物质的各类植物。由芳香植物提炼出的芳香油是香料工业和食品工业的重要原料和配料，在卷烟、纺织、建材、皮革、化妆等行业中，亦有广泛用途。主要的芳香植物有如下5类。

（1）香草植物：香蜂花、薰衣草。

（2）香花植物：依兰、矢车菊、桂花、梅花、水仙花、文殊兰、栀子花、玫瑰、瑞香等。

(3)香树植物:山苍子、肉桂、月桂、桂花、欧洲香杨、檀香、小叶细辛、白千层、降真香、樟树、窿缘桉。

(4)香果植物:香荚兰、佛手、青花椒、胡椒。

(5)芳香蔬菜:罗勒、芝麻、芫荽、回芹、球茎茴香。

一、檀香 *Santalum album* L.

檀香也称檀、真檀,是檀香科(Santalaceae)半寄生性常绿小乔木,高约10 m,小枝细长。枝条圆柱状,有条纹,叶纸质,卵状椭圆形或卵状披针形,长3~7 cm,宽2~4 cm,先端锐,基部钝,全缘,背面略有白粉。圆锥花序腋生或顶生,长2.5~4 cm;花初呈淡黄色,长4~4.5 mm,直径5~6 mm,渐变为紫褐色。核果球形,直径约1.3 cm,熟时呈紫黑色。花期5—6月,果期7—9月。

檀香

原产于印度、马来西亚、澳大利亚、太平洋岛屿。我国的广东、台湾等地有广泛栽培。

檀香最大的特性,是其在幼树阶段须有适当的寄主植物供其寄生,才能生长良好,否则容易枯死。檀香树干的边材白色,无气味,心材黄褐色,有强烈香气,是著名香料;由檀香提取的精油即为白檀油,为名贵药材及香料。木材亦是高级雕刻用材。

素有"香料之王"誉称的檀香木,历来备受人们的推崇,且以500 g论价,其实它就是檀香树的心材。我国引进檀香已有1000多年的历史,从西藏、云南及东南沿海等地传至各地。原作敬香之用,后来逐步用于中医、雕刻工艺品和高级化妆品等。许多国家都有婚嫁祭祀时燃烧檀香木的习俗,并延续到今天。

檀香木还可用于蒸馏提取精油,在医药上有广泛用途,具有清凉、收敛、强心、滋补等功效,可用来治疗胆汁病、膀胱炎、淋病以及腹痛、发烧、呕吐等症;檀香精油也是制作高级香水、香皂、化妆品的重要原料。

虽然檀香木用途广泛,经济价值极高,也被人们称作"绿色金子",但若要细究起檀香树的生长过程来,那就不太"光彩"了,如冠之以"吸血鬼""寄生虫"之名,一点也不冤枉。原来,檀香树是一种半寄生性常绿乔木,它与众不同的是须根上长着千千万万个"吸盘",这些"吸盘"紧紧地吸附在寄主植物上,从寄主那里掠夺水分、无机盐和其他营养物质。虽然檀香树的根系也从土壤中吸取少量营养,但主要还是靠掠夺寄主植物的营养而旺活。檀香树对寄主植物的选择还挺苛刻,主要选择洋金凤、凤凰木、海红豆、相思树等豆科植物作寄主。此外,檀香树的"嫉妒心"还特别强,不容许赖以生存的寄主树长得比它高、长得比它好,若寄主树长得比它茂盛,它就会很快地"含恨"而死。所以,在生长得郁郁葱葱的檀香树下,往往长着几棵“面黄肌瘦、垂头丧气”的寄主植物。

檀香树的引种栽培是一件非常不容易的事。很早的时候,华侨就从国外带回檀香树种子进行种植。由于檀香树种子含油量相当高,容易发霉变质,不耐贮藏,存放半年以上就完全丧失发芽能力,所以无数次引种都以失败而告终。经过植物科学工作者多年潜心研究,直到20世纪60年代引种栽培才获得成功。目前,广东、云南、广西、福建等地区都种植了檀香树。人们根据檀香树与豆科植物寄生的生物学特征,在培育檀香树苗的同时,就要种植一些它的寄主植物,等檀香树苗长到一定高度时,再将它移植到寄主植物的旁边。如果寄主植物死亡,那么檀香树苗就必死无疑,这时必须及时补充一些寄主植物。

在西双版纳热带植物园里不仅可以看到绿叶成荫的檀香树,而且还可以买到檀香木珠子串成的项链或手链,那清幽的芳香会随时环绕你左右。

二、依兰 *Cananga odorata*(Lam.)Hook. f. & Thomson

依兰是番荔枝科常绿大乔木,又名香水树,高10~20 m,花期5—11月,花朵较大,长达8 cm,黄绿色,具有浓郁芳香气味,是珍贵的香料工业原材料,用依兰提炼而成的“依兰依兰”香料是当今世界上最名贵的天然高级香料和高级定香剂之一,所以人们称之为“世界香花冠军”“天然香水树”等。

依兰

依兰原产于东南亚的缅甸、印度尼西亚、马来西亚、菲律宾等地,现广泛分布于世界热带地区,国内广东、广西、福建、四川、云南、台湾等地有栽培,但在国内首次发现它却是一件十分偶然的事。20世纪60年代一个百花盛开的五月,一群植物学工作者在云南省西双版纳傣族自治州勐腊县调查植物分布等情况。一天,当他们刚走到边境上一个傣族寨子的寨门时,一股浓烈的香味扑鼻而来,走进寨子,感觉整个寨子都弥漫在芬芳之中。调查队员们都觉得惊奇,于是便四处寻找,后来发现几乎每栋竹楼旁都种有几棵开满黄绿色花朵的大树。走到树下,捡起花朵一闻,香气袭人,而且还发现寨子里的姑娘们把这种香花穿成串,戴在发结上。调查队员们随后采集了这种植物的标本,并查阅了大量资料,最后才确定这就是闻名世界的依兰。

依兰的发现引起了香料厂家的重视,随后人们便大面积地推广种植,并在西双版纳建立了依兰基地。目前,在市场上用依兰加工而成的化妆品、洗涤品层出不穷,而且十分畅销,供不应求。

三、香荚兰 *Vanilla* spp.

香荚兰是兰科(Orchidaceae)香荚兰属(*Vanilla*)的植物,包括3个重要的种:香荚兰(*Vanilla planifolia* Andrews),大香荚兰(*Vanilla siamensis* Rolfe ex Downie),台湾香荚兰(*Vanilla somae* Hayata)。

香荚兰

香荚兰分布于全球热带地区,直到18世纪才被发掘利用,它又名香子兰、香兰草、香草、香兰、墨西哥香荚兰,是典型的热带雨林中的大型兰科香料植物。据科学分析,香荚兰果荚含有香兰素(或称香草精)以及醇类、羧基化合物、酯类、酚类、酸类、酚醚类和杂环化合物等150~170种成分。由于香荚兰具有特殊的香味,因此被广泛用作高级香烟、名酒、奶油、咖啡、巧克力等的调香原料,现已成为各国消费者十分喜欢的一种天然食用香料,故有“食品香料之王”的美称。在我国,香荚兰被列为“五兰”之首(香荚兰、米籽兰、依兰、白兰、黄兰)。

香荚兰属植物约70种(其中生于热带的约50种),800多个品种,但有栽培价值的仅有3个种。种植后一般2.5~3年就能开花结果,6~7年则进入盛产期,经济寿命在10年左右。目前,世界香荚兰产地主要集中在马达加斯加、印度尼西亚、科摩罗、乌干达、塞舌尔、墨西哥等地区。据报道,1982—1983年世界香荚兰总产量为90万~95万kg,其中马达加斯加就占了80万kg。随着世界经济的繁荣和人类生活水平的普遍提高,香荚兰供不应求,价格直线上升。在美国市场上,每千克香荚兰果荚的价格就高达90美元,而且行情看涨。

我国的香荚兰是1960年从印度尼西亚引种的,先后在福建、海南、云南栽培成功。由于香荚兰是某些食品不可缺少的调香原料,而且价格昂贵,我国已将香荚兰生产列为重点攻关项目,目前香荚兰在西双版纳发展最快,已有超千亩的露地栽培面积,而且长势良好,具有十分喜人的生产前景。也许在不久的将来,西双版纳的这块沃土,将成为我国香荚兰生产的主要产区。

香荚兰是草质攀缘藤本,长达数米,具长的节间,节上具1叶。叶散生,肉质,椭圆形,长14~25 cm,宽6~8(13)cm,先端渐尖,基部略收狭,无毛;叶柄粗壮,宽阔,长1.5~2.5 cm。总状花序生于叶腋,长7~14 cm,具多花;花苞片肉质,凹陷,宽卵形,长7~8 mm,宽6~7 mm;子房与花梗长约2 cm;花开放时间很短;萼片与花瓣淡黄绿色;萼片长圆形或狭卵形,长3.8~4.5 cm,宽1.2 cm,先端圆形并稍内卷;花瓣倒卵状长圆形,质地较薄,宽10~13 mm;唇瓣菱状倒卵形,长约4 cm,乳白色,下部与蕊柱边缘合生,呈喇叭形,上部3裂;侧裂片内卷,围抱蕊柱;中裂片三角形,长达1 cm,先端外弯,边缘波状,上表面除基部外较密地生有流苏状长毛；唇瓣中部具1个杯状附属物，附属物口部具短毛；蕊柱半圆柱形，长2~2.6 cm，前方表面具有长柔毛；柱头凹陷，花期8月。

四、香蜂花 *Melissa officinalis* L.

香蜂花为唇形科（Labiatae）香蜂花属（*Melissa*）植物，原产于俄罗斯、伊朗至地中海及大西洋沿岸，广泛分布于欧洲、亚洲和北美等地区。

在古老的亚洲药草典籍中，香蜂花被列为可延年益寿的保健药草。欧美将干燥香蜂花叶片煮成茶，即为著名的melissa tea，用于感冒解热。

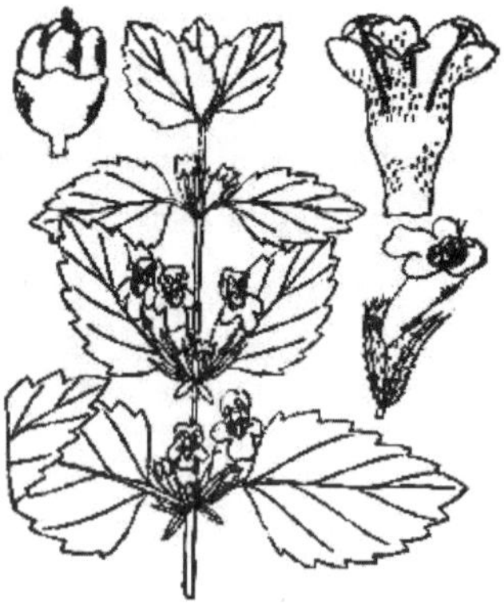
香蜂花

香蜂花为多年生草本植物，根系短，地下茎分布极广。地上部的茎呈方形并具分枝，分枝性强，极易形成丛生，株高30~60 cm。具宽卵形或心脏形的圆锯齿或锯齿叶片，叶脉明显，茎及叶密布细柔毛，叶片对生，着生于每一茎节上。叶片有柠檬香味，会吸引蜂群。轮伞花序腋生，花萼钟形，花期6—8月。

香蜂花的主要化学成分为柠檬醛（citral）、芳樟醇（linalool）、香叶醇（geraniol）、香茅醛（citronellal）、萜酸（terpenic acid）、单宁、聚合多酚类、类黄素及三萜（triterpene）等。其药理作用有：缓解感冒发烧和咳嗽，祛风邪、抗痉挛，改善胃痛、发汗，以及镇静等。其毒性作用报告指出适当食用安全，每日鲜叶用量以不超过10 g为宜。以香蜂花为原料萃取的精油属高级香精原料。

五、罗勒 *Ocimum* spp.

罗勒是唇形科（Labiatae）罗勒属（*Ocimum*）植物，全草具芳香，分布于全球温暖地带，在非洲、美洲、亚洲分布较多。它可作为香味蔬菜在料理中使用，植物体可提取精油，也可作为药用植物。种子在水中浸泡后会膨大，有一层胶状物质包裹在种子表面，中医用这种胶状物来洗眼睛，民间用这种胶状物去除眼睛的不净物（尘埃等）。

罗勒又名兰香，是一个庞大的家族。常见的品种有甜罗勒（可食用）、圣罗勒（观赏）、紫罗勒（食用与观赏）、绿罗勒、密生罗勒（食用与观赏）、矮生紫罗勒、柠檬罗勒等。

罗勒

罗勒高60~70 cm，直立一年生草本植物。全草有强烈香味，茎呈钝四棱形，植株绿色，有的为紫色。叶对生卵形，长

2.5~7.5 cm，全缘或略有锯齿，叶柄长，下面灰绿色。轮伞花序通常6朵花，多数排列成具梗的穗，果实为小坚果，种子卵圆形或近球形，光滑或具有腺穴陷。

罗勒对土质无严格选择性，在干燥平坦的肥沃土壤中以及阳光充足的地方种植最好。于热带或亚热带的2—3月进行整地，畦宽60~75 cm，条播，覆盖土，株距20 cm左右。进行3~4次中耕除草，到秋天为止，可进行数次收获。整地时施堆肥和石灰，第一回采叶后要施氮(N)肥和钾(K)肥。采种时在花梗黄变的情况下，从茎部刈割，干燥后，将种子打落进行收种。

罗勒的幼茎叶有香气，作为芳香蔬菜在料理中使用。也可将其采收后，先干燥再粉碎后储藏起来，可随时作为香料使用。全草药用时，有疏风解表、化湿和中、行气活血、解毒消肿等功效。罗勒的种子入药可以治疗风赤眵泪、目翳及尘物入目等，中医药领域也称罗勒种子为光明子。从叶中提取的精油呈黄绿色，成分包括甲基胡椒酚、芳樟醇、桉叶素等，有防虫、消除体臭等用途。

六、芫荽 *Coriandrum sativum* L.

芫荽，别名胡荽、香菜，为伞形科(Apiaceae)，一或二年生草本植物，基生叶一至二回羽状全裂，复伞形花序，花白色或淡紫色。全株皆可食用。原产于欧洲地中海地区，现我国各地均有栽培。自汉代张骞出使西域时引入中国，我国芫荽栽培历史已有2000多年。

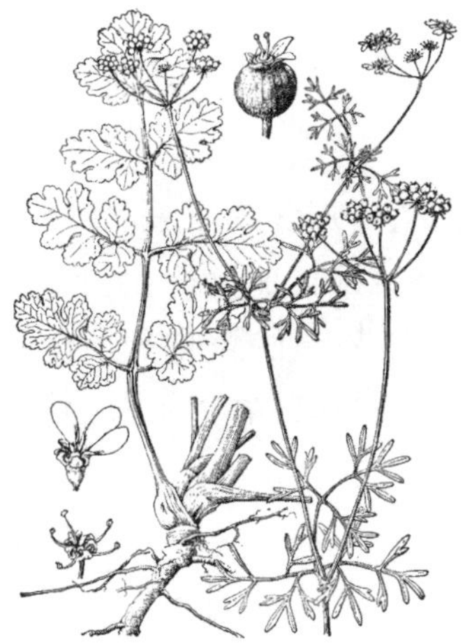

芫荽

芫荽按叶柄的颜色可分为青梗和红梗两个类型。芫荽春、秋两季都可播种。芫荽喜冷凉，但适应性强，长江以南可露地越冬，也能忍耐30 ℃以下的高温。

芫荽少虫害，一般不喷洒农药，所以通常无杀虫剂污染；但由于植株密集生长，常用人畜粪尿浇灌追肥，所以细菌、病毒以及寄生虫卵等病原体污染相当严重。特别是芫荽习惯以生食为主，这样在卫生方面便成问题了。因此，芫荽要生吃时，单单用自来水清洗不安全，必须用消毒剂(如二氧化氯等)等溶液浸泡后再用清水冲洗干净，才可生吃。

传统医学认为，芫荽性温味辛，能健胃消食、发汗透疹等。现代研究发现，芫荽之所以有特殊香气，主要是因为含有癸醛、芫荽异香豆精、芳樟醇等挥发性香味物质。芫荽富含营养物质：维生素C含量为48 mg/g，为番茄的2.5倍；胡萝卜素含量为1.16 mg/g，为番茄的2.1倍；维生素E含量为0.8 mg/g，为番茄的1.4倍；矿物质方面更远远丰于番茄，如铁的含量为番茄的7.3倍，锌的含量为番茄的3.5倍等。

七、花椒 *Zanthoxylum bungeanum* Maxim.

花椒

人们食用的花椒为芸香科(Rutaceae)花椒属(*Zanthoxylum*)植物花椒的果皮,别名川椒、红椒、蜀椒。它是中国特有的香料,因而花椒有“中国调料”之称。花椒是调料“十三香”的主要成分,深受人们的青睐,尤以川菜中使用最为广泛。花椒常用于红烧菜、卤菜、炒菜、四川泡菜等,也可粗磨成粉和盐拌匀为椒盐,供蘸食用。

植株为高大灌木或小乔木。小叶5~13片,卵形、椭圆形至广卵圆形,长1.5~7 cm,宽0.8~3 cm,边缘有细圆锯齿,齿缝处有粗大透明的油腺点;叶轴具狭翅,下面生有向上的小皮刺。花序顶生;花被片4~8枚;雄花雄蕊5~7枚;雌花心皮4~6枚。花期3—5月,果期7—10月。蓇葖果球形,多单生,偶有2个,罕为3个并生,直径4~5 mm,果皮由腹面开裂或延伸至背面亦稍开裂;外表面红紫色或红棕色,散有多数疣状突起油腺点及细密的网状隆起皱纹;内果皮淡黄色,常由基部与外层果皮分离并向内反卷;香气浓,味麻而持久。残存种子呈卵形,长3~4 mm,直径2~3 mm,表面黑色,有光泽;气香,味微甜而辛。

花椒气味芳香,可以除去各种肉类的腥膻臭气,改变肉类口感;能促进人体唾液分泌,增加食欲。医学研究发现,花椒能使血管扩张,从而能起到降低血压的作用;服食花椒水还能驱除寄生虫。花椒含柠檬烯、枯醇、牻牛儿醇、甾醇、不饱和有机酸。中医认为,花椒性温,味辛。有芳香健胃、温中散寒、除湿止痛、杀虫止痒、解毒解腥之功效。治心腹冷痛、呕吐泄泻、虫积腹痛、蛔虫病,外治湿疹瘙痒等。

花椒生于山坡灌木丛中或向阳地、路旁。主产地为四川、陕西、河北等。秋季采收成熟果实,晒干,除去种子及杂质。重庆市江津区申请了花椒的地理标志产品保护,花椒产业已成为江津农业经济的支柱产业之一,2022年江津花椒种植面积达到53万亩,2024年江津区花椒种植面积约占重庆市花椒种植面积的40%,产量占60%以上,“江津花椒”品牌价值达64亿元。

八、八角 *Illicium verum* Hook. f.

八角别名大料、五香八角、八角茴香、大茴香,是五味子科(Schisandraceae)八角属(*Illicium*)常绿乔木植物,树冠塔形、椭圆形或圆锥形;高达20 m。树皮灰色至红褐色。枝密集,呈水平伸展。单叶不整齐互生,顶叶3~6片近轮生或松散簇生,叶片革质,椭圆状倒卵形至椭圆状倒披针形,长5~11 cm,宽1.5~4 cm,先端骤尖或短渐尖,基部渐狭或楔形,阳光下可见密布透明的油点,中脉在叶上面稍凹下,在下面隆起。花两性,单生于叶腋间或顶生,粉红色至深红色,正糙果3—5月开花,9—10月果熟;春糙果8—9月开花，翌年3—4月果熟。聚合蓇葖果放射八角形，直径3.5 cm，红褐色；蓇葖先端钝，呈鸟嘴形，每一蓇葖含种子1粒。种子扁卵形，红棕色或灰棕色，有光泽，气味香甜。

八角

果实为调味香料，枝、叶、果经蒸馏可得挥发性精油，是一种重要的芳香油，主要成分为茴香醚、茴香酮等。主产于中国广西西部和南部，广东、台湾、云南、贵州、福建也有栽培，越南也有分布。2021年，有报道显示，广西八角种植面积为320万亩左右，占全球总量的80%。

果实与种子也可药用，有温中、散寒、和胃、理气、止痛、健胃止呕、祛寒、兴奋神经等功效。除作调味品外，八角还可在工业上作为香水、牙膏、香皂以及化妆品等的原料，也可作药材用。

八角适生于亚热带南部山区的阴湿温暖环境，年平均温度不低于0 ℃，年降雨量1300~1400 mm，相对湿度80%以上，土壤以深厚、肥沃、pH值5~6为宜。幼树喜阴，成龄树喜光。根浅，枝条脆，不抗风。主要用种子繁殖，每千克种子8000~9000粒，每公顷播种量为25~45 kg。苗高50~70 cm时，即可出圃定植。宜林地以多雾、静风、低海拔山谷为好。果用林株行距5 m×5 m，叶用林1 m×1 m，穴施基肥，雨季定植。早期可间种木薯等高秆作物遮阴。及时除草、松土、施肥，植后3~4年，叶用植株在离地60~70 cm处截干，促进侧枝萌生。也可直播造林或天然更新。

中国八角出口占世界市场的80%以上。八角木材红褐色，纹理直，结构细致，质轻软，有香味，抗虫害，为家具、箱板、玩具、细木工用材。

同属其他种野生八角的果多有剧毒，中毒严重者可致死亡，有毒的野八角蓇葖果发育不正常，常不为八角形，形体与栽培八角不同，果皮外表皮皱缩，每一蓇葖的顶端尖锐，常有尖头，弯头，果非八角那样具有甜香味，或为淡味，麻舌或微酸麻辣，或微苦不适。

【思考题】

1. 什么是芳香植物？
2. 什么是调料植物？
3. 根据香味来源不同，芳香植物分成哪几类？
4. 芳香植物有哪些用途？

第四节

药用植物

药用植物是指某些全部、部分植株或其分泌物可以入药治疗动植物疾病的植物。中国国土辽阔、自然环境复杂多样，药用植物资源储量丰富、种类繁多。第四次全国中药资源普查结果显示，全国中药资源为18817种，其中中国特有的药用植物就有3151种。

中国是一个多民族的国家，有56个民族。汉族、藏族、蒙古族、维吾尔族、傣族等许多民族对中药和民族药进行了较深入的研究和广泛应用，长期以来积累了大量的用药经验。

中国药用植物栽培历史悠久，早在2000多年前，《诗经》就记载了药果兼用的枣、桃、梅的栽培情况。中国现存最早的药物经典著作《神农本草经》，成书于公元1~2世纪，具体时间不详，其收载药物365种，其中植物药252种，动物药67种，矿物药46种，奠定了中国中医药的基础。明代李时珍（1518—1593年）所著的《本草纲目》中，收载药物1892种，药方11096条，绘有各类药物图1000余幅，并载有荆芥、麦冬和附子等多种药用植物的栽培方法。

中国药用植物资源多样性的基本特点，可以概括为三个方面。

（1）野生药用植物种类繁多。《新华本草纲要》记载了6000余种药用植物，但是绝大多数为野生种。在1990年版《中国药典》收录的584种植物药中，约有一半是野生植物，民间广泛应用的草药几乎全为野生。

（2）栽培种中品种多样性高度丰富。栽培历史较长的种类已形成了丰富多样的地方品种。例如，人参有大马牙、二马牙、长脖、圆膀和圆芦等多个地方品种。罗汉果有长滩果、拉江果、冬瓜汉果、青皮果以及红毛果5个地方品种。地黄的地方品种更多，如金状元、新状元、白状元、红薯王、邢疙瘩、郭里猫、大育英等。

（3）野生近缘种资源丰富。目前，虽然还没有关于中国药用植物近缘种数量的统计资料，但其丰富程度之高是无疑的。例如，常见名贵栽培种：人参有屏边三七、珠子参、姜三七、三七、假人参、竹节参、狭叶竹节参和疙瘩三七等8个野生近缘种；贝母的近缘种多达17个；乌头有20多个近缘种。

珍贵药用植物有：人参、天麻、红景天、云芝、首乌等。重庆山区大面积生长的野生和人工培植的中药材有2000余种，主要有黄连、白术、金银花、党参、贝母、天麻、厚朴、黄柏、杜仲、元胡、当归、牡丹等，石柱土家族自治县黄连产量常年居全国第一，是著名的“黄连之乡”。

一、人参 *Panax ginseng* C. A. Mey

人参为五加科植物，日常所说的人参通常指的是其根。

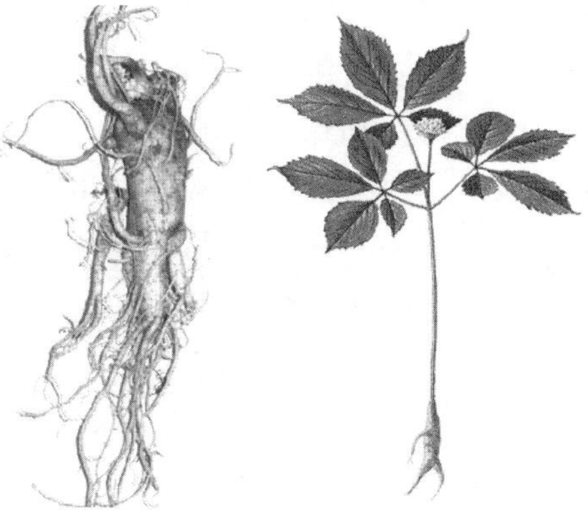

人参

人参之所以名贵，主要与它的药用价值有关。中医认为人参有强身健体、益寿延年的效果。几千年来，中草药中人参都被列为“上品”。加上人参形状特异，特别是野生的老山参，往往有人的形状，由此更产生了神秘感，出现了所谓的“人参精”“人参娃娃”，并编造出了不少动人的故事。由于人参的巨大影响力，它已成为中华民族文化的象征之一。

人参为多年生草本。茎直立，不分枝。茎高40~50 cm，轮生掌状复叶生于茎端，轮生叶的数目因生长年限而不同，一般一年生者为1片三出复叶，二年生者最多可达6片复叶；小叶5片，偶有7片；叶柄长。伞形花序顶生，花小，淡黄绿色。果扁球形，熟时鲜红色。花期6—7月，果期7—9月。

人参生于深山阴湿林下，主产于吉林、辽宁、黑龙江，多人工栽培。栽种5~6年后，于秋季采挖（园参），洗净晒干，称生晒参；经水烫、浸糖后晒干，称白糖参；鲜根蒸透后烘干或晒干，称红参。野生人参根经晒干，称生晒山参。

生晒参主根圆锥形或纺锤形，长6~9 cm，直径1~2 cm，上端有根茎（芦头），具碗状茎痕（芦碗）4~6个，下部分出2~4条支根，长8~12 cm。表面淡黄棕色，有不规则纵皱纹及细横纹，主根横纹细密断续成环，支根有横长皮孔。微具特异香气，味微甜、苦。

根含多种人参皂苷、人参酸、挥发油、多糖、维生素等。药性温，味甘、微苦。能大补元气、复脉固脱、补脾益肺、生津、安神。用于改善体虚欲脱、肢冷脉微、脾虚食少、肺虚喘咳、津伤口渴。

人参被称为“中药之王”，是中国“东北三宝”（人参、貂皮、鹿茸角）之一，闻名世界，为第三纪孑遗植物，是国家二级重点保护野生植物。我国科学工作者从细胞学和分子药理学角度揭示了人参有抑制癌细胞生长的功效。

二、天麻 *Gastrodia elata* BI.

天麻是兰科（Orchidaceae）天麻属（*Gastrodia*）植物，药材天麻通常指的是其地下块茎。

天麻是多年生共生草本植物。成熟的植物体有块茎及花茎，没有根。地下块茎横生，肉质肥厚，淡黄色，长圆形或椭圆形，长7~15 cm，有不明显的环节。节处有膜质鳞。花茎直立，单一，圆锥形，黄赤色，稍带肉质，高1~1.7 m，无绿叶。总状花序顶生，花冠不整齐，口部倾斜，基部膨大、呈歪壶状，花淡橙红色或黄绿色。蒴果倒卵状椭圆形；种子多，细小。花期6—7月，果期7—8月。生于海拔400~3200 m的林隙或林边。在中国，主要分布于四川、云南、陕西、贵州、湖北、湖南、安徽、河南、甘肃、吉林、台湾及西藏等地。在国外，印度、尼泊尔、朝鲜、日本及俄罗斯亦有分布。

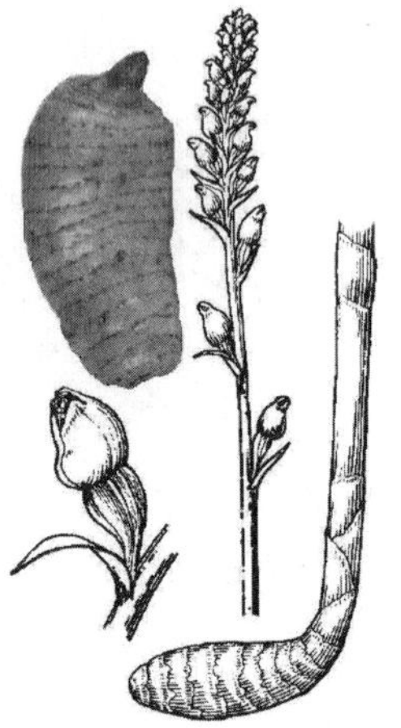
天麻

天麻是一种特殊的兰科植物，无根、无绿叶，不能营光合作用制造有机物。整个生育期中，除有性阶段约70 d在地表外，常年以块茎潜居于土中，靠蜜环菌供给养料来生长发育。特殊的植物形态，造成了其对环境等生长条件有特殊要求，具特殊的生活习性。

天麻在我国西南一带分布于海拔700~2800 m范围内，集中分布于1400~1700 m海拔之间，野生于高山林间和竹林地中。一般在海拔800~1800 m之间引种栽培，但以海拔1100~1600 m地区较为合适。如能控制土壤温度和湿度，低海拔地区也可引种栽培。如海拔154 m的桂林地区和海拔50 m的北京郊区都已引种成功。

天麻喜凉爽气候、湿润环境，在夏季温度不超过25 ℃和年降雨量1000~1600 mm、空气相对湿度80%~90%、土壤含水量40%左右的湿润条件下生长良好。土壤湿度过大，块茎易腐烂；土壤湿度过小，蜜环菌生长受到限制，影响天麻生长。天麻根叶退化，不能营光合作用，故天麻块茎生长不需要光照，光照仅起供给热量的作用，但光照对开花、结果、种子成熟有一定作用。

天麻喜生长于疏松的土壤中，以含有较多的腐殖质、透气性良好、具有良好的土层结构和排水性能的土壤为佳。在黏土（如死黄泥）中，天麻生长不良。一般天麻生长在微酸性土壤中，以pH值5~6为宜。

天麻由蜜环菌供给养料。蜜环菌是一种以腐生为主、兼性寄生的真菌，以菌丝和菌索利用各种有机物质，其主要营养来源靠分解木材纤维素、半纤维素、木质素等。因此，人工栽培天麻的关键是培养优良的蜜环菌菌种和菌材。蜜环菌［*Armillaria mellea* (Vahl)P. Kumm.］是小皮伞科蜜环菌属的一种真菌。在高山树林里，初期腐烂的树桩、树根上，倒地的树干及枝条上，常发现蜜环菌的生长，尤其是在溪沟两边湿润的地方蜜环菌生长最多。凡有野生天麻生长的地方，都有野生蜜环菌。蜜环菌喜微酸性土壤，是一种兼性寄生好气性真菌，它的生长发育需要充足的氧气，为此在培养菌种和菌材时，要具适宜的通气条件。蜜环菌在温度6~30 ℃下均能生长，以18~25 ℃为最适，超过30 ℃就停止生长；致死温度为70 ℃（5 min）。适宜的空气相对湿度为90%；土壤含水量如单独培养蜜环菌宜为70%~80%，如伴栽天麻，以40%~50%为宜。

天麻全生育期需2~4年，90%的时间在地下生长，从箭麻的芽出土到果实成熟，只需45~65 d。由于发育阶段的不同，在新生麻中有两种类型的天麻块茎，即箭麻和白麻。

箭麻是发育成熟的天麻块茎，比较大，顶端有一个显著突出的红褐色芽嘴，像“鹦哥嘴”，能抽薹、开花、结果。茎秆似箭，故称“箭麻”。其块茎中的物质积累达到最高阶段，加工成商品成品率高，是商品天麻的主要来源。白麻块茎比箭麻小，芽嘴较短，不能抽薹；初夏由顶芽生长出白色粗壮的幼芽，故称“白麻”；个体较小的白麻称“米麻”，通常米麻生长发育一年可长成白麻，白麻再生长一年成箭麻。白麻和米麻繁殖能力较强，能分生出较多的子麻，白麻和米麻是栽培最好的种麻。天麻一生要经过原球体、米麻、白麻、箭麻、禾麻五个阶段。前三个阶段可称为营养生长期，后两个阶段可称为生殖生长阶段。箭麻具混合芽，越冬后于次年夏天抽薹开花后形成禾麻（抽薹出土后的地上植株）。禾麻是天麻一生中最重要的、短暂的地上生活时期。天麻种子很小，肉眼看呈粉末状，很难分辨。每棵植株的种子，有2万~3万粒。种子无胚乳，只有一个卵圆形的胚，发芽时因无自身营养来源，需依赖于外界环境。种子萌发需接种萌发菌（紫萁小菇）后才能萌发，种子萌发后形成的原球茎需接种蜜环菌后才能继续生长发育。研究证明，天麻种子可以无菌萌发，其所需营养来源于种子本身贮存物质的分解和周围溶液的渗入。

天麻在中国已有两千年的栽培历史，在历代本草中皆列为“上品”，其记述最早见于《神农本草经》。块茎主要含天麻素等成分。性平、味甘，有息风、止痉的功能。主治眩晕、头痛、四肢拘挛、麻木、神经衰弱、失眠、风湿疼痛、小儿惊风等。因药源紧缺，近年来已采用人工培植的方法生产天麻。天麻在自然条件下完成一代生活史需要3年，其间须经过原生球茎、初生球茎与次生球茎的发育过程，才能开花结果。各类球茎在其生长过程中必须依靠蜜环菌才能生存，其次是依靠表皮从周围土壤吸收水分和无机盐。幼小的天麻原生球茎必须及时地与蜜环菌建立营养关系才能生长。栽培时如不及时接菌，天麻的原生球茎将因细胞内贮存的多糖及蛋白质迅速耗尽而死亡。因此及早接菌是天麻丰产的关键。

天麻分布于亚热带、温带及寒温带的山地，产量以我国最多，云南是我国天麻主产地之一。云南又集中产在昭通地区，尤以该地区的彝良县小草坝镇的产量最高、质量最佳，所产天麻个大、肥厚、色黄白、呈半透明状，质坚实，是云南天麻的代表。

天麻始载于《神农本草经》，列为“上品”，为传统治风良药，是著名的道地药材。现代研究表明，天麻含有天麻苷、天麻苷元、对羟基苯甲醛、琥珀酸、β-谷甾醇、糖类等化学成分，具有镇痛、抗惊厥作用，对流感病毒引起的脑神经系统疾病有很好的治疗效果；可降低血压，降低心率，增加心输出量，治疗心血管疾病。天麻蜜环菌片治疗神经衰弱、高血压、冠心病所致的头晕、头痛、心绞痛等症的有效率超过80%。天麻能明目，增强记忆力，对人的神经系统有保护和调节作用，能增强视神经的分辨能力。目前，天麻已作为宇航人员食品和老年人保健食品等，开发潜力很大。

三、贝母 *Fritillaria* spp.

贝母

贝母是百合科（Liliaceae）植物，包括川贝母（*Fritillaria cirrhosa* D.Don）、暗紫贝母（*F. unibracteata* Hsiaoet K. C. Hsia）、甘肃贝母（*F. przewalskii* Maxim.）或梭砂贝母（*F. delavayi* Franch.）等，入药部位是这些植物的干燥鳞茎。

贝母是单子叶植物，多年生草本，春生夏萎。鳞茎扁球形，由少数肥厚的鳞瓣组成。下部叶宽，对生，上部叶狭并且顶端呈卷须状，轮生。花钟状，常下垂，数朵组成总状花序，稀单生，花被片6枚。

川贝母鳞茎圆锥形，茎直立，高15~40 cm。叶2~3对，常对生，少数在中部间有散生或轮生，披针形至线形，先端稍卷曲或不卷曲，无柄。花单生茎顶，钟状，常下垂，每花具狭长形叶状苞片3枚，先端多弯曲成钩状。花被片6枚常靠合，通常紫色，较少绿黄色，具紫色斑点或小方格，蜜腺窝在背面明显凸出；蒴果具6棱，棱上有狭翅。花期5—7月，果期8—10月。

暗紫贝母的叶最下面的1~2对为对生，稀互生；上面叶互生或兼对生，先端不卷曲。叶状苞片1枚，先端不卷曲。花被深紫色，略有黄色小方格，蜜腺窝不明显或稍凸出。果棱上的翅很狭。花期6月，果期8月。

川贝母生长在海拔1800~3200 m的高山灌丛、草甸及稀疏的针叶林下，分布于四川西部、西藏南部至东部、云南西北部；暗紫贝母生长在海拔3200~4500 m的亚高山灌丛、高山灌丛和草甸地带，分布于四川阿坝和甘孜；甘肃贝母生长在海拔2800~4400 m的亚高山灌丛、高山灌丛、草甸地带及亚高山针叶林下，分布于甘肃南部、四川西部、青海东部和南部；梭砂贝母生长在海拔3400~4700 m高山的阳光充足的草坡上，分布于四川西部、青海南部、云南西部。由于川贝母野生资源逐年减少，四川省开展了人工种植川贝母的研究，并获得了初步成功。

贝母味苦、甘，性微寒，归肺经、心经，具有清热化痰止咳之功效，可用于治疗痰热咳喘、咯痰黄稠之症。

四、何首乌 *Pleuropterus multiflorus*（Thunb.）Nakai

何首乌是蓼科（Polygonaceae）何首乌属（*Pleuropterus*）植物，又名首乌、地精、赤敛、小独根、乌肝石、赤首石、夜交藤等。以其干燥块茎入药，药材名为何首乌。

何首乌为多年生缠绕草本，茎中空，长达2~4 m。块根肥厚，外皮黑褐色。叶互生，先端渐尖，基部心形，全缘，长4~9 cm，宽达5 cm；托叶鞘干膜质，抱茎；具叶柄。圆锥花序顶生或腋生，花小；花被5深裂，外面3片背部有翅。瘦果三角形或近椭圆形，包于宿存翅状花被内。花期8—10月，果期9—11月。

何首乌

块根团块状或不规则纺锤形，长6~15 cm，直径4~12 cm。表面红棕色、红褐色以及黑褐色，皱缩不平，有浅沟及横长皮孔。质坚实，显粉性，断面有淡红棕色或浅黄棕色云锦状花纹，这是正品何首乌的重要识别特征。味微苦、涩。春、秋季采挖，削去两端，洗净，个大的切块，干燥。生用或黑豆汁炙。

何首乌一般野生于灌木丛、丘陵、坡地、浅山、低山、荒地、山脚下阴处或半阴处及石隙中。它适应性强，在温暖潮湿的条件下，在排水良好、土质结构疏松、腐殖质丰富的砂质土中，生长更佳。主产于河南、山东、湖北、四川、江苏、广西等地，多为野生，亦有栽培。

块根入药，含卵磷脂、大黄素（emodin）、大黄酚（chrysophanol）、大黄酸（rhein）、大黄素甲醚（physcion）、2,3,5,4′-四羟基对苯乙烯-2-O-β-D-葡萄糖苷（2,3,5,4′-tetrahydroxystibene-2-O-β-D-glucoside）等。可补肝、益肾、养血、祛风。茎藤入药，养心安神，通络祛风。生首乌解毒，消痈，通便；用于瘰疬疮痈、风疹瘙痒、肠燥便秘。制首乌补肝肾，益精血，乌须发，壮筋骨；用于眩晕耳鸣、须发早白、腰膝酸软、肢体麻木、神经衰弱、高血脂。

五、大黄 *Rheum* spp.

大黄

大黄是蓼科（Polygonaceae）大黄属（*Rheum*）的植物。中医使用的大黄是掌叶大黄（*Rheum palmatum* L.）或药用大黄（*R. officinale* Baill.）的干燥块茎。

掌叶大黄是多年生草本。根及根茎肥厚。茎直立，中空。基生叶具长柄，叶片掌状半裂，裂片3~5(7)枚，每一裂片有时再羽裂或具粗齿，上面无毛，下面被柔毛；茎生叶较小，有短柄；托叶鞘膜质筒状。圆锥花序顶生；花梗纤细，中下部有关节；花小，常紫红色或带红紫色；花被片6枚，长约1.5 mm，两轮排列；雄蕊9枚；花柱3枚。瘦果有3枚，沿棱有翅，棕色。花期6—7月，果期7—8月。

药用大黄与上种的主要区别为：叶片浅裂，浅裂片呈大齿形或宽三角形。花较大，黄白色，长2 mm。

大黄是重要的泻下药、清热药和止血药。具有泻热通便功效，用于胃肠实热积滞、大便秘结、腹部胀满、疼痛拒按，甚至高热不退、神昏谵语，如大承气汤；或脾阳不足之冷积便秘，如温脾汤。可用于热毒疮疡、暴赤眼痛、口舌生疮、齿龈肿痛；如大黄牡丹皮汤具行瘀通经之效，用于瘀血阻滞之月经闭止、产后瘀阻、症瘕积聚，及跌打损伤、瘀血肿痛。大黄还有清热除湿功效，用于湿热壅滞之黄疸、小便不利、大便干结。亦可凉血止血，用于热伤血络之吐血、衄血、便血、崩漏、赤白带下。

现代临床将大黄用于治疗流行性脑膜炎、大叶性肺炎、急性胆道感染、急性腮腺炎、急性阑尾炎、急性黄疸性肝炎、急性肠炎、细菌性痢疾、消化道出血、咽喉炎、牙龈脓肿、皮炎、湿疹、淋病、带状疱疹等。大黄生用泻下力猛，蒸熟泻下力缓和，酒制可清上部火热，炒炭可化瘀止血。用于泻下时不宜久煎。

六、黄连 *Coptis* spp.

黄连是毛茛科（Ranunculaceae）黄连属（*Coptis*）植物，包括黄连（*Coptis chinensis* Franch.）、三角叶黄连（*C. deltoidea* C.Y.Cheng & P. G. Xiao）等，中药黄连是其干燥根茎，以上两种黄连习称“味连”“雅连”。

黄连是多年生草本。地下根茎多数分枝，表面粗糙，黄褐色，须根多而细长。叶丛生、叶柄长，小叶3~5枚，边缘深裂为羽状，有锯齿，淡绿色有光泽。花茎春末抽出，高100 cm，顶生圆锥聚伞花序，花小，黄绿色。蓇葖果成熟开裂，种子小，黄褐色。黄连喜冷凉、湿润，忌高温干燥。

味连：多集聚成簇，常弯曲，形如鸡爪，单枝根茎长3~6 cm，直径0.3~0.8 cm。表面灰黄色或黄褐色，粗糙，有不规则结节状隆起、须根及须根残基，有的节间表面平滑如茎秆，习称“过桥”。上部多残留褐色鳞叶，顶端常留有残余的茎或叶柄。质硬，断面不整齐，皮部橙红色或暗棕色，木部鲜黄色或橙黄色，呈放射状排列，髓部有时中空。气微，味极苦。

黄连

雅连：多为单枝，略呈圆柱形，微弯曲，长4~8 cm，直径0.5~1 cm。“过桥”较长。顶端有少许残茎。

黄连喜生长在高山阴湿冷凉，透光度30%~40%，忌强光、高温、干燥、积水的地方，以土层肥厚、排水良好、土壤湿度50%~60%为佳。种子经低温才能发芽，特别是苗期耐光能力差，苗逐渐长大抗光能力也逐渐增强。味连主产于四川、湖北，陕西、甘肃等省亦产，主要为栽培品，是商品黄连的主体。雅连主产于四川，为栽培品，有少量野生。

黄连清热燥湿、泻火解毒、凉血明目、除湿热、止泻痢，治心火肝热、头晕、目赤、烦躁、热毒。

重庆市石柱土家族自治县是我国黄连的重要产区，所产黄连称为石柱黄连，黄水镇的石柱黄连品质优良，享誉中外，销往全国各地，还远销朝鲜、韩国、越南、印度、新加坡等多个国家和地区，是重庆重要的经济植物。

七、巴豆 *Croton tiglium* L.

巴豆

巴豆别名巴仁、江子、巴果、红子仁，是大戟科（Euphorbiaceae）巴豆属（*Croton*）植物，中药巴豆是它的果实。

巴豆，常绿小乔木或灌木。树皮深灰色，平滑，幼枝绿色，疏生星状毛。叶互生，卵形或长卵形，长5~12 cm，宽3~7 cm，先端短尖，边缘有细齿，近基部有2个腺体，两面疏生星状毛，老叶无毛或近无毛，基出3脉。花小，单性，雌雄同株；总状花序顶生，雄花在上，雌花在下；雄花绿色，花萼5深裂，花瓣5枚，反卷，雄蕊15~20枚；雌花无花瓣，子房圆形，花柱3枚，顶端2叉。蒴果卵圆形，具3棱，长1.8~2.2 cm，直径1.4~2 cm；表面灰黄色，粗糙，有纵线6条；3室，每室含种子1粒。种子椭圆形，略扁，长1.2~1.5 cm，直径0.7~0.9 cm；表面棕色或灰棕色，一端有种脐及种阜的痕迹；外种皮薄而脆，内种皮呈白色薄膜状；种仁黄白色，油质。味辛辣。花期3—5月，果期7—9月。

巴豆常生于村边、旷野、溪旁、林缘，主产于四川、云南、广西、贵州、湖北等地。秋季果实成熟时采收，堆置2~3 d，摊开，干燥。

巴豆主要含脂肪酸（巴豆油酸、巴豆酸等）、毒蛋白（巴豆毒素）、巴豆苷等成分。巴豆性热，味辛，有大毒。外用蚀疮，用于恶疮疥癣、疣痣。内用属热性泻药，可温肠泻积，逐水消肿及涤荡肠胃中的沉寒痼冷。

八、牡丹 *Paeonia* × *suffruticosa* Andrews

牡丹

牡丹是毛茛科（Ranunculaceae）芍药属（*Paeonia*）的植物。灌木，株高0.8~1.8 m。根圆柱形，有香气。茎高达2 m，分枝短而粗，皮黑灰色。叶互生，纸质，常为二回三出复叶，顶生小叶三裂近中部，侧生小叶较小，斜卵形。花单生枝顶，白色、红紫色或黄色等；雄蕊多数，花丝狭线形，花药黄色；花盘杯状，红紫色。果卵形，密生褐黄色短毛。根皮、茎皮入药，称丹皮。

牡丹喜夏季凉爽、冬季温暖气候，要求生长环境阳光充足、雨量适中，耐旱性强，忌水涝。怕炎热、严寒，故若在北方栽培，冬季地上需用稻草包扎。常生于山坡林下及路边草丛中，或在向阳而肥沃平坦处。

中国是牡丹的故乡，洛阳更是牡丹的重要发祥地之一。

"洛阳地脉花最宜,牡丹尤为天下奇。"洛阳牡丹以花大色艳、端庄富丽、品种繁多闻名天下。洛阳牡丹始于晋、兴于隋、盛于唐、极盛于宋。自隋唐以后,洛阳牡丹在四川天彭、江苏盐城、浙江杭州、安徽亳州、山东曹州、广东韶关等地相继引种栽培成功,如今已遍布长城内外、大江南北。牡丹不仅在中国深受喜爱,而且香飘海外,被日本、法国、荷兰、英国、美国等20多个国家引进,成为连接各国人民友谊的纽带和桥梁。

牡丹芳姿艳质,傲骨刚心,历代文人墨客争相吟咏牡丹。唐代关于牡丹的诗词大量涌现,从至尊天子到平民百姓,无不以欣赏牡丹为乐事。唐代李白《清平调(其三)》云"名花倾国两相欢,长得君王带笑看。解释春风无限恨,沉香亭北倚阑干",成为吟诵牡丹的千古绝唱。欧阳修的《洛阳牡丹记》、周师厚的《洛阳花木记》、张峋的《洛阳花谱》等作品相继问世,为洛阳牡丹的发展乃至中国牡丹的发展和研究提供了翔实的文字资料。牡丹图案更是因其富丽饱满的形态和艳丽夺目的颜色深受我国人民喜爱,映射了人们对生活的美丽憧憬和美好祝愿,寓意着中华民族繁荣昌盛、源远流长。

牡丹在我国的栽培有悠久的历史,其种类繁多,花色丰富多彩,株形端庄,叶色较绿,与花相映,相得益彰。每逢花季,超逸万卉,清香宜人,观赏价值极高,是我国传统的庭院名贵花卉。在园林绿化中,无论孤植、丛植、片植都很适宜。牡丹也可盆栽,摆放在园林主要景点中供观赏,也可置于室内或阳台作装饰,还可做鲜切花。

重庆垫江县在几千年前就开始种植牡丹,历史悠久。每年9—10月份分株或少量播种繁殖,第二年2月中旬萌芽,3月初现蕾,3月中旬初花,4月上旬开花结束;花期较安徽铜陵早10 d,较河南洛阳早15 d,较山东菏泽早20 d;花朵硕大,花径可达20 cm。植株高30~40 cm,高可达2 m,青枝绿叶,生长繁茂,立秋后落叶进入休眠状态。药农挖根取皮,晒干制成丹皮出售。特别是重庆市直辖以来,农业综合开发力度加大,垫江牡丹产业发展加快。因其在西部独具特色,并已具备了大开发的条件,垫江已大力发展花卉苗木产业化和中药材产业化工程项目。

九、黄花蒿 *Artemisia annua* L.

一年生草本,植株有浓烈的挥发性香气。根单生,垂直,狭纺锤形;茎单生,高100~200 cm,基部直径可达1 cm,有纵棱,幼时绿色,后变褐色或红褐色,多分枝;茎、枝、叶两面及总苞片背面无毛或初时背面微有极稀疏短柔毛,后脱落无毛。叶两面具脱落性白色腺点及细小凹点,茎下部叶宽卵形,长3~7 cm,三(四)回栉齿状羽状深裂,每侧裂片5~8(10)枚,中肋在上面稍隆起;中轴两侧有窄翅无小栉齿,稀上部有数枚小栉齿;叶柄长1~2 cm,基部有半抱茎假托叶;中部叶二(至三)回栉齿状的羽状深裂,小裂片栉齿状三角形。上部叶与苞片叶一(至二)回栉齿状羽状深裂,近无柄。头状花序球形,多数,直径1.5~2.5 mm,有短梗,下垂或倾斜,基部有线形的小苞叶,在分枝上排成总状或复总状花序;花深黄色,雌花10~18朵;两性花10~30朵,结实或中央少数花不结实。瘦果小,椭圆状卵形，略扁。花果期8—11月。

黄花蒿在古本草书中记述为“草蒿”“青蒿”，中药习称青蒿。本种不同于植物学上的“青蒿”，后者不含青蒿素亦无抗疟作用。

黄花蒿

花蕾期干燥植株全草入药，以色绿、叶多、香气浓者为佳。具有清虚热，除骨蒸，解暑热，截疟，退黄之功效。常用于温邪伤阴，夜热早凉，阴虚发热，骨蒸劳热，暑邪发热，疟疾寒热，湿热黄疸等病症的治疗。

疟疾是全球三大传染病之一，受威胁人口超过30亿人，每年有2亿以上的人感染疟疾。1969年1月，我国女科学家屠呦呦被院所领导指定负责组建抗疟药物研究课题组。她收集中医数千方药，编写了640种药物的抗疟方药集。经对数百种提取物的实验筛选，后将重点集中在中药青蒿上。在《肘后备急方》“青蒿一握，以水二升渍，绞取汁，尽服之”的启迪下，研究得以突破，在1971年发现青蒿乙醚提取中性部位可100%抑制鼠疟原虫，1972年她和研究团队又得到了抗疟有效单体，后命名为青蒿素。2001年世界卫生组织将以青蒿素类为主的复合疗法(ACTs)推荐为全球治疗疟疾的首选方案，每年治疗数亿患者，治愈率极高。2015年，屠呦呦因“有关疟疾新疗法的发现”获得诺贝尔生理学或医学奖，成为首位以中国本土科学研究工作获得诺贝尔奖的中国科学家，这是中国特色社会主义制度集中力量办大事的杰出成就之一。

2021年6月30日，世界卫生组织宣布中国通过消除疟疾认证。中国从20世纪40年代每年报告约3000万疟疾病例到如今完全消除，这是一项了不起的壮举。而在全球，目前仍有几十个国家和地区有疟疾流行，最严重的地区是非洲撒哈拉沙漠以南地区，占全球的90%。但自2000年以来，全球疟疾死亡率已经下降了一半，“中国神草”青蒿素功不可没。

黄花蒿广布于东南亚各国，我国南北都有分布，其中重庆市酉阳土家族苗族自治县是世界上最主要的黄花蒿生产基地，也是全球青蒿素高含量的富集区。酉阳年产青蒿干叶超1万t，全球近八成原料黄花蒿、近一半青蒿素出自这里，年产值上亿元。现已培育出高产量、高青蒿素含量的“双高青蒿”，其中青蒿素含量最高可达2.7%，平均含量达0.9%，因此酉阳有着“世界青蒿之都”的美誉。

【思考题】

1. 什么样的植物才能成为药用植物？
2. 谁发现了青蒿素？她因此获得了什么奖？
3. 青蒿素专治什么疾病？
4. 你知道的中药植物有哪些？

第五节

毒品植物

根据《中华人民共和国刑法》第三百五十七条的规定:“本法所称的毒品,是指鸦片、海洛因、甲基苯丙胺(冰毒)、吗啡、大麻、可卡因以及国家规定管制的其他能够使人形成瘾癖的麻醉药品和精神药品。”毒品具有依赖性、非法性和危害性。从自然属性看,毒品可分为两类:一类是麻醉药品,有鸦片类、大麻类、可卡因类;一类是精神药品,有镇静催眠类、中枢兴奋剂、致幻剂。毒品植物是指那些人类过多服用后会对之产生强烈的依赖性且严重危害人类健康的植物,如罂粟、大麻、古柯等。我们应了解和辨识毒品植物,远离毒品,预防毒品的危害。

全世界约有10%的人口卷入毒品生产和消费中,每年约有10万人死于吸毒过量,约有1000万人因吸毒而丧失劳动能力。毒品不仅毁了自己,还祸及家庭、危害社会。但是这并不是毒品植物的过错,在医疗界来说,它们的贡献非常大,只是因为有些人没有正当地利用这类植物,才导致了毒品危害。

一、罂粟 *Papaver somniferum* L.

罂粟是罂粟科(Papveraceae)罂粟属(*Papaver*)植物,也称鸦片、烟花,每年初冬播种,春天开花。其花色艳丽,有红、粉红、紫、白等多种颜色。

罂粟为一年生或二年生草本植物,无毛或在植株下部或总花梗上被极少的刚毛,高30~60(100)cm,栽培者可达1.5 m。主根近圆锥状,垂直,茎直立,不分枝,无毛,具白粉。叶互生,卵形或长卵形,长7~25 cm,先端渐尖至钝,基部心形,边缘为不规则的波状锯齿,两面无毛具白粉,叶脉明显,略突起;下部叶具短柄,上部叶无柄、抱茎。花单生,花梗长达25 cm,无毛或稀散生刚毛。花蕾卵圆状长圆形或宽卵形,长1.5~3.5 cm,宽1~3 cm,无毛;萼片2枚,宽卵形,绿色,边缘膜质;花瓣4枚,近圆形或近扇形,长4~7 cm,宽3~11 cm,白色、粉红色、红色、紫色或杂色;雄蕊多数,花丝线形,长1~1.5 cm,花药长圆形,长3~6 mm,淡黄色;子房球形,直径1~2 cm,绿色,无毛,柱头(5)8~12(18)枚,辐射状,联合成扁平的盘状体,盘边缘深裂,裂片具细圆齿。蒴果球形或长圆状椭圆形,长4~7 cm,直径4~5 cm,无毛,成熟时褐色。种子多数,黑色或深灰色,表面呈蜂窝状,花果期3—11月。

罂粟

初夏罂粟花落，在未熟果实的乳汁中含有生物碱，划破果皮，就会有汁液渗出，待其干后变硬再刮下来就是生鸦片，生鸦片再经烧煮和发酵就成了熟鸦片，吸毒者吸食的就是熟鸦片。鸦片本是一种很好的镇静止疼药，其中含有的有效成分为吗啡，以正当医疗为目的是允许使用吗啡的，但超出此范围用药，人体可以产生耐受性、生理依赖性和精神依赖性，造成精神错乱和行为异常。

吗啡是从鸦片中提炼而成，它是鸦片的主要成分，它的毒性比鸦片大10~20倍。吗啡为白色针状结晶或结晶性粉末，有苦味，遇光易变质，溶于水。吗啡有强大的止痛作用，但比鸦片更易使人上瘾。吗啡中毒后，可导致瞳孔极度缩小，血压下降、呼吸深度抑制、意识昏迷，如果用量过大，可导致死亡。

1898年，德国拜耳药厂开始规模化生产一种镇痛效果更好的新药——海洛因。海洛因是半合成的鸦片类毒品，比吗啡更加危险，因为它的成瘾性、药效比吗啡高出数倍。极纯的海洛因俗称"白粉"，根据用途和纯度的不同，分为"2号海洛因""3号海洛因""4号海洛因"。由于海洛因比吗啡更易溶于水，更易被机体吸收，易于通过血脑屏障进入中枢神经系统，因而产生的快感更为强烈，使吸毒者身不由己，心中只有"白粉"，别无他念，一旦停用便会出现戒断反应，包括不安焦虑、忽冷忽热、流泪、流涕、恶心、呕吐、腹痛、腹泻等，促使吸毒者为避免高度不适而不顾一切再度吸食毒品。

二、大麻 *Cannabis sativa* L.

大麻在我国俗称野麻、胡麻、汉麻等，是大麻科（*Cannabaceae*）大麻属（*Cannabis*）的植物，原产于亚洲中部，现遍及全球，有野生也有栽培。本种有两个亚种，一个是火麻，另一个是印度大麻。大麻的茎、秆可制成纤维，籽可榨油。作为毒品的大麻主要是指矮小、多分枝的印度大麻，大麻类毒品的主要活性成分是四氢大麻酚（THC）。

大麻

大麻为1年生草本植物。高1~3 m，根木质化，全株有特殊气味。叶掌状全裂，裂片3~11片，小叶披针形，长7~15 cm，先端渐尖，基部渐狭，边缘有锯齿，两面被毛。花单性，淡绿色，雌雄异株，雌株叫子麻，雄株叫牡麻。雄花序圆锥形，花被5片，雄蕊5枚；雌花序短穗状，每花下被1枚苞片，花被退化，膜质，紧包子房，子房球状，花柱2个，瘦果扁卵形。

有毒的大麻是产于印度的一个变种，从它的雌株枝上端以及叶子、种子和茎中可以提取大麻毒品，尤其以开花的茎顶含毒量高。吸一支大麻烟对肺功能的影响比一支香烟大10倍，吸食过量可意识不清、精神错乱，大脑记忆力、注意力、计算力和判断力减退，使人思维迟钝、木讷，记忆混乱。

大麻类毒品分为三种：

（1）大麻植物干品。由大麻植株或植株部分晾干后压制而成，俗称大麻烟，其中THC含量为0.5%~5%。

（2）大麻树脂。用大麻的果实和雌株花枝先端部分经压搓后渗出的树脂制成，又叫大麻脂，其THC的含量为2%~10%。

（3）大麻油。从大麻植物或是大麻籽、大麻树脂中提纯出来的液态大麻物质，其THC的含量为10%~60%。

三、古柯 *Erythroxylum* spp.

古柯又称“高卡”“古加”“高根”，原产于秘鲁和南美洲安第斯山脉，后在亚洲的斯里兰卡和印度尼西亚广为栽培。1860年，德国化学家尼曼从古柯树叶中分离出来一种生物碱（中枢神经兴奋剂），可提炼出可卡因，1000 g的古柯叶浆可以提取90 g可卡因。在几千年前人们就知道了古柯，古印第安人发现古柯叶可以抗寒、提神、治病。在以前，可口可乐里也曾加入过可卡因，后来发现可卡因毒性太大就不再使用，而加入了咖啡因代之。

古柯是双子叶植物纲原始花被亚纲古柯科（Erythroxylaceae）古柯属（*Erythroxylum*）的植物，乔木或灌木，高达5 m。单叶互生，革质，长椭圆形，叶具3纵脉，中间1脉在叶背面呈红棕色。托叶常位于叶柄内侧，早落。1年可采叶3~4次。花两性，单生或簇生于叶腋内，花萼宿存，花瓣5片，内面常有舌状附属体，雄蕊10~20枚。核果锐三棱状矩圆形，稍弯。古柯属约200种。中国有野生种东方古柯（*E. sinensie* C. Y. Wu）及引进栽培的哥伦比亚古柯［*E. novogranatense*（D. Morris）Hier.］两种。

古柯

古柯叶片含有0.64%~1.48%的古柯碱，可以提炼可卡因。可卡因是一种麻醉药，形态多呈白色晶体状，医疗上可作局部麻醉使用。因为吸收后的毒性相当大，一般不会作注射使用。可卡因对人体有刺激作用，初始有兴奋感，往往产生幻觉，长期使用能使人上瘾，体重下降，心情忧郁，失眠，脸色发白，呕吐和脉搏衰弱，最终导致呼吸衰竭而死亡。

咀嚼古柯叶可减轻饥饿感和疲劳感。由于可卡因对中枢神经系统有很强烈的兴奋作用，因而吸入可卡因可出现类偏执精神病，有迫害、嫉妒、妄想等症状，会无端使用暴力。在吸毒者眼中，一切人都会对自己构成威胁，从而进行所谓报复，伤害他人，严重危害社会治安，也会自残。

四、麻黄 *Ephedra* spp.

为麻黄科(Ephedraceae)麻黄属(*Ephedra*)植物,包括草麻黄(*Ephedra sinica* Stapf)、中麻黄(*E. intermedia* Schrenk ex C. A. Mey.)和木贼麻黄(*E. equisetina* Bunge.),常说的毒品麻黄是其干燥草质茎。秋季采割绿色的草质茎,晒干之后就成了制毒原材料。

草麻黄为小灌木,常呈草本状,茎高20~40 cm,分枝少,木质茎短小,匍匐状;小枝圆,对生或轮生,节间长2.5~6 cm,直径约2 mm。叶膜质鞘状,上部2裂(稀3裂),裂片锐三角形,反曲。雌雄异株;雄球花有多数密集的雄花,苞片通常4对,雄花具7~8枚雄蕊。雌球花单生枝顶,有苞片4~5对,上面一对苞片内有雌花2朵,雌球花成熟时苞片红色肉质;种子通常2粒。花期5月;种子成熟期7月。

木贼麻黄为直立灌木,高达1 m,茎分枝较多,黄绿色,节间短而纤细,长1.5~3 cm。叶膜质鞘状,上部仅1/4分离,裂片2,呈三角形,不反曲。雌花序常成对着生于节上,苞片内有雌花1朵,种子通常1粒。

中麻黄为直立灌木,高达1 m。茎分枝多,节间长2~6 cm。叶膜质鞘状,上部1/3分裂,裂片3(稀2),钝三角形或三角形。雄球花常数个密集于节上,呈团状;雌球花2~3个生于节上,仅先端一轮苞片生有2~3朵雌花。种子通常3粒。

麻黄发汗散寒,宣肺平喘,利水消肿。用于风寒感冒,胸闷喘咳,风湿浮肿,支气管哮喘。蜜麻黄润肺治咳,多用于表证已解,气喘咳嗽。

麻黄含有一种生物碱,即麻黄碱,可以用于治疗感冒和咳嗽,也有兴奋神经中枢、兴奋心脏等作用。正常药品中含有微量麻黄碱,少量短期用药,不会成瘾;但过量使用,会引起中毒,可能会出现幻觉、精神障碍等。麻黄碱与冰毒结构类似,因此麻黄碱是制提冰毒的原料。

毒品一旦上瘾,身体和精神都将对之产生高度的依赖性,扰乱人体的正常生理过程,导致人体产生各种病变,如神经系统病变、呼吸道感染、心律失常及心内膜炎、肝炎,甚至感染艾滋病、导致死亡等。毒品进入人体后作用于人的神经系统,使吸毒者一段时间后出现一种渴求用药的强烈欲望,驱使吸毒者不顾一切地寻求和使用毒品。一旦出现精神依赖后,即使经过脱毒治疗,在急性期戒断反应基本控制后,要完全康复往往需要数月甚至数年的时间。更严重的是,对毒品的依赖性难以消除。这是许多吸毒者一而再、再而三吸毒的原因,也是世界医药学界尚待解决的课题。因此,毒品对家庭幸福、社会生产力的破坏性极强,并扰乱社会治安,给社会安定带来巨大威胁。艾滋病患者中,因注射毒品而感染的占67.5%。吸毒,不仅摧毁了自身的身体,而且带来严重的社会问题,诸如丧失伦理道德、家庭破裂、社会犯罪率上升等。民族英雄林则徐在向道光帝呈上的奏折中指出:“若犹泄泄视之,是使数十年后,中原几无可以御敌之兵,且无可以充饷之银。”此话绝非夸张,为了国家的强盛,民族的兴旺,我们必须铲除毒瘤,远离毒品。

【思考题】

1. 什么是毒品？常见的毒品分成哪几类？
2. 什么是毒品植物？常见的有哪几种植物？
3. 吸食毒品或食用毒品植物对人类有何影响？
4. 中国法律规定，私自种植罂粟多少株就可判刑？

第六节

工业用植物资源

工业用植物资源包括木材植物类、纤维植物类、鞣质植物类、植物胶类、工业用油脂植物类、工业性植物染料类、能源植物类、经济昆虫寄生植物类等。中国是少林国家且森林分布不均匀，木材资源较少，大力发展泡桐、杉木、杨树等优良速生树种的种植对我国意义重大。中国纤维植物资源丰富，重要的有480余种，从种的数量上看，以索麻科、锦葵科、梧桐科、椴树科、桑科等的种类最为丰富，广泛用作纺织业、造纸业和编织业的原料植物。鞣质植物包括落叶松、云杉、铁杉等，它们含有丰富的单宁，可用于制栲胶鞣革和制药。香料植物又称芳香植物，是提取香料、香精的主要原料，中国的芳香植物1000余种，有利用价值的约400种，包括木姜子、樟树、枫茅、香草等。植物胶类包括富含橡胶、硬胶、树脂、水溶性聚糖胶等的植物，是橡胶工业的重要原料，包括各种松科、豆科等科的植物。中国的工业用油脂植物资源中，含油量在20%以上的大约有300种，其中工业用油树种占50%以上，包括油桐、漆树、乌桕等，桐油、生漆是中国传统的出口商品。工业性植物染料资源可提取桑色素、苏木精、红木靛叶和姜黄等染料。

一、泡桐 *Paulownia* spp.

泡桐是泡桐科（Paulowniaceae）泡桐属（*Paulownia*）落叶乔木的统称。在中国分布广泛，越南、老挝北部也有分布，朝鲜、日本、阿根廷、美国南部、巴西、巴拉圭有引种栽培。

树皮灰色、灰褐色或灰黑色，幼时平滑，老时纵裂。通常假二歧分枝。单叶，对生，叶大，卵形，全缘或有浅裂，具长柄，柄上有柔毛。花大，淡紫色或白色，顶生圆锥花序，由多数小聚伞花序复合而成。花萼钟状或盘状，肥厚，5深裂，裂片不等大。花冠钟形或漏斗形，上唇2裂、反卷，下唇3裂，直伸或微卷；雄蕊4枚，2长2短，着生于花冠的基部；

雌蕊1枚，花柱细长。蒴果卵形或椭圆形，熟后背缝开裂。种子多数为长圆形，小而轻，两侧具有条纹的翅。

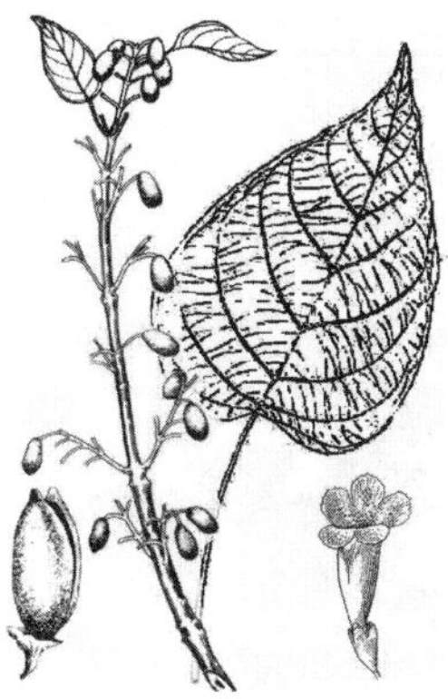
泡桐

泡桐对热量要求较高，对大气干旱的适应能力较强，但因种类不同而有一定差异。对土壤肥力、土层厚度和疏松程度也有较高要求。在水淹、黏重的土壤上生长不良。地下水位不足2 m时，生长也差。土壤pH值以6~7.5为好。泡桐生长迅速，7~8年生即可成材。在北方地区，以兰考泡桐生长最快。楸叶泡桐次之，毛泡桐生长较慢。不同种类的生长过程有所不同。如兰考泡桐的高度变化有明显的阶段性，能由不定芽或潜伏芽形成强壮的徒长枝自然接干；栽植后经过2~8年，自然接干向上生长。在整个生长过程中，一般能自然接干3~4次，个别能自然接干5次。第1次自然接干，纵向生长量最大，可超过3 m，以后逐渐降低。胸径的连年生长量高峰在第4~10年。材积年生长量高峰出现在第7~14年，这种高峰出现的时间早晚和数值大小，取决于土壤条件和培育管理措施。

泡桐木材纹理通直，结构均匀，不挠不裂，易于加工。隔潮性好，不易变形。声学性好，共鸣性强。不易燃烧，油漆染色良好。可作建筑、家具、人造板和乐器等用材。泡桐木材的纤维素含量高、材色较浅，是造纸业的好原料。叶、花、果和树皮可入药。树姿优美，花色美丽鲜艳，并有较强的净化空气和抗大气污染的能力，是城市和工矿区绿化的好树种。

二、木棉 *Bombax ceiba* L.

木棉别名攀枝花，是木棉科（Bombacaceae）木棉属（*Bombax*）落叶大乔木，高可达30~40 m，常高于邻树，故又名英雄树。

树皮深灰色，幼树干与老树粗枝均有短而粗大的圆锥形硬皮刺，以基部为多；枝轮生而平展，层层向上生长。掌状复叶互生；叶柄长达20 cm；小叶多为5~7片，小叶柄长约1.5 cm，小叶片长椭圆形，长10~16 cm，宽4~5.5 cm，先端长渐尖，稍呈尾状，基部宽楔形，全缘，两面均无毛。早春先叶开花，花簇生于枝端，花冠红色或橙红色，直径约12 cm，花瓣5枚，肉质，椭圆状倒卵形，长约9 cm，外弯，边缘内卷，两面均被星状柔毛；雄蕊多数，合生成管，排成3轮，最外轮集生为5束。蒴果甚大，木质，呈长圆形、长椭圆形，可达15 cm，熟后5裂，果瓣内有绢丝状绵毛。种子多、倒卵形，黑色，光滑，藏于白色毛内。

木棉主要产于我国华南及西南一带，性喜干热，耐高温，生长快，萌芽力强。

木棉是美丽的观赏树木，其木材松软，可作建筑和造纸业等的用材；木棉果实中有鹅毛状的纤维，不能纺纱，但耐压，不易浸水，浮力大，可用于航空和救生器材，还可用于枕芯。木棉入药，根可作滋补剂和收敛剂；花有祛湿止痢的功效。木棉纤维是一种天然纤维，与棉纤维有很多相似之处，在光泽、吸湿性和保暖性方面具有独特优势，在崇尚天然材料的今天有良好的应用前景。

三、金合欢 *Vachellia farnesiana*（L.）Wight & Arn.

金合欢又称牛角花、鸭皂树、消息树，是豆科（Fabaceae）金合欢属（*Vachellia*）的植物。常绿乔木，高约25 m，树皮绿或灰色，小枝具棱角，二回羽状复叶，小叶线形，银灰色或浅灰蓝色，被短柔毛。花期3—6月，头状花序，具小花30~40朵，黄色，有香气。荚果，成熟期5—6月。种子卵圆形，黑色，有光泽，千粒重14~15 g，每千克种子7万~8万粒，发芽率80%~85%。

金合欢生长快，早花早实，一般生长3~5年即可开花。金合欢适生于凉爽湿润的亚热带地区，但在进化过程中已形成了独特的生存机制以适应外界的各种不利环境，具有较强的抗寒、抗旱及耐瘠薄能力。在-7~40 ℃的温度范围内均能保持正常生长发育，并能忍受-10 ℃的短暂低温；可耐长达半年的旱季，在夏季长达2个月无雨的情况下仍能生长。值得注意的是，降水过多虽不影响金合欢的生长，但会造成土壤淋溶强烈、质地变黏重和排水不良，从而导致金合欢的根系生长不良、烂根甚至植株死亡。

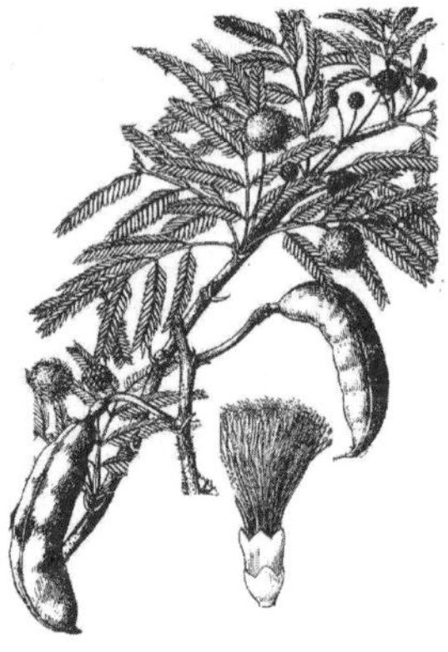

金合欢

金合欢原产于澳大利亚东南部，现广泛引种到非洲、亚洲等的国家和地区，我国引种始于20世纪，现大部分能开花结实。金合欢是典型的多用途树种，可作观赏绿化、水土保持、建筑、土壤改良、造纸、饲料等用树，是城市及沿路绿化的良好树种。

金合欢在林产品工业中有重要价值，用花提取的芳香油为名贵香料；树皮和根皮富含鞣质，是生产栲胶的优质原料；果皮为黑色染料，亦可入药；树干和枝条可用于制浆造纸等。金合欢树种是继桉树之后新开发的一种制浆造纸用材，适合于在东南亚和中国南方生长，是速生阔叶树种之一。据马来西亚林业杂志报道，金合欢年生长率为46 m^3/hm^2，7~9年成材，可以供制浆造纸。

金合欢以金黄色的头状花序博得了澳大利亚人的喜爱，被誉为国花。在这个国家的街道、庭院、广场和其他建筑物的周围，随处可见金合欢栽成的行道树或绿篱，显得十分幽静、美丽。

金合欢花有朝开晚闭的习性，这是因为它的花叶柄基部关节处的细胞对光和热的反应十分灵敏。清晨，随着太阳的升起，地面上的光线强度和温度逐渐升高，花叶柄基部的细胞逐渐吸水，细胞膨胀便使花叶舒展开来；日暮时，阳光强度及温度逐渐降低，花叶柄基部的细胞逐渐失水，细胞失水便使花叶闭合。因此，金合欢又有“夜合花”“叶合花”之称。金合欢开花时，一簇簇金黄色的长长花丝，伸出翠叶之外，散发着甘甜清新的芳香。许多花朵聚在一起，好像一团团金灿灿的丝绒球，因此人们又叫它绒花树。秋天到来时，羽叶下面又挂上一串串豆角一样的荚果，别有一番风味。

四、棉 *Gossypium* spp.

棉又称棉花、高地棉、大陆棉、美洲棉、墨西哥棉、美棉，通常称的棉花是锦葵科（Malvaceae）棉属（*Gossypium*）几个栽培种的统称，棉是我国重要的经济作物。棉花生产在我国农业生产和国民经济中都占有重要地位。棉属共有四个主要栽培种：起源于西半球美洲大陆及加勒比地区的陆地棉和海岛棉，起源于东半球亚非大陆有亚洲棉（学名树棉）和非洲棉（学名草棉）。

我国棉花栽培历史悠久，是世界上种植棉花较早的国家之一，一般认为《尚书·禹贡》是我国最早记载棉布衣的文字资料。在不同历史时期，我国的主要栽培品种也不一样，亚洲棉引入最久，种植时间最长，同时栽培区域较广；陆地棉引入我国的历史较短，但发展很快，19世纪50年代即取代了亚洲棉。目前广大棉区所种植的棉花多为陆地棉（细绒棉），新疆还种植有少量海岛棉（长绒棉）。

陆地棉

陆地棉原产于中美洲和加勒比地区，是目前世界上栽培最广的棉种，其纤维为优良的纺织原料，产量占世界棉纤维产量的90%以上。陆地棉是我国现在的主要栽培棉种，棉花育种任务主要是陆地棉新品种的选育。

陆地棉（*Gossypium hirsutum* L.）为一年生草本，高0.6~1.5 m，小枝疏被长毛。叶阔卵形，直径5~12 cm，长宽近相等或较宽，基部心形，常3浅裂，少5裂，中裂片深裂达叶片之半，裂片宽三角状卵形，先端突渐尖，基部宽，上面近无毛，沿脉被粗毛，下面疏被长柔毛；叶柄长3~14 cm，疏被柔毛；托叶卵状镰形，长5~8 mm，早落。花单生于叶腋，花梗通常较叶柄略短；小苞片3枚，分离，基部心形，具腺体1个，边缘具7~9个齿；花萼杯状，5裂，三角形；花白色或淡黄色，后变淡红色或紫色，长2.5~3 cm，雄蕊长1~2 cm。蒴果卵圆形，长3.5~5 cm，具喙，3~4室；种子分离，卵圆形，具白色长棉毛和灰白色不易剥离的短棉毛，夏秋开花。陆地棉广泛栽培于全国各产棉区，且已取代树棉和草棉。

海岛棉（*Gossypium barbadense* L.）原产于南美洲、北美洲和加勒比地区。纤维特长，为纺细纱的好原料。我国广东、广西、福建、台湾等地区均有栽培，海岛棉生长要求260 d左右的无霜期，我国大部分棉区无法种植。但可将它作为品种资源收集起来，用以改良我国的陆地棉品质。

树棉(*Gossypium arboreum* L.)常称亚洲棉，产于中亚，是人类栽培和传播最早的棉种，由于在我国栽培历史长，故又称中棉。亚洲棉的棉纤维短，不适宜于中支纱机纺，产量又比陆地棉低，所以在我国亚洲棉几乎全部为陆地棉所取代，很少栽培，黄河以南一带有零星种植。亚洲棉具有早熟、耐阴雨、烂铃少、吐絮好等特性，可作为杂交亲本材料，仍是重要的品种资源。

草棉(*Gossypium herbaceum* L.)常称非洲棉，原产于非洲南部。生长期仅120 d左右，在我国，适于西北地区栽培。新疆和甘肃河西走廊曾栽培过，但由于非洲棉纤维细而短，产量低，现在已被陆地棉代替。非洲棉有很多有益性状，可作为品种资源收集和保存。

棉纤维是棉种子表皮细胞经伸长、加厚而成的种子纤维，不同于一般的韧皮纤维。棉纤维以纤维素为主，占干重的93%~95%，其余为纤维的伴生物。棉纤维具有许多优良经济性状，是最主要的纺织工业原料，其纤维品质由5个维度组成。

①纤维长度。目前国内主要棉区生产的陆地棉及海岛棉品种的纤维长度，分别以25~31 mm及33~45 mm居多。棉纤维的长度是指纤维伸直后两端间的长度，一般以毫米表示。棉纤维的长度有很大差异，最长的纤维可达75 mm，最短的仅1 mm，一般细绒棉的纤维长度在25~33 mm，长绒棉多在33 mm以上。不同品种、不同棉株、不同棉铃上的棉纤维长度有很大差别，即使同一棉铃不同瓣位的棉籽间，甚至同一棉籽的不同籽位上，其纤维长度也有差异。一般来说，棉株下部棉铃的纤维较短，中部棉铃的纤维较长，上部棉铃的纤维长度介于二者之间；同一棉铃中，以每瓣棉籽的中部棉籽上着生的纤维较长。棉纤维长度是纤维品质中最重要的指标之一，与纺纱质量关系十分密切，当其他品质相同时，纤维愈长，其纺纱支数愈高。支数的计算，是在公定回潮率条件下(8.5%)，每一千克棉纱的长度为若干米时，即为若干公支，纱越细，支数越高。纺纱支数愈高，可纺号数愈小，强度愈大。

②纤维整齐度。成纱品质也受棉纤维整齐度的影响，一般纤维越整齐，短纤维含量越低，成纱表面越光洁，纱的强度越高。

③纤维细度。纤维细度与成纱的强度密切相关，纺同样粗细的纱，用细度较细的纤维时，因纱内所含的纤维根数多，纤维间接触面较大，抱合较紧，其成纱强度较高。同时细纤维还适于纺较细的纱支。但细度也不是越细越好，太细的纤维，在加工过程中较易断裂，也容易产生棉结。

④纤维强度。指拉伸一根或一束纤维，在即将断裂时所能承受的最大负荷，一般以g或g/mg来表示，纤维强度因种或品种不同而异，一般细绒棉多在3.5~5 g之间，长绒棉纤维结构致密，强度可达4.5~6 g。

⑤纤维成熟度。棉纤维成熟度是指纤维细胞壁加厚的程度，细胞壁越厚，其成熟度越高，纤维转曲越多，强度越高，弹性越强，色泽越好，成纱质量也越高；成熟度低的纤维各项经济性状均较差，但过熟纤维也不理想，纤维太粗，转曲也少，成纱强度反而不高。

【思考题】

1. 哪些植物可作为工业用植物资源？
2. 常见的纤维用植物有哪些？主要用途有哪些？
3. 评价棉纤维品质的5个维度有哪些？
4. 金合欢有哪些经济价值？

第七节

保护和改良环境植物资源

保护和改良环境植物资源常包括五类：一为防风固沙植物，如木麻黄、大米黄、桉树、银合欢、杨树等；二为保持水土、改造荒山荒地植物，如银合欢、金合欢、雨树、牛油树、洋槐等；三为固氮增肥、改良土壤植物，如碱蓬、紫苏、紫云英、红萍等；四为监测和抗污染植物，如碱蓬、凤眼莲以及大多数植物；五为绿化美化、保护环境植物，包括各类行道树、观赏花卉、盆景等。本节介绍几种生态价值和经济价值都较高的木本植物。

一、油桐 *Vernicia fordii*（Hemsl.）Airy Shaw

油桐俗称三年桐，是我国特有的经济林木，它与油茶、核桃、乌桕是我国常见的四种木本能源植物。油桐至少有千年的栽培历史，现国外许多国家已引种成功。

油桐

油桐为大戟科（Euphorbiaceae）油桐属（*Vernicia*）植物，落叶小乔木，高达10 m；树皮灰色；枝粗壮，无毛。单叶互生，卵状圆形，长5~15 cm，宽3~12 cm，基部截形或心形，不裂或3浅裂，全缘，幼叶被锈色短柔毛，后来近于无毛；叶柄长达12 cm，顶端有2个红色腺体，腺体扁平无柄。花期4—5月，花大，白色略带红，单性，雌雄同株，排列于枝端成短圆锥花序；花萼不规则，2~3裂，裂片镊合状；花瓣5枚；雄花有雄蕊8~20枚，花丝基部合生，上端分离且在花芽中弯曲；雌花子房3~5室，每室1个胚珠，花柱2裂。果期10月，核果近球形，直径3~6 cm；种子具厚壳状种皮。

在中南、西南、华东一带以及陕西和甘肃南部有栽培；越南也有分布。油桐为主要木本油料作物之一，种仁含油量达70%，油是油漆、印刷等的上好原料；根、叶、花、果均可入药，有消肿杀虫等功效。油桐叶大荫浓，花大美丽，是优良观赏树种，也是优良的水土保持植物。

二、苏木 *Biancaea sappan* L.

苏木豆科（Fabaceae）落叶灌木或小乔木，植株高5~10 m，对生复叶，树干有刺。二回羽状复叶，有锥刺状托叶，叶轴有棘刺；羽片7~12对，小叶10~15对，密生；小叶长圆形，长15~20 mm，宽6~7 mm，先端钝，微缺，基部偏斜，两面近无毛，有腺点；无柄。圆锥花序顶生或腋生；花萼5裂，略不整齐；花瓣5片，黄色，最下1片较小，雄蕊10枚，花丝下半部密被绵毛；子房线状披针形，密被短茸毛。荚果长圆形、偏斜倒卵形，扁平，木质，顶端斜截形，有喙，红棕色，有光泽。花期5—10月，果期次年夏季。

苏木

苏木多生于高温多湿、阳光充足和肥沃的山坡、沟边及村旁。喜光树种，分布于南亚热带地区，适宜于海拔1200 m以下的热区栽种。我国主要栽培于台湾、广东、广西、云南和四川等地。苏木可作药材，即干燥后的苏木心材，为不规则的圆柱形，黄棕色，质地细腻，无气无味，含苏木色素。具有活血化瘀、消肿止痛等作用，主治瘀血疼痛等症。苏木木材质地好，为制作高档乐器的优质材料。近年又开发出食用苏木色素，市场需求量大，产品供不应求，发展前景较好。

三、紫檀 *Pterocarpus* spp.

紫檀

紫檀又名紫榆，是豆科紫檀属植物，常绿大乔木，高5 m。羽状复叶，蝶形花冠，黄色，圆锥花序。果实扁圆有翅，木质甚坚，色赤。产于美洲和非洲热带雨林地区，印度、菲律宾、缅甸等地，我国广东、云南也有出产。因紫檀生长缓慢，材质坚实，硬度大，韧性强，结构细致，纹理均匀，耐腐性强，属于名贵硬木。上好的紫檀产量极低，取材很少，心材鲜红或橘红色，久露空气后变紫红褐色，材色较均匀，常见紫褐色，需几百年成材，生长年轮不明显，紫檀木因其珍贵而被称为“木中之金”。檀香紫檀木材质量好，在中国有少量栽培。

四、桉树 *Eucalyptus* spp.

桉树

桉树是桃金娘科(Myrtaceae)桉属(*Eucalyptus*)植物的统称,又名尤加利。1910年吴宗廉辑译《桉谱》一书,根据法文enca-lypto音译为安加利泼多,按安音造字为桉,是"桉"字的最早来源。桉树种类繁多,根据《中国植物志》分类,有近800个种。绝大多数桉树原产于澳大利亚,现世界热带、亚热带地区已广泛引种栽培。

中国的桉树引种始于19世纪末,先后从意大利和法国等地引入多种桉树。1890年,引入细叶桉,1894年引入野桉,1896年引入蓝桉,等等。中国桉树人工造林发展很快,在世界上都占有重要地位,桉树已成为中国重要的造林树种之一。

桉树系常绿乔木或灌木。高矮不一,高可达150 m,矮不到3 m。树皮粗糙或光滑。叶异型,分幼态叶、中间叶和成熟叶。幼态叶对生,稀为互生;中间叶通常较粗大,为幼态叶与成熟叶之间的过渡类型;成熟叶互生,具叶柄,垂直或水平,有圆形、阔卵形至披针形,常呈镰状,多数为硬叶,羽状脉。花数朵排成伞形花序或圆锥花序。萼筒陀螺形、钟形、棍棒形、梨形或长椭圆形,与子房合生;花瓣与萼片合生形成一帽状体。开花时横裂与萼筒分离而脱落。

桉树喜光,一般枝叶稀疏。大多要求年平均温度15 ℃以上,最冷月不低于7~8 ℃,但有的如赤桉、细叶桉、野桉能耐绝对最高温40 ℃,又能耐绝对最低温-6 ℃;异心叶桉、灰桉、多枝桉、广叶桉、苹果桉则能耐绝对最低温-8 ℃。一般能生长在年降雨量500 mm的地区,在年降雨量超过1000 mm的地区生长较好。耐水湿的有赤桉、大叶桉、野桉等。耐干旱的有窿缘桉、柠檬桉、斜脉胶桉、圆锥花桉、伞房花桉、谷桉等。桉树适生于酸性的红壤、黄壤和土层深厚的冲积土上,在土层深厚、疏松、通气、排水良好的地方生长良好。

此属的某些品种所产的木材以坚重、耐久著称,是世界上重要的硬木来源。中国栽培的多为散孔材(极少数如柠檬桉为辐射孔材),主要用作矿柱、建筑、家具、车船、纺织、电杆、工农具柄等。但桉树木材一般易于挠裂,应视其用途性质进行适当干燥处理。经水解、碱煮氯化、漂白等工艺,可制成较好的浆粕,供造纸和纺织之用。副产品桉叶可蒸制精油,生产桉叶醇、胡椒酮、柠檬醛等,在化学药品、香料等方面有广泛用途。许多桉树的皮、材、叶都含有单宁,可用于锅炉除垢和制作缓凝剂。此外,某些桉树的叶可浸提医药用芦丁和植物生长调节剂。中国主要栽培的桉树还是蜜源植物。

桉树树姿优美,四季常青,生长异常迅速,有更新及改善沼泽地的能力,宜作园林绿化树种。树叶含芳香油,有杀菌驱蚊作用,可提炼香油,还是疗养区、住宅区、医院和公共绿地的良好绿化树种。嫩枝和树皮中含有单宁,可以提炼栲胶;树皮和木材还可用来造纸。桉树根系发达，树干枝条坚韧，耐旱，抗风能力强，是防护林的优良树种。

五、桑 *Morus alba* L.

桑是桑科（Moraceae）桑属（*Morus*）的落叶乔木或灌木，高3~10 m或更高，胸径可达50 cm，树皮厚，灰色，具不规则浅纵裂；冬芽红褐色，卵形，芽鳞覆瓦状排列，灰褐色，有细毛；小枝有细毛。叶卵形或广卵形，长5~15 cm，宽5~12 cm，先端急尖、渐尖或圆钝，基部圆形至浅心形，边缘锯齿粗钝，有时叶呈各种分裂，表面鲜绿色，无毛，背面沿脉有疏毛，脉腋有簇毛；叶柄长1.5~5.5 cm，具柔毛；托叶披针形，早落，外面密被细硬毛。

5月开花，花单性，雌雄异株，腋生或生于芽鳞腋内，与叶同时生出；雄花序下垂为柔荑花序，长2~3.5 cm，密被白色柔毛，雄花花被片宽椭圆形，淡绿色。花丝在芽时内折，花药2室，球形至肾形，纵裂；雌花序长1~2 cm，被毛，总花梗长5~10 mm，被柔毛，雌花无梗，花被片倒卵形，顶端圆钝，外面和边缘被毛，两侧紧抱子房，无花柱，柱头2裂，内面有乳头状突起。

桑

6—7月为果熟期，聚花果卵圆形或圆柱形，黑紫色、白色等。长1~2.5（~20）cm，成熟时红色或暗紫色等。

主要变种有鲁桑［*M. alba.* var. *multicaulis*（Perr.）Louon］，该变种和桑相比，区别在于叶大而厚，叶长可达30 cm，表面泡状皱缩；聚花果圆筒状，长1.5~2 cm，成熟时白绿色或紫黑色等。

桑树原产于中国中部和北部，中国东北至西南各地、西北至新疆均有栽培。朝鲜、日本、俄罗斯、印度、越南以及欧洲等地亦有栽培。叶为蚕饲料，木材可制器具，枝条可编箩筐和种植食用菌，桑皮可作造纸原料，桑葚可供食用、酿酒，叶、果和根皮可入药。中国古代人民有在房前屋后栽种桑树和梓树的传统，因此常以“桑梓”代表故土、家乡。

桑树喜温暖湿润气候，耐寒，耐干旱，耐水湿能力强。近年来，利用桑树耐干旱的生物学性质，将桑树栽到重庆武隆、涪陵等地的石漠化地区，桑树也能成林且速度快，证明桑树是石漠化地区生态治理的先锋树种。利用桑树耐水湿的生物学性质，将桑树栽到云阳、永川等三峡库区消落带附近，桑树的生长期与库区水位的涨落密切相关。冬季桑树落叶，水库涨水；春夏水库退水，桑树生长。库区一年四季发生生态重建景观。因此，桑树这种经济价值极大的树种，也是南方山地石漠化地区和三峡库区消落带建立生态屏障的重要树种。

【思考题】

1.桉树有什么用途?
2.油桐是哪个科的植物?这个树种有何用途?
3.桑树有何用途?
4.紫檀有何用途?

第八节

外来入侵物种

生态系统是经过长期进化形成的,系统中的物种经过上百年、上千年的竞争、排斥、适应和互利互助,才形成了现在相互依赖又互相制约的密切关系。一个外来物种引入后,有可能因不能适应新环境而被排斥在系统之外,必须有人的帮助才能勉强生存;也有可能因新的环境中没有相抗衡或制约它的生物,导致这个引进种成为真正的侵入者,打破平衡,改变或破坏当地的生物多样性。

外来生物入侵,指的是生物由原来的生存地,经过自然的或者人为的途径入侵到另一个新环境,并改变或危害入侵地的生物多样性,对当地农林牧渔业生产、人类健康造成损失或者带来生态灾难的过程。外来物种与外来入侵物种并不是一个概念,如西红柿、玉米等物种的引进给人们的生活带来丰富的食品,并没有对生态系统带来危害。只有对生态系统、栖息环境、物种、人类健康等带来威胁的外来种才是外来入侵物种。为什么这些物种在本地没有成灾,而换了新的环境之后,就对新的生态系统造成严重危害呢?因为自然界里存在着食物链,天敌之间相互制约,当地有许多防止这个物种恶性膨胀的限制因子,能将其种群密度控制在一定数量之下。但当这个物种侵入新的地域后,在一定程度上摆脱了原有天敌和寄生虫的制约,从而异常发展起来,在原产地无害的动植物到了另一地区之后可能会变成"有害的"动植物。

我国是世界上受外来生物入侵危害最为严重的国家之一。根据《2020中国生态环境状况公报》,我国已发现660多种外来入侵物种。其中,71种对自然生态环境已造成或具有潜在威胁并被列入《中国外来入侵物种名单》。《中华人民共和国刑法》第三百四十四条之一:"违反国家规定,非法引进、释放或者丢弃外来入侵物种,情节严重的,处三年以下有期徒刑或者拘役,并处或者单处罚金。"我国先后公布了四批《中国外来入侵物种名单》,其中植物有40种,本章主要介绍10种,凤眼莲、加拿大一枝黄花、豚草、喜旱莲子草、紫茎泽兰、毒麦、假高粱、微甘菊、互花米草、飞机草。

一、凤眼莲 *Eichhornia crassipes* (Mart.) Solms

凤眼莲别名水葫芦，为雨久花科(Pontederiaceae)凤眼莲属(*Eichhornia*)植物，是净化水源的优良植物，1901年被作为观赏花卉引入中国台湾地区。其深绿色的叶片下，有个直立的椭圆形中空的葫芦状茎，因而得名水葫芦。

凤眼莲是多年水生草本植物，高30~60 cm，茎缩短，根丛生于节上，须根发达，悬浮于水中，具匍匐走茎。叶呈莲座状基生，直立，叶片卵形、倒卵形至肾形，光滑，全缘；叶柄基部略带紫红色，中下部膨大成葫芦状气囊，花葶单生直立，中部有鞘状包片，穗状花序，花6~20朵；花被蓝紫色，6裂，在蓝色花被的中央有黄色的斑点，外面的基部有腺毛；雄蕊3长3短，长的伸出花被外，3个花丝具腺毛；雌蕊花柱单一，线形，花柱上有腺毛，子房卵圆形。种子多数，有棱，花期7—10月。

凤眼莲

凤眼莲原产于巴西，因其适应性强，现分布广泛。喜欢温暖湿润、阳光充足的环境，生长在水田、池塘与沟渠等中，或生长在低洼积水的湿地之中。凤眼莲通过叶柄的气囊漂浮于水面上，或者在浅水湿地扎根于泥中生长。花葶在水中弯曲生长，子房在水中发育膨大，种子40 d左右成熟。生长的适宜温度为16~34 ℃，高温38 ℃和温度低于10 ℃都能生长，北方冬季的越冬温度以5 ℃左右为宜。凤眼莲在水中漂浮，叶直立光滑，根在水中，繁殖迅速，在合适的条件下两个星期就可以繁殖一倍，在水面形成密密麻麻的垫状种群，时常堵塞水道，破坏生态平衡，成为害草。一株凤眼莲可在90 d内长出25万株。每年夏秋之间，凤眼莲便会大肆生长，如果任其繁殖，就会封闭整个水体，泛滥成灾，造成“生物污染”，成为公害。死亡后的凤眼莲如果不及时打捞上岸，会对水体造成更严重的污染。另外，凤眼莲在生长过程中会消耗大量的溶解氧，从而加剧水体富营养化，影响水中其他生物的生存。

凤眼莲叶色亮绿，叶柄奇特，花开高雅俏丽，是园林水景布置的良好绿化植物，花序可作切花，在家庭阳台种植也别具特色。凤眼莲可以吸收水中的重金属和放射性的污染物，不但是净化水源的良好植物，还是水体砷元素污染的监测植物。凤眼莲除了监测美化水体环境外，全株可以入药，有清热、解暑、利尿、消肿等作用。茎叶是喂养家畜和家禽的好饲料，也可以用来喂鱼；嫩叶及叶柄可作蔬菜食用；或用于提取蛋白质，加工食品，整个植株可以生产沼气，制作绿肥；也是一种造纸的原料。

按照凤眼莲的生长规律，每年10月份到第二年的4月份是治理凤眼莲的最佳时机。目前，治理凤眼莲最原始却最有效的办法就是进行人工打捞，并让凤眼莲尽量远离河道。

凤眼莲对我国的水域环境包括城市的公园都造成了很大的负面影响，在其繁殖的高峰季节，昆明的滇池被其覆盖得水泄不通，江苏苏州也为治理凤眼莲而每年投入大量的人力和财力。

二、加拿大一枝黄花 *Solidago canadensis* L.

加拿大一枝黄花又名霸王花，适应能力极强，以种子和地下根茎繁殖，其根状茎顶端的芽和40%的种子都能萌发成独立的植株。

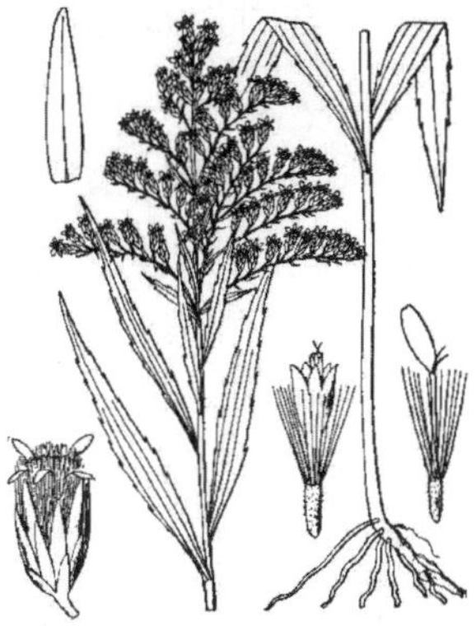

加拿大一枝黄花

加拿大一枝黄花原产于北美，为菊科（Asteraceae）多年生草本植物，高1.5~3 m；中下部一般没有分枝，直径可达2 cm，常呈紫黑色，有又短又密的硬毛；地下有横走的根状茎；叶子长12~20 cm，宽1~3 cm，边缘有不明显的锯状齿。加拿大一枝黄花每株有4~15条根状茎，长度可达1 m，每个根状茎又有多个分枝，分枝上有芽，第二年每个芽萌发成一株独立的植株；每年9—10月份开花，12月种子成熟。它的繁殖力以及快速占领空间的能力惊人，一株植株可形成两万多粒种子，该种子极小，可以像蒲公英种子一样随风传播。通过风和鸟类等途径迅速传播，可萌发近万株小苗，小苗在4个月内能长到1 m以上。加拿大一枝黄花既可通过发达的根茎进行无性繁殖，实现近距离快速蔓延，也可通过风力和鸟类进行远距离种子传播。还能随土壤传播，带有种子的泥土被运到哪里，它就能到哪里生长，三年就能迅速成片，所以对加拿大一枝黄花的防治十分困难。加拿大一枝黄花在生长过程中，会与其他物种竞争养分、水分和空间，从而使绿化灌木成片死亡，同时它高度抑制棉花、玉米、大豆等作物的生长，影响农作物的产量和质量，其生长区里的其他作物、杂草则一律消亡。

加拿大一枝黄花于1935年作为观赏植物引进我国上海、南京一带，随后逃逸，并逐步扩散蔓延成害。最初还主要分布在上海、浙江、江苏、安徽、江西等华东地区，此后，在昆明、沈阳、大连、天津、成都、兰州、西安、石家庄、乌鲁木齐等地都先后发现了加拿大一枝黄花。加拿大一枝黄花已成为生长在河滩、路边荒地、铁路两侧、农田边、平原城镇住宅旁的恶性杂草。

加拿大一枝黄花的可怕之处在于它的根系分泌物能抑制其他植物的生长，并且具有快速繁殖、快速占有空间的能力，从而严重破坏原有植被生态平衡和生物的多样性。它若侵入农田会使农作物的产量和质量急剧下降。如果不加以控制，加拿大一枝黄花极容易形成单一群落，严重破坏生物多样性。

三、豚草 *Ambrosia artemisiifolia* L.

豚草是菊科(Asteraceae)豚草属(*Ambrosia*)的草本植物,原产于北美洲,是一种生长在沙漠地区的植物,对土壤的要求非常低,无论酸碱、干湿,它都可以存活、生长,生命力和生态可塑性极强。豚草于20世纪30年代初从境外传入我国东南沿海,现在这种世界性危害杂草已经在全国多数省(区、市)蔓延,正在大片大片地占有土地,造成严重的生态灾害。

豚草

豚草高约1 m,茎下部叶对生,上部叶互生,叶一至二回羽裂,边缘具小裂片状齿。雄花序总苞碟形,排成总状,雌花序生于雄花序下或生于上部叶腋。常生于荒地、路边、沟旁或农田中,适应性广。瘦果先端具喙和尖刺,主要靠水、鸟和人为携带传播;豚草种子具二次休眠特性,抗逆力极强。

豚草大量出苗是在4—5月初,营养生长期为5—7月。夏至过后,随着日照时间缩短,豚草迅速进入花期,其开花、果熟期是在7—10月。

发芽后的豚草根系生长十分迅速,出芽1个月,地面植株的高度就生长到30~40 cm,但豚草的根长却已经超过植株高度,拔出的豚草根也不容易折断。豚草地上部分的生长速度和态势接近向日葵,经过7~8个月的生长,个别的豚草株可以长到2 m左右。豚草的果实产量惊人,单株可产7000~10000枚成熟的细小种子,种子不仅可以远距离传播,同时还能随风、水流传播,并能在干旱贫瘠的荒坡、隙地、墙头、岩坎、石缝生长,对环境有着极强的适应能力。这些豚草种子哪怕只有1%萌发,也可以在一个区域内形成大片草群。豚草的种子具有顽强的生命力,研究表明,即使经过30年,豚草的种子只要遇到合适的条件,仍可以有50%的发芽率。

豚草的存在影响到入侵地植物的生存,改变着入侵地的生态系统,威胁本土植物。在沙漠恶劣生存条件下豚草养成攻击习性,从一发芽就拼命与身边的植物争抢生存资源。它用强大的根系汲取营养,充足的营养又使它迅速生长,长得越壮其汲取养料的能力就越强,从而为自己的生长创造了良性循环的条件。高高的豚草展开大面积的叶片,把它身下的其他植物遮挡得严严实实,只有很少的光可以透过它叶片之间的缝隙照到下面的植物。在豚草集中的地方,其植株密度之高连人都难以进入,在这种环境中,地面上几乎没有其他植物可以生存。在果园中,豚草争夺光照的勃勃野心,让它们几乎要与果树一比高。如果豚草进入农田与农作物争水、争光、争肥,就会造成农作物大幅度减产。

豚草生长初期是拔除的最佳时期,因为豚草一旦长起来,其发达的根系将紧紧抓住土壤，拔起来非常费劲。手工、机械清除豚草，必须斩草除根，清出来的豚草要晒干或烧毁，以防根须又钻入土中。目前，对付这种植物的办法主要有四种：手工、机械拔除，植物替代法，生物防治，化学防治。

所谓植物替代法，就是用本土的植物抑制豚草的生长。人们熟悉的沙棘、紫丁香、紫花苜蓿等植物都具有生长迅速的特点，这些植物为多年生植物，每年春季都会在豚草发芽之前形成一定的高度，同样是长叶，高度的优势可以让这些植物的叶片遮挡住豚草的叶，这样就可以起到抑制豚草生长的效果。

任何物种都会有天敌，豚草也不例外，这就是生物防治的理论基础。据国外报道，以豚草为食物的昆虫、真菌达400多种。经生物安全评估合格的食叶类昆虫有豚草卷蛾、豚草条纹叶甲、豚草实蝇等，我国目前已经引进5种豚草天敌，正在对这些昆虫进行本地生物安全评估，一经合格，将引进并使用它们进行防治。

化学防治要分农田与非农田进行防治。在非农田，可以向豚草上喷洒草甘膦等水剂，致豚草枯死。在农田，主要是向豚草上喷洒氟磺胺草醚水剂等化学药品。但是在水源地区，不能使用化学防治，以确保水源安全。

四、喜旱莲子草*Alternanthera philoxeroides*（Mart.）Griseb.

又名空心莲子草，属苋科（Amaranthaceae）杂草，多年生宿根草本。茎基部匍匐，上部斜升，中空，光滑，有节，节上生根，有分枝。叶对生，具短柄；叶片矩圆形或倒卵状披针形，顶端圆钝有尖头，基部渐狭，全缘。头状花序，单生于叶腋，具总花梗；苞片和小苞片干膜质；花被片5枚，白色。果实卵圆形。在有的地区不结籽，主要依靠茎芽繁殖。

喜旱莲子草原产于南美洲，现已遍及美洲、大洋洲、亚洲及非洲的许多国家和地区。大约在20世纪30年代由日本传入我国，起先在上海郊区栽培用作养马饲料。20世纪50年代，我国南方一些地区将喜旱莲子草作为猪羊饲料推广，随后又被进一步引入四川、江苏、浙江、江西、湖南、广东等地，不久即逸生为野生而成为果园、菜地、水稻田、草坪等主要的和难于清除的杂草之一。

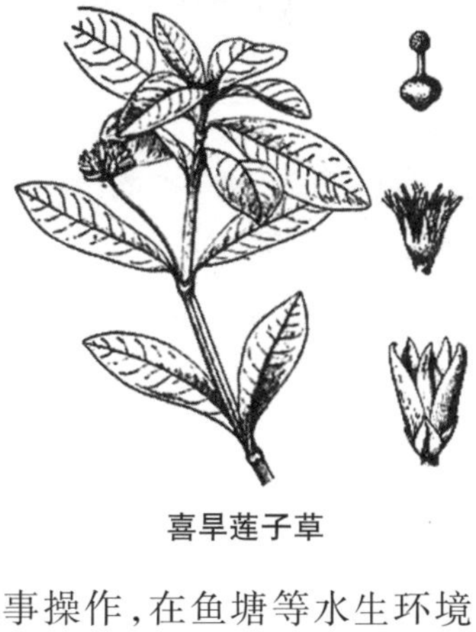
喜旱莲子草

喜旱莲子草根系发达，地上部分繁茂，在农田中生长会与作物争夺阳光、水分、肥料以及生长空间，造成作物严重减产。在田埂和田间喜旱莲子草成片生长还会影响农事操作，在鱼塘等水生环境中生长繁殖迅速，其覆盖在水面会影响沉水植物的光合作用，导致水中溶解氧含量降低。喜旱莲子草腐败后会污染水质，水体中生物耗氧量和化学耗氧量升高，鱼虾等水产生物会因溶解氧的消耗而窒息；喜旱莲子草腐败后，水中有机质含量升高会促进微生物的生长繁殖，从而导致疾病的发生或产生有毒物质毒害水生生物。喜旱莲子草在鱼塘中沉积还会影响水产捕捞；在河道和沟渠中生长会堵塞水道，限制水流，增加沉积，对水上运输和农田灌溉造成极为不利的影响；在路边、公用绿地、居民区等地生长蔓延，严重影响环境的美观和卫生。

喜旱莲子草的根系属不定根系，不定根可进一步发育成肉质贮藏性根，即宿根，根直径1 cm左右。茎长可超过1 m，茎秆呈蛛网状纵横交错。茎圆筒形，有分枝，茎节生根。喜旱莲子草雄蕊雌化现象极为普遍，花一般不能结实，靠营养器官进行无性繁殖，夏季将1~2节无根无叶的茎秆浸泡于水中，3~4 d后即可产生侧枝。春季温度适宜时，旱地肉质贮藏根上可生长10余个不定芽。喜旱莲子草抗逆性强，当冬季温度降至0 ℃时，其水面或地上部分已冻死，但水中和地下的根茎仍保持活力，春季温度回升至10 ℃时，越冬的水下或地下根茎即可萌发；在贫瘠的土壤中经30 d 35 ℃以上的高温和伏旱仍能照常生长；机械翻耕后茎的切段在土中能继续生长繁殖；茎段曝晒1~2 d后仍能存活；未经腐熟或未被家畜消化的茎段进入农田后还会造成再次危害。

喜旱莲子草适应于水生和陆生的环境，在两种不同生境中，其生育进程、外形及解剖结构有较大差异。喜旱莲子草茎秆浸水栽培后，起始发芽慢，侧枝发生少，但后期生长速度快；而用干土栽培的则表现为起始发芽快，侧枝发生多，但后期生长慢；浸水栽培的植株茎腔大，叶面光滑、无茸毛，叶片边缘无缺刻，而干土栽培的植株茎秆坚实，茎腔小，叶片色滞且略有茸毛，叶片边缘带有缺刻。自然环境中的喜旱莲子草，旱生条件下的叶片较水生条件下叶片的长、宽度略小，厚度略厚，叶色较深，叶片与茎之间的夹角较小，叶片较挺立。旱生条件下喜旱莲子草叶片角质层增厚，气孔下陷，栅栏组织分层且细胞排列紧密；水生条件下叶片角质层薄，栅栏组织仅有一层细胞且细胞较大，排列疏松。喜旱莲子草靠地下（水下）根茎越冬，利用营养体进行无性繁殖，并且具有与环境条件相适应的生长发育特点和形态结构，这些是喜旱莲子草能迅速生长蔓延的主要原因，同时也为喜旱莲子草的防治增加了难度。

防治喜旱莲子草的主要措施仍是化学防除。效果最好的商品化除草剂是草甘膦，其用量在2.1 kg/hm^2左右。

喜旱莲子草的生物防治工作也在积极探索之中。中国于20世纪80年代引进了喜旱莲子草的专化天敌莲草直胸跳甲进行生物防治，取得了很好的防治效果。我国在利用微生物防治喜旱莲子草方面也有进展，筛选出了对喜旱莲子草有高效防治作用的莲子草假格孢，该菌的寄主专一性较强，可以很好地防治喜旱莲子草。

五、紫茎泽兰 *Ageratina adenophora* (Spreng.) R. M. King & H. Rob.

紫茎泽兰原产于美洲的墨西哥至哥斯达黎加一带，大约20世纪40年代由中缅边境传入云南南部，随河谷、公路、铁路自南向北传播。紫茎泽兰侵占农田、林地，与农作物和林木争水、肥、阳光和空间，能分泌化感物，排挤邻近的多种植物；堵塞水渠，阻碍交通;全株有毒,危害畜牧业等。云南、贵州、四川、广西、西藏等地都有分布,以每年10~30 km的速度向北和向东扩散,云南80%以上的土地上都有紫茎泽兰分布。紫茎泽兰因其茎和叶柄呈紫色,故名紫茎泽兰。

紫茎泽兰是菊科(Asteraceae)多年生草本,下部茎老化变硬,呈半灌木状,高0.8~1.2 m,最高可达2.5 m,茎暗紫褐色,被灰色锈毛,叶对生,卵状三角形,边缘具粗锯齿,瘦果五棱形,具冠毛。每年2—3月开花,头状花序,直径可达6 mm,排成伞房状,总苞片三四层,小花白色。有性或无性繁殖。每株可年产瘦果1万粒左右,4—5月种子成熟,种子很小,有刺毛,随风传播。根状茎发达,可依靠强大的根状茎快速扩展蔓延。适应能力极强,在干旱、瘠薄的荒坡、隙地,甚至石缝和楼顶上都能生长。

紫茎泽兰

控制紫茎泽兰的方法有生物防治、替代控制和化学防治。泽兰实蝇对植株生长有明显的抑制作用,野外寄生率可超过50%。用伏生臂形草、百喜草、鸭茅等植物进行替代控制有一定成效。2,4-D(2,4-二氧苯氧乙酸)、草甘膦、敌草快、麦草畏等10多种除草剂对紫茎泽兰地上部分有一定的控制作用,但对其根部防治效果较差。

紫茎泽兰种子和横走根茎都可用于繁衍,且繁殖力极强,活动相当猖獗,是田间非常顽固的杂草,可危害多种作物。多见于干燥地、森林破坏迹地、垦荒地、路旁、住宅旁及田间。当其长到15 cm或更高时,会明显侵占本土物种的生存空间,还能释放化感物质,有较强的异株克生作用,可抑制邻近植物生长,还能使昆虫拒食。其叶有毒,含芳香化合物和辛辣物质以及一些有毒活性化合物,人和动物误食会引起中毒甚至死亡;有杀蚂蟥之效;用叶擦皮肤可引起红肿、起泡。

六、毒麦*Lolium temulentum* L.

俗称野麦,属禾本科(Poaceae)一年生植物,是混生在麦田中的有毒杂草。

原产于地中海,我国约于1945年在从保加利亚进口的小麦中发现,除西藏和台湾外,其他各地均有发现,难以清除,常与小麦一同收获和加工。毒麦种子感染真菌后对人畜具有更大的毒性。毒麦分蘖力强,影响麦类生长,降低作物的产量和质量。毒麦籽粒内含有毒麦碱,能麻痹动物中枢神经,人吃了含有4%毒麦的面粉会出现头晕、昏迷、恶心呕吐、痉挛等症状。马、猪、鸡吃了含有毒麦的饲料会中毒晕倒。

毒麦

毒麦茎丛生,高20~120 cm,幼苗基部紫红色,后变绿色,成株茎秆光滑坚硬,叶片狭而薄,长6~40 cm,宽3~13 mm,叶背光滑,叶面较粗糙，叶脉明显。穗形扁狭，长5~40 cm，主轴波状曲折，两侧沟状，有8~19个互生小穗，每小穗含2~6朵花，结2~6颗籽粒，互生在穗轴上，小穗上籽粒排成2行，除顶端小穗有2个颖外，其他小穗第一颖缺，第二颖大而狭，具5~9条脉，芒长7~15 mm。颖果长椭圆形，腹沟宽，坚硬，无光泽，灰褐色，长4~6 mm，绿而具紫褐晕，长短与小穗差不多。籽粒被内、外稃紧包，不易脱离，其腹面可见明显的小穗轴节段。

通常情况下，毒麦是通过麦类运输实现远距离传播的。毒麦成熟籽粒容易脱落于田间，以种子繁殖，结籽多，繁殖力比小麦强2~3倍，在室内贮藏2年仍有发芽能力，在土内10 cm深处尚能出土。

防治毒麦的方法有四种：(1)严格执行检疫制度。在大小麦抽穗扬花后，加强田间调查，进行检疫检验，不从有毒麦地区调种。(2)选种和建立无毒麦留种田。用50%的硫酸铵水或60%的硝酸铵水(溶液相对密度分别为1.192和1.180)进行选种，选种效果良好且稳定，可清除麦种中90%以上的毒麦，但选种后的麦种必须立即用清水洗2遍，以免影响种子发芽。苏式万能选种机及手摇筒式选种机对淘汰毒麦都有很好的效果。在选种的基础上，选用无毒麦的土地建立留种田，严格拔除毒麦植株，可获得完全无毒麦的种子。(3)耕作防治。在春麦区进行秋耕翻地，使毒麦露出土面，当年发芽，经冬季低温冻死。(4)麦子收割前拔除毒麦，以免混入麦种或落入土中。

七、石茅 *Sorghum halepense* (L.) Pers.

石茅又名假高粱、阿拉伯高粱、约翰逊草。原产于地中海地区，20世纪初从日本引进到中国台湾栽培，后在香港和广东有发现，现分布于台湾、广东、广西、辽宁、海南、香港、福建、湖南、安徽、江苏、浙江、上海、北京、河北、四川、重庆、云南等多个地区。石茅常生于田野、果园、河边、山谷、沟渠、湖地湿处等。

石茅为禾本科(Poaceae)多年生杂草，其外表和普通高粱相似，根状茎发达。植株茎秆直立，茎粗5 cm，高1~3 m，叶宽线形，长25~80 cm，宽1~4 cm，基部有白色绢状疏柔毛，中脉白色且厚，叶舌长约1.8 mm；花期6—7月，圆锥花序，长20~50 cm，淡紫色至紫黑色，主轴粗糙，分枝轮生，与主轴交接处有白色柔毛，上部分出小枝，小枝顶端着生总状花序，穗轴具关节，易折断。果期7—9月，小穗成对，其中一个有柄，另一无柄，长3.5~4 mm，无芒，被柔毛；无柄小穗两性、绿色，能结实，颖片草质无毛，颖果长椭圆形，坚硬无光泽，棕褐色，有柄小穗雄性不育，紫红色。种子和根状茎均可繁殖。

石茅

石茅主要危害粮食作物、经济作物等农作物，它不仅通过生态位竞争使农作物减产，还是多种致病微生物的寄主。石茅种子常混在其他作物种子中进行扩散，生长后成为高粱、玉米、小麦、棉花、大豆、甘蔗、黄麻、洋麻、苜蓿等30多种农作物地里的杂草，其根系分泌物或腐烂的叶、茎、根能抑制农作物种子萌发和幼苗生长以及根系发育，还可能成为多种致病微生物和害虫的寄主，传染病虫害，严重影响农作物生长。通常可造成农作物减产30%以上甚至绝收。石茅大面积发生时，所在地农作物将全部枯死。该种子还可与同属物种杂交，成为变态杂草。

控制石茅方法：(1)对混在其他种子中的石茅种子，可用风选等方法去除。(2)配合中耕除草，将其根茎置于高温、干燥环境下。(3)用暂时积水的方法，抑制其生长。(4)用草甘膦或四氟丙酸等除草剂进行喷雾防治。

八、微甘菊 ***Mikania micrantha* Kunth**

微甘菊是菊科（Asteraceae）假泽兰属（*Mikania*）多年生草质藤本，原产于加勒比海、墨西哥、中美洲、南美洲，现广泛分布于亚洲和太平洋群岛地区，世界十大重要害草之一。20世纪中叶印度尼西亚从巴拉圭引入微甘菊作为橡胶园的土壤覆盖植物，又想把它种到本国的一些垃圾填埋场及什么也不生的废弃地中，在将微甘菊作为垃圾填埋场的土壤覆盖植物之后，微甘菊很快传播到整个印度尼西亚。借助于当地温暖潮湿的环境，微甘菊很快在印度尼西亚、马来西亚、菲律宾、泰国等地蔓延开来，给种植香蕉、茶叶、可可、水稻等作物的农民造成了重大损失。20世纪80年代，微甘菊从香港传入深圳，后扩散到广东、云南、海南、广西等地。微甘菊遇树攀缘、遇草覆盖，已从郊野向市区发展，不少市区内公园、绿化带已发现微甘菊的踪迹，在珠江三角洲一带大肆蔓延。被称为“植物杀手”的微甘菊已泛滥成灾，造成了极大的危害。

微甘菊

微甘菊茎节和节间都能生根，每个节的叶腋都可长出一对新枝，形成新植株。茎中部叶呈三角状卵形至卵形，基部心形；花白色，头状花序。微甘菊种子1粒重0.0892 g，细小，能借风力进行较远距离传播。种子的萌发与温度相关，在25~30 ℃条件下萌发率达83.3%，在40 ℃的高温条件下萌发率为1%。种子的萌发需光照，在黑暗条件下很难萌发。自然条件下，微甘菊在香港地区的3—8月为生长旺盛期，9—10月为花期，11月至翌年2月为结实期。幼苗生长较慢，后期生长较好，对光照要求也急剧增加，营养茎可进行营养繁殖，而且较种子苗生长要快。微甘菊开花数量很大，0.25 m^2内，平均有头状花序约35416个，约含小花141665朵，花生物量占地上部分总生物量约40.6%。它能爬高10 m，可爬上灌木、乔木，并像被子一样把这些树木全部覆盖，然后使树木因缺少阳光、养分、水分而“窒息”死亡。

微甘菊原在南美洲时并非植物杀手，因为当地有很多种昆虫和菌制约它，令它不能疯长。

目前，对于这种外来植物的防治手段有手工清除、化学防治、寄生防治、真菌防治、昆虫防治等，但都未能彻底有效消除微甘菊。

九、互花米草 *Spartina alterniflora* Loisel.

互花米草又称大米草，是禾本科（Poaceae）多年生高秆型草本植物，原产于美洲大西洋海岸，现已广布于欧洲、亚洲、美洲和大洋洲。互花米草由南京大学仲宠信教授等于1979年引入我国，旨在弥补先前引进的大米草植株矮小、产量低、不便收割等不足。1980年试种成功，之后在沿海推广。10余年后，由于大量草籽随海潮漂流，遇湿地即成活和根系无性密集繁殖，导致互花米草迅速侵吞沿海滩涂，变成了害草。互花米草可破坏近海生物栖息环境，影响滩涂养殖；堵塞航道，影响船只出港；影响海水交换能力，导致水质下降，并诱发赤潮；威胁本土海岸生态系统，致使大片红树林消失。

互花米草植株高大健壮、茎秆挺拔；外形似芦苇，秆粗0.5~1.5 cm，株高1.5~3.5 m。直立，不分枝。茎叶都有叶鞘包裹，叶互生，呈长披针形，长达60 cm，基部宽0.5~1.5 cm，先端渐狭成丝状；叶舌毛环状，长1~1.8 cm。植株花期为7—10月，圆锥花序，由3~13个长3~15 cm白色羽状、多少直立的穗状花序组成。小穗长10~18 mm，覆瓦状排列。颖先端多少急尖，具1条脉，第一颖短于第二颖，无毛或沿脊疏生短柔毛；花药长5~7 mm。

互花米草

互花米草的地下部分包括地下茎和须根，地下茎多横向分布，深度可超过50 cm，根系分布深度可达1~2 m。互花米草的扩展包括走茎蔓延和种子繁殖两种方式，生存能力超强，它具有耐盐碱、耐潮汐淹没、繁殖力强、根系发达等特点，能在低滩高碱环境中快速生长。稀疏草滩以走茎蔓延扩展为主；在茂密连片草滩，种子萌发逐渐成为互花米草扩展的主要方式。

但每年台风季节，在抗风防浪和保滩护堤方面，互花米草还是卓有成效的，并且节省了许多修堤费用，因此，它有“绿色挡风墙”之称，具有一定的生态经济效益。因此，人们对互花米草真是爱恨交加。在1999年，控制互花米草根系的低毒除草剂研究获得突破，除草率达99%，且不会污染环境。

十、飞机草 *Chromolaena odorata*（L.）R. M. King & H. Rob

飞机草是菊科（Asteraceae）飞机草属（*Chromolaena*）多年生草本植物，根茎粗壮，横走。茎直立，高1~3 m，茎绿色，被白色毛，有细条纹；茎分枝粗壮，常对生。叶对生，卵形、三角形或卵状三角形，花序下部的叶小，常全缘。头状花序多数或少数在茎顶或枝端排成伞房状或复伞房状花序，花序直径常为3~6 cm，少有13 cm的。花序梗粗壮，密被稠密的短柔毛。总苞圆柱形，长1 cm，宽4~5 mm，约含20个小花；总苞片3~4层，覆瓦状排列，外层苞片卵形，秆黄色。花白色或粉红色，花冠长5 mm，瘦果黑褐色，长4 mm，具5棱，花果期4—12月。

原产于美洲，作为一种香料植物引种到泰国栽培，1934年在云南南部发现，现广泛分布于台湾、广东、香港、澳门、海南、广西、云南、贵州等地。飞机草是全球性入侵物种，用种子和横走根茎繁殖，繁殖力极强，能形成成片的飞机草种群，在低海拔的丘陵地、灌丛中及稀树草原上有分布，但多见于干燥地、森林破坏迹地、垦荒地、路旁、住宅旁及田间。

飞机草是危害特别严重的外来入侵物种之一，也是世界公认的恶性有毒杂草。它能分泌化感物质，排挤本地植物，使草场失去利用价值，影响林木生长和更新。同时，它的叶有毒素，含香豆素类的有毒化合物，能够引起人的皮肤炎症和过敏性疾病，人和动物误食后会引起中毒甚至死亡。

飞机草与紫茎泽兰有一定的相似之处，原产地都是美洲，都属于菊科的多年生草本植物，但它们在外形和繁殖方式上有很多区别。

飞机草

从外形上看，紫茎泽兰的茎呈暗紫色、毛被暗紫，触之有黏手感，异味明显；而飞机草的茎呈绿色、毛被白色。紫茎泽兰的叶子呈菱形，厚纸质，叶柄紫褐色，较长；而飞机草的叶片呈三角形，薄纸质，两面都有灰白色茸毛，叶柄绿色，较短。紫茎泽兰的头状花序呈白色且近圆球形；而飞机草的头状花序呈淡绿黄色、绿白色或略淡紫色且为长圆柱形。

2014年，根据生物学特征和生态学特性、原产地自然地理分布信息、入侵范围、对生态环境的危害和对国民经济产生的影响等，研究人员将我国515种外来入侵植物划分为5个等级。其中1级恶性入侵植物34种；2级严重入侵植物69种；3级局部入侵植物85种；4级一般入侵植物80种；5级有待观察类247种。国家正在全面梳理我国外来入侵植物本底资料，为外来入侵植物“建档立案”，严加管控。

【思考题】

1.什么叫外来物种？

2.什么叫外来入侵物种？

3.中国有哪些外来入侵植物？

4.野葛在哪个国家成为了外来入侵植物？

第二章 植物的运动

陆生植物通常通过根系牢牢地固着于土壤中，因此植物个体(特别是高等植物)不能像动物那样自由地移动整体的位置，但植物体的器官可通过特殊的生长反应从而在空间发生缓慢的移动，调整其在环境作用下的定向。此外，另有一些植物如含羞草和部分食虫植物(insectivorous plant)在遭受外界刺激时，能表现出比较剧烈的和快速的"运动"。这些运动形式无疑是适应环境的一种机制，有利于更充分地利用环境资源和更有效地保护自己。

植物的运动曾是达尔文潜心研究的领域之一，在他晚年健康状况已很差的情况下，仍坚持与他的儿子弗朗西斯·达尔文(Francis Darwin)合作完成了长篇著作*The Power of Movement in Plants*(1880)，书中对植物运动的现象和基本规律作了详尽的描述。达尔文认为，植物的每个部位都在连续不断地进行回旋转头运动(circumnutation)，从实生苗的胚根、下胚轴和上胚轴，到以后的茎、叶和花梗，所有植物的所有生长部位都在转头，只是通常幅度很小，如果我们从正上方俯视根或茎的尖端，就能发现这一点。缠绕植物(twiner)茎的运动状态就是普通回旋转头运动幅度增加的结果，这种运动直接或间接地有利于植物。例如，胚根的转头运动帮助根钻入土中，而拱形下胚轴和上胚轴的回旋转头运动帮助植物地上部分破土。回旋转头运动在植物上十分普遍，以致人们本能地把它看作是为了某种特殊的目的而被植物获得的，以某种未知的途径伴随着植物组织的生长而出现的现象。

植物的转头运动可以被不同的因素修饰，结果导致运动暂时在某一个方向上加强，而在另一些方向暂时减弱或完全停止。修饰可能主要是由遗传或结构因素等引起的，与外界条件没有关系；但在更多的情况下，修饰是依靠外界条件的，如每天的光照、温度或重力引力。

修饰转头运动最简单的例子就是缠绕植物的转头。在幼苗时期，缠绕植物像其他实生苗一样运动着，但随年龄的增加，它们的运动幅度便逐渐加大，也就是说修饰的结果主要在于大大增加了运动的幅度，而这种本领显然是遗传的，不为任何外界因素所激发的；并且，缠绕植物这种被修饰的转头运动还可以以其他特殊的形式再被修饰，如欧白英（*Solanum dulcamara* L.）的转头茎只能缠绕在细且柔软得像一根绳或线一样的支持物上，而在热带森林里，有些缠绕植物能环抱粗大的树干，这种缠绕本领的极大差异可能与它们的转头方向有某种未知的联系，但显然是由遗传因素或结构因素所决定的。

对大部分植物而言，总在进行的转头运动在很大程度上被外来因素所修饰，根据影响因素的性质和植物反应方式的不同，可以分为向性运动和感性运动两种类型。向性运动受光、重力等外界刺激影响，且运动方向取决于外界刺激的方向；感性运动受光暗转变、触摸或内部时间机制影响，运动方向与外界刺激的方向无关。

第一节 向性运动

向性运动包括三个步骤：感受（感受到外界刺激）、传导（将感受到的信息传导到向性发生的细胞）、反应（接收信息后弯曲生长）。依外界刺激因子的不同，向性运动又可分向光性、向重力性（向地性）、向化性和向水性等。

一、向光性

向光性是指植物感受光信号刺激引起的向光弯曲生长的反应。很多植物的叶子具有向光性的特点，它们对阳光方向改变的反应很快，并能随着太阳的运动而转动，以使叶子尽量处于最适宜利用光能的位置，这对植物的生活具有重要意义，叶镶嵌现象就是在植物向光性反应的基础上产生的。目前，多认为植物的向光性反应是由于植物体内的光受体（存在于质膜上的核黄素）吸收光后引起组织的不均等生长而产生的。关于组织不均等生长的原因有两种对立的看法，一种看法认为组织的不均等生长是由于生长素分布不均匀所致，即单方向的光照引起不同部位产生电势差，向光的一面带负电荷，背光的一面带正电荷，促使弱酸性的生长素向正电荷的方向移动，背光的一侧生长素增多，细胞的伸长剧烈，使植物向光弯曲；另一种看法则认为植物向光性的产生是由于生长抑制物质分布不均匀造成的，目前尚无定论。

向日葵

除了叶子以外，棉花、向日葵、花生等植物的顶端也能在一天中随阳光而转动，呈所谓“太阳追踪”，这种现象主要是由于溶质控制叶枕细胞的运动而引起的。

二、向重力性

向重力性（向地性）（gravitropism）是植物感受重力刺激，在重力方向发生生长的特性。根顺着重力方向向下生长，称为正向重力性（positive gravitropism）；茎背离重力方向向上生长，称为负向重力性（negative gravitropism）；地下茎向水平方向生长，称为横向重力性（diagravitropism）。感受重力的细胞器是平衡石（statolith），植物的平衡石是淀粉体（amyloplast），一个细胞内有4~12个淀粉体，每个淀粉体外有一层膜，内有1~8个淀粉粒。植物体内平衡石的分布因器官而异，根部的平衡石在根冠中，茎部的平衡石分布在维管柱周围的1~2层细胞（也称淀粉鞘）中。实验证明，在垂直生长的根中，淀粉体沉积在根冠细胞的远端水平壁上，将根水平放置几分钟后，淀粉体就下沉到下侧的（与土壤平行的）原来的垂直壁上，大约24 h内，根发生弯曲生长。有人推测，根横放时，平衡石下沉，对细胞下侧的内质网产生压力，诱发内质网释放Ca^{2+}到细胞质内，Ca^{2+}与钙调素结合，激活细胞下侧的钙泵和生长素泵，于是细胞下侧积累过多钙和生长素，引起不均等生长。

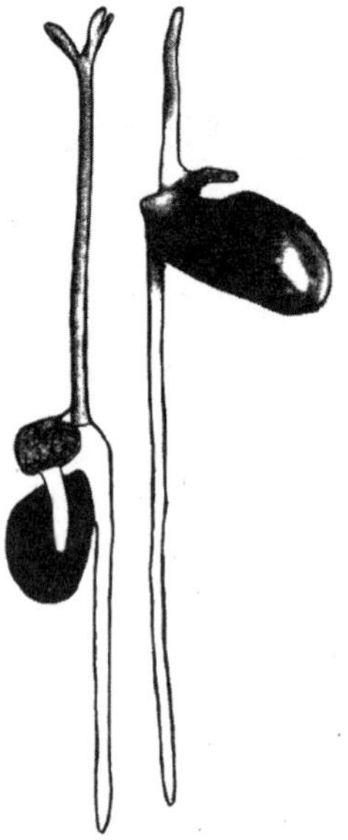
荔树苗的向重力性生长

向重力性生长对植物具有明显的生物学意义。例如，种子播到土中，不管胚的方向如何，根总是向下生长，茎总是向上生长，有利于植物的生长发育；对禾谷类植物而言，一旦倒伏后，茎节向上弯曲生长能保证植物继续正常生长发育。

三、向化性

由于某些化学物质分布不均匀所导致的植物不对称生长反应称为向化性（chemotropism），根在土壤中总是朝着肥料多的地方生长就是植物的向化性生长运动。深层施肥或树冠滴水线附近施肥就是为了使作物根向深层土壤或更宽范围土壤生长，以吸收更多的营养。种子植物花粉管的生长也表现出向化性生长的特性。花粉落到柱头上后，花粉管的生长受到胚珠细胞分泌物（如退化胚细胞释放的Ca^{2+}）的诱导，向着胚珠方向定向向下延长生长，从珠孔端顺利进入胚囊。

四、向水性

当土壤干燥而水分分布不均时，根总是趋向较湿的地方生长的现象称向水性(hydrotropism)，又叫向湿性。干旱土壤中的根系能向土壤深处伸展的原因是土壤深处的含水量较表土高，引导根的向水性生长。绝大多数高等植物的根都是正向水性。由于根系吸水，根系附近水分减少，所以植物通过根系不断延伸生长而从土壤中获得水分，不断占据土壤中较湿的区域，提高植物在土壤中扎根的强度。

第二节

感性运动

感性运动多与叶枕细胞膨压变化相联系，根据外界刺激因子的不同可分为感夜性、感震性等。

一、感夜性

叶子的睡眠运动是一种很引人注目的现象，很多植物(如大豆、花生、合欢等)的叶子(或小叶)白天高挺张开，晚上合拢下垂，这就是感夜性(nyctinasty)。除此以外，蒲公英的花序在晚上闭合，白天开放。相反，夜来香、紫茉莉的花晚上开放，白天闭合，这种也属于感夜性。目前认为植物的感夜性主要是由植物体内的生物钟(biological clock)所决定的，因为这种运动即使在不变化的环境条件下(没有昼夜变化)，在一定天数内仍能显示这种周期性的、有节奏的变化，这种有节奏的周期为20~30 h(约为一昼夜)，因此被称为近似昼夜节律(circadian rhythm)，这种节奏为日光的变化所引导，并且节奏一旦开始，就以大约24 h的周期自主地运动。这一现象反映出植物体内存在一个定时控制机制，也就是生物钟，植物借助于生物钟(细胞的计时机制)准确进行测时，并控制有关器官的节奏性变化。有关近似昼夜节律或生物钟测时过程变化的机理，目前还不是很清楚，有实验证据表明：细胞膜的通透性和运输特性存在缓慢的近似昼夜节律的变化，并在每一个周期中发生，故认为可能是生物钟组成的一部分；而植物体内存在的光敏色素(受体)感受光暗反应变化，红光吸收型(Pr)和远红光吸收型(Pfr)之间发生相互转化，可引导细胞膜结构和透性更迅速地变化，其结果导致细胞中K^+和Cl^-的再分配。植物叶片的睡眠运动主要是由于叶枕中运动细胞的变化，当小叶张开时，叶枕一侧的运动细胞肿胀而另一侧的细胞皱缩；当小叶闭合时，发生相反的变化。运动细胞体积的变化主要就受这些细胞中 K^+和 Cl^-的流动出入液泡进行调节，K^+和 Cl^-的增加降低了细胞的水势，水分吸收量增加，导致细胞肿胀；而 K^+和 Cl^-的减少，则产生相反的作用。

二、感震性

在感性运动中，含羞草（*Mimosa pudica* L.）的运动是非常引人注意的，这种植物不仅在夜晚将小叶合拢下垂，即使在白天，当部分小叶遭受震动或其他刺激（如烧灼、骤冷）时，小叶也会成对地合拢，如刺激较强，这种刺激可以很快地传递到邻近的小叶，甚至整个植株的小叶合拢，叶柄下垂，但经过一定时间后，整个植株又可以恢复原状。由于这种运动由震动所引起，因此称之为感震性（seismonasty）。含羞草对震动的反应很快，刺激 0.1 s 后就开始，几秒钟就完成，如此迅速的反应要求高度的协调，这种反应首先是通过将叶柄感受细胞接受的机械刺激转化为电信号，这种信号或许是一种传递的膜的去极化作用（类似于运动神经细胞的动作电位），能迅速地通过组织传播，直至到达叶枕运动细胞，使之发生膨压和体积的变化，导致叶或小叶的运动。

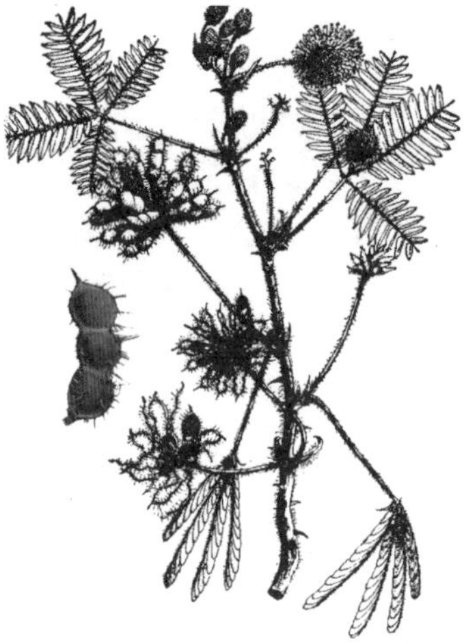
含羞草

三、食虫运动

类似的感震性运动在有些食虫植物和攀缘植物中也普遍存在。植物吃动物是大家感兴趣的话题，因为历来人们只看到牛吃草，兔子吃青菜，从来没有看见倒过来的情景。这里要向大家介绍的并不是草吃牛或者青菜吃兔子，而是一种很小的草吃更小动物的现象。

食虫植物主要靠用叶片特化而成的捕虫器官捕捉昆虫或其他小动物（统称为小虫），并消化它们而获得营养。食虫植物有不同的捕虫机制，但大多与感性运动有关，如茅膏菜（*Drosera peltata* Thunb.）的捕虫器官上有很多腺毛，并分泌有许多黏液，小虫一旦沾上黏性分泌物就难以逃脱，并不停地踢腿拍翅，从而刺激了触器上的感觉细胞，触器绕着小虫卷曲，使其与分泌强酸及降解酶的腺体接触，最终杀死小虫

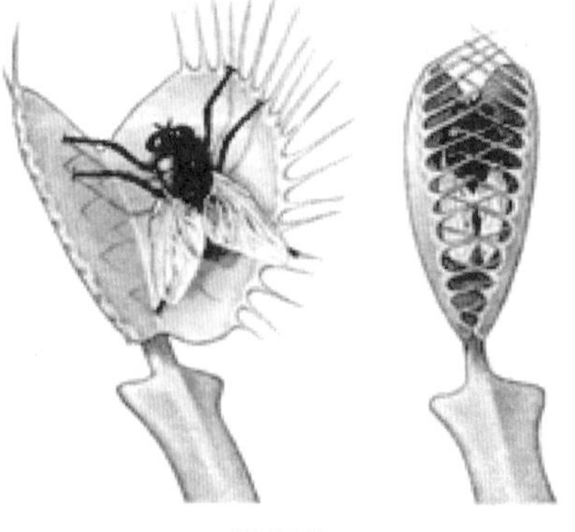
捕蝇草

并消化吸收。捕蝇草(*Dionaea muscipula* J. Ellis ex L.)的捕捉器由带有两个裂片的叶片组成,每一裂片表面有3条刚毛,机械刺激这些刚毛中的一根,将产生一个动作电位,并通过刚毛和裂片的细胞进行传导,导致裂片细胞兴奋,促使捕捉器关闭。捕捉器的运动是极快的,整个过程(包括刺激发送、传导及捕捉器闭合)通常在刺激之后的0.1 s内完成。小虫每触动一条刚毛,就导致一个新的动作电位产生,促使捕捉器闭合得更紧,叶表面上的腺体则受刺激而分泌酸和消化酶,小虫越是挣扎,就越是加速自身的死亡。

捕捉器一直关闭到小虫的躯体(除骨骼外)被消化完为止,如果虫体较大,这需要一周或更长时间;如果捕捉器受到一个非营养性物体的刺激或一个瞬间的机械刺激,而不是一个小虫的作用,则过几小时后,它又重新开放,其机理可能正像达尔文所推测的那样,消化的产物本身使捕捉器保持关闭。在消化后捕捉器的重新开放,使叶片重新定向为水平位置,这种位置对于光合作用最为适宜,这样在没有肉类食物时,植株就恢复为自养性营养。

锦地罗(*Drosera burmanni* Vahl)是茅膏菜科的另一种食虫小草,主要分布在我国浙江、福建、广东、广西、云南等地的山区。

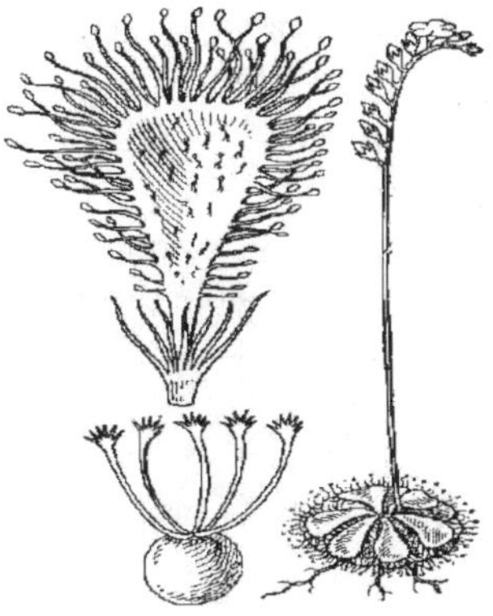

锦地罗

锦地罗根细而短,根系不发达,支根较少,不会入土太深。茎短,其上丛生叶子。叶片根生,通常互生,有时轮生,倒披针状匙形,叶片向四方水平展开,如莲座排列,叶芽最初盘旋状卷曲,可防止水分蒸发而散失,叶基具白色撕裂状苞片,叶片上有分泌黏稠液体的腺毛。夏秋季时开粉红色或白色花,花萼、花瓣各5枚,花茎细长,顶端卷曲,总状花序上的花瓣由上往下依序一次开1~3朵,雌雄同株。

锦地罗靠什么捉住跑得很快的小虫呢?锦地罗的植物体通常只有一枚硬币般大小,将一株锦地罗放在载玻片上观察并进行拍摄,可以发现其叶片由中央向四周伸展,叶面上长满了黏性的腺毛,每根腺毛的顶端都有一团黏性很强的黏液,当蚂蚁或小蜘蛛掉到叶片上时,就被这些腺毛粘住,四周更长的腺毛纷纷向内弯曲,压在小虫身上,最终把小虫压得紧贴在叶片上动弹不得,然后腺毛分泌出蛋白酶把虫体内的蛋白质水解成液体,被叶面吸收。有趣的是锦地罗只“享用”活的幼小小虫,对于那些死小虫或非小虫类生物不感兴趣,捕食到过大的小虫时,将两败俱伤。

四、转头运动

除含羞草和食虫植物外,有些攀缘植物如黄瓜(*Cucumis sativus* L.)也表现出明显的感震性运动,这些植物多没有坚硬的茎,通常利用纤细的卷须爬在附近的植物体或支持物上,维持自身向上的生长。这些植物的卷须通常是茎或叶的变态,它们生长时不停地进行螺旋状的转头运动，以增加与潜在的支持物接触的机会，一旦碰上支持物，就迅速地改变生长的速度和方向，并围绕支持物形成螺旋状结构，以抓住外部的支持物将植株推引向上。有些植物的卷须是感触性的（卷曲的方向为卷须结构的不对称性所预先决定），而另外一些则是向触性的（卷须卷曲的方向依赖于外界刺激的方向）。不管是感触性的还是向触性的，当接触刺激过早消失时，已开始卷曲的卷须就会伸直；所以，当短暂地接触一个动物、一根被风吹动的枝条或其他移动物体时，不会导致卷须的生长方向发生永久性的变化，通常卷须的顶部对接触刺激最为敏感，这种刺激又能引起基部区域和顶部同时发生卷曲，表明刺激能通过组织进行传递，但目前还不知道卷须是否含有易激动的细胞（这种细胞能传递动作电位，就像含羞草和某些食虫植物一样）或是否有其他形式的电信号参与其中。

黄瓜

【思考题】

1. 什么叫植物的运动？
2. 植物运动的主要模式有哪些？
3. 哪些环境因子会引起植物的运动？
4. 植物可以吃动物吗？试举例。

第三章 植物的命名及分类阶层系统

第一节 植物的命名

每种植物都有它自己的名称，但世界之广，语言之异，同一种植物在不同的国家、不同的民族、不同的地区往往有不同的叫法。例如，湖南称甘薯为红薯，江苏叫山芋，四川叫红苕，东北叫地瓜；又如马铃薯，在我国南方称洋山芋（或洋芋），北方则称土豆或山药蛋。这些名称包含地方名、俗名，这种现象称为同物异名。另外还有同名异物现象，如广东的水果番木瓜叫木瓜，属于番木瓜科，另外蔷薇科有一种中药也叫木瓜，在北京昌平地区则习惯把文冠果（一种能源植物）称作木瓜。由于名称相同，故常常造成混乱，妨碍了国内和国际的学术交流。因此，植物学家在很早以前就对创立世界通用的植物命名法进行了探索，在18世纪中叶以前曾采用过多名法，此种命名法是用一系列的词来描述一种植物，因而显得非常烦琐；后来多名法被双名法所代替。现代植物的种名，即世界通用的科学名称，都是采用双名法。

双名法是由瑞典植物分类学大师林奈创立的，所谓双名命名法是指用拉丁文给植物起名字，每一种植物的名称都由两个拉丁词或拉丁化单词组成，一个完整的学名还需要加上最早给这个植物命名的作者名，故第三个词是命名人。因此，属名+种加词+命名人名构成一个完整的学名，如银杏的种名为 *Ginkgo biloba* L.。

植物的属名和种加词都有其特定的含义和来源，并有一些具体规定。

一、属名

一般采用拉丁文的名词，若用其他文字或专有名词，也必须使其拉丁化，使词尾转化成拉丁文语法上的单数、第一格（主格）；书写时第一个字母一律大写。

二、种加词

种加词大多为形容词,少数为名词的所有格或为同位名词。种加词来源不拘,但不可重复属名;如用2个或多个词组成种加词时,则必须连写或用连字符号连接;用形容词作种加词时,在拉丁文语法上要求其性、数、格均与属名一致。例如,栗(板栗)*Castanea mollissima* Blume,*Castanea* 栗属(阴性、单数、第1格),*mollissima* 被极柔软毛的(阴性、单数、第1格)。

三、命名人

植物学名最后附加命名者之名,不但是为了完整地表示该种植物的名称,也是为了便于查找其发表日期,而且该命名者要对他所命名的种名负科学责任。命名人通常以其姓氏的缩写来表示,并置于种加词的后面;命名人要拉丁化,第一个字母要大写,缩写时一定要在右下角加下脚圆点号"."。

"国际植物命名法规"(International Code of Botanical Nomenclature)(以下简称"法规")是由国际植物学大会通过,由"法规"委员会根据大会精神拟定的,并在每5年召开的国际植物学会议后加以修订补充。第1届大会是1900年在巴黎举行的,第9届大会是1959年在加拿大蒙特利尔举行的,于1961年出版了《法规》的第6版,这一版由我国匡可任教授译成了中文,于1965年由科学出版社出版,我国植物命名常参考这一版。

"法规"是国际植物分类学者命名共同遵循的文献和规章,让命名方法统一和正确,便于国际交流。现举其要点如下。

(1)每一种植物只有一个合法的拉丁学名,其他名只能作异名或废弃。

(2)每种植物的拉丁学名包括属名和种加词,另加命名人名。

(3)一植物如已见有两个或两个以上的拉丁学名,应以最早发表的(不早于林奈的《植物志种》一书发表的年代——1753年)并按"法规"正确命名的名称为合法名称。

(4)一个植物合法有效的拉丁学名,必须有有效发表的拉丁描写或特征集要。

(5)对于科或科以下各级新类群的发表,必须指明其命名模式才算有效,新科应指明模式属;新属应指明模式种;新种应指明模式标本。

(6)保留名是不符命名法规的名称,按理应不通行,但由于历史上已习惯用久了,经国际命名委员会批准可以保留,但这一部分数量不大。例如,科的拉丁词尾有一些并不都是以-aceae结尾的,如伞形科 Apiaceae(Umbelliferae),十字花科 Brassicaceae(Cruciferae),禾本科 Poaceae(Gramineae)。

对一个具体的植物种来讲,按照法规命名时,可以简化成如下5个步骤。

① 植物的学名由两个拉丁单词或拉丁化的单词组成;

② 第一个单词是属名,用名词,首字母必须大写;

③ 第二个单词是种加词,用形容词;

④ 属名和种加词后应附上定名人的姓氏或姓氏缩写，首字母大写；

⑤ 属名和种加词在书写时用斜体，定名人用正体。如：水稻的学名为 *Oryza sativa* L.。

【思考题】

1. 什么叫植物的同名异物和同物异名？
2. 国际植物命名法规的主要内容是什么？
3. 什么叫双名法？

第二节 植物分类的阶层系统

植物分类的一项主要工作就是将自然界的植物按一定的分类等级进行排列，并以此表示每一种植物的系统地位和归属。常用的植物分类的等级包括：界、门、纲、目、科、属、种。在每一个等级之下还可分别加入亚门、亚纲、亚目、亚科、亚属等。另外，在科以下有时还加入族、亚族，在属以下有时还加入组或系等分类等级。所有这些分类等级构成了植物分类的阶层系统。

在植物的分类阶层系统中，种是最基本的分类单元，而划分不同物种的标准主要是植物的形态差异，尤其是花和果实的形态差异，这些差异通常是比较稳定可靠的，易与相近的类群区别开来的。但对某些性状的差异程度是否达到种级的水平，不同学者常有不同的看法，因而对同一类植物可能作出不同的等级处理。植物分类学者能不能运用生物学种的概念和方法进行分类工作，这在理论上说是可以的、不矛盾的，但具体做时就会遇到不少困难，因为许多植物的分类、鉴定和命名都是根据采回的腊叶标本进行的。如果所有标本材料在定名以前，都必须先进行杂交试验，看看是否存在生殖隔离，再确定其分类地位，无论是从时间上还是从材料的收集和保存等方面看都是不可能的。多数分类学家认为，植物形态上的差异与植物生理、生化及遗传上的差异是有联系的，不同植物生理生化特性的改变以及遗传上的分化多多少少要反映到形态上来，因而根据形态特征的分类在很大程度上能够反映同种植物之间的相似性以及不同种植物之间的本质差异。

植物分类的阶层系统

分类的等级			分类举例	
中文名	拉丁名	英文名	中文名	拉丁名
界	Regnum	Kingdom	植物界	Regnum Plantae
门	Divisio	Phylum	被子植物门	Angiospermae
亚门	Subdivisio	Subphylum	—	—
纲	Classis	Class	木兰纲	Magnoliopsida
亚纲	Subclassis	Subclass	—	
目	Ordo	Order	菊目	Asterales
亚目	Subordo	Suborder	—	—
科	Familia	Family	菊科	Asteraceae
亚科	Subfamilia	Subfamily	—	—
族	Tribus	Tribe	—	—
亚族	Subtribus	Subtribe	—	—
属	Genus	Genus	向日葵属	*Helianthus*
种	Species	Species	向日葵	*Helianthus annuus* L.

值得注意的是，强调同种植物之间的形态相似性，并不排斥在同种植物的不同个体之间也存在一定程度的差异。以往常常以一份标本和少数几个植株的特征来代表一个种，过分强调同种个体在形态上的一致性，而忽视了不同个体间的差异性，把同一个种内的不同变异个体或变异的极端类型定名为新种，造成了许多分类学上的混乱。居群概念的提出，引导分类学者在分类以前，要从居群的角度进行全面的调查和收集材料，尽可能全面地了解同种不同个体性状变异的式样和幅度，减少分类过程中的主观片面性。

在种一级之下，有时可区分出不同的亚种、变种或变型等。一般认为一个种内形态上有较明显的区别、地理分布上又有一定程度隔离的个体群可确定为不同的亚种(Subspecies)；变种(Variety)多指有较稳定的形态差异，但分布范围比较局限的个体群，通常认为变种相当于地方宗，而亚种相当于地理宗；变型(Form)主要指没有特定分布区的、零星分布的变异个体。

【思考题】

1. 植物分类阶层从高到低依次有哪些？
2. 什么叫物种？与作物品种有何区别？

第三节

庭园植物识别

一、校园常见种子植物名录

(一)裸子植物表格

序号	科名	植物名	拉丁名
1	苏铁科 Cycadaceae	苏铁	*Cycas revoluta* Thunb.
2	银杏科 Ginkgoaceae	银杏	*Ginkgo biloba* L.
3	南洋杉科 Araucariaceae	异叶南洋杉	*Araucaria heterophylla*(Solisb.)Franco
4	松科 Pinaceae	雪松	*Cedrus deodara* (Roxb.) G. Don
5	罗汉松科 Podocarpaceae	罗汉松	*Podocarpus macrophyllus* (Thunb.) Sweet
6	柏科 Cupressaceae	柳杉	*Cryptomeria japonica* var. sinensis Miq.
7		水杉	*Metasequoia glyptostroboides* Hu & W. C. Cheng
8		侧柏	*Platycladus orientalis*(L.)Franco
9		千头柏	*Platycladus orientalis* 'Sieboldii' Dallimore and Jackson
10		铺地龙柏	*Juniperus chinensis* 'Kaizuka Procumbens'
11		塔柏	*Juniperus chinensis* 'Pyramidalis '

(二)被子植物表格

序号	科名	植物名	拉丁名
1	胡桃科 Juglandaceae	胡桃	*Juglans regia* L.
2		枫杨	*Pterocarya stenoptera* C. DC.
3	杨柳科 Salicaceae	垂柳	*Salix babylonica* L.
4	大麻科 Cannabaceae	朴树	*Celtis sinensis* Pers.
5		葎草	*Humulus scandens*(Lour.)Merr.
6	杜仲科 Eucommiaceae	杜仲	*Eucommia ulmoides* Oliv.
7	桑科 Moraceae	无花果	*Ficus carica* L.

续表

序号	科名	植物名	拉丁名
8	桑科 Moraceae	柘	*Maclura tricuspidata* Carrière
9		榕树	*Ficus microcarpa* L.f.
10		黄葛树	*Ficus virens* Aiton
11		桑	*Morus alba* L.
12	大戟科 Euphorbiaceae	蓖麻	*Ricinus communis* L
13	荨麻科 Urticaceae	长叶水麻	*Debregeasia longifolia*(Burm. F.)Wedd.
14	山龙眼科 Proteaceae	银桦	*Grevillea robusta* A.Cunn. ex R. Br.
15	蓼科 Polygonaceae	萹蓄	*Polygonum aviculare* L.
16		齿果酸模	*Rumex dentatus* L.
17	商陆科 Phytolaccaceae	商陆	*Phytolacca acinosa* Roxb.
18	紫茉莉科 Nyctaginaceae	叶子花	*Bougainvillea glabra* Choisy
19		紫茉莉	*Mirabilis jalapa* L.
20	马齿苋科 Portulacaceae	马齿苋	*Portulaca oleracea* L.
21	石竹科 Caryophyllaceae	石竹	*Dianthus chinensis* L.
22		漆姑草	*Sagina japonica*(Sw.) Ohwi
23		高雪轮	*Atocion armeria* (L.) Raf.
24		繁缕	*Stellaria media* (L.)Vill.
25	苋科 Amaranthaceae	土荆芥	*Dysphania ambrosioides* (L.) Mosyakin & Clemants
26		藜	*Chenopodium album* L.
27		牛膝	*Achyranthes bidentata* Blume
28		喜旱莲子草	*Alternanthera philoxeroides* (Mart.)Griseb.
29		千日红	*Gomphrena globosa* L.
30	木兰科 Magnoliaceae	二乔玉兰	*Yulania* × *soulangeana* (Soul.-Bod.) D. L. Fu
31		玉兰	*Yulania denudata* (Desr.) D. L. Fu
32		荷花木兰	*Magnolia grandiflora* L.
33		鹅掌楸	*Liriodendron chinense* (Hemsl.)Sarg.
34		含笑花	*Michelia figo* (Lour.)Spreng.
35		白兰	*Michelia* × *alba* DC.
36	蜡梅科 Calycanthaceae	蜡梅	*Chimonanthus praecox* (L.)Link.
37	樟科 Lauraceae	黑壳楠	*Lindera megaphylla* Hemsl.

续表

序号	科名	植物名	拉丁名
38	樟科 Lauraceae	樟	*Camphora officinarum* Nees
39		天竺桂	*Cinnamomum japonicum* Siebold
40	毛茛科 Ranunculaceae	石龙芮	*Ranunculus sceleratus* L
41	小檗科 Berberidaceae	十大功劳	*Mahonia fortunei* (Lindl.)Fedde
42		南天竹	*Nandina domestica* Thunb.
43	莲科 Nelumbonaceae	莲	*Nelumbo nucifera* Gaertn.
44	三白草科 Saururaceae	蕺菜	*Houttuynia cordata* Thunb.
45	山茶科 Theaceae	山茶	*Camellia japonica* L.
46	金丝桃科 Hypericaceae	金丝桃	*Hypericum monogynum* L.
47	罂粟科 Papaveraceae	虞美人	*Papaver rhoeas* L.
48	十字花科 Brassicaceae	诸葛菜	*Orychophragmus violaceus* (L.)O. E.Schulz
49	悬铃木科 Platanaceae	二球悬铃木	*Platanus acerifolia* (Aiton)Willd.
50	金缕梅科 Hamamelidaceae	蚊母树	*Distylium racemosum* Siebold & Zucc.
51	景天科 Crassulaceae	凹叶景天	*Sedum emarginatum* Migo
52	虎耳草科 Saxifragaceae	虎耳草	*Saxifraga stolonifera* Meerb.
53	海桐科 Pittosporaceae	海桐	*Pittosporum tobira* (Thunb.)W. T. Aiton
54	蔷薇科 Rosaceae	紫叶李	*Prunus cerasifera* 'Atropurpurea'
55		日本晚樱	*Prunus serrulata* var. *lannesiana* (Carrière) Makino
56		樱桃	*Prunus pseudocerasus* Lindl.
57		垂丝海棠	*Malus halliana* Koehne
58		碧桃	*Prunus persica* 'Duplex'
59		月季花	*Rosa chinensis* Jacq.
60		枇杷	*Eriobotrya japonica* (Thunb.) Lindl.
61		麻叶绣线菊	*Spiraea cantoniensis* Lour.
62		蛇莓	*Duchesnea indica* (Andrews)Focke
63		湖北海棠	*Malus hupehensis* (Pamp.)Rehder
64		川滇蔷薇	*Rosa soulieana* Crép.
65		七姊妹	*Rosa multiflora* 'Grevillei'
66	豆科 Fabaceae	槐	*Styphnolobium japonicum* (L.) Schott

续表

序号	科名	植物名	拉丁名
67	豆科 Fabaceae	龙爪槐	*Styphnolobium japonicum* 'Pendula'
68		紫藤	*Wisteria sinensis* (Sims)Sweet
69		刺槐	*Robinia pseudoacacia* L.
70		龙牙花	*Erythrina corallodendron* L.
71		刺桐	*Erythrina variegata* L.
72	酢浆草科 Oxalidaceae	红花酢浆草	*Oxalis corymbosa* DC.
73	芸香科 Rutaceae	柚	*Citrus maxima* (Burm.) Merr.
74		柑橘	*Citrus reticulata* Blanco
75		枳	*Citrus trifoliata* L.
76		竹叶花椒	*Zanthoxylum armatum* DC.
77	苦木科 Simaroubaceae	臭椿	*Ailanthus altissima* (Mill.) Swingle
78		苦木	*Picrasma quassioides* (D. Don) Benn.
79	楝科 Meliaceae	楝	*Melia azedarach* L.
80	无患子科 Sapindaceae	三角槭	*Acer buergerianum* Miq.
81		鸡爪槭	*Acer palmatum* Thunb.
82	冬青科 Aquifoliaceae	大果冬青	*Ilex macrocarpa* Oliv.
83	卫矛科 Celastraceae	冬青卫矛	*Euonymus japonicus* Thunb.
84	黄杨科 Buxaceae	黄杨	*Buxus sinica* (Rehder & E. H. Wilson) M. Cheng
85	葡萄科 Vitaceae	地锦	*Parthenocissus tricuspidata* (Siebold & Zucc.) Planch.
86	锦葵科 Malvaceae	木芙蓉	*Hibiscus mutabilis* L.
87		蜀葵	*Alcea rosea* L.
88		垂花悬铃花	*Malvaviscus penduliflorus* DC.
89		木棉	*Bombax ceiba* L.
90		梧桐	*Firmiana simplex* (L.) W. Wight
91	堇菜科 Violaceae	三色堇	*Viola tricolor* L.
92	柽柳科 Tamaricaceae	柽柳	*Tamarix chinensis* Lour.
93	千屈菜科 Lythraceae	紫薇	*Lagerstroemia indica* L.
94		石榴	*Punica granatum* L.
95	桃金娘科 Myrtaceae	桉	*Eucalyptus robusta* Sm.
96	五味子科 Schisandraceae	厚皮香八角	*Illicium ternstroemioides* A. C. Smith

续表

序号	科名	植物名	拉丁名
97	蓝果树科 Nyssaceae	喜树	*Camptotheca acuminata* Decne.
98	山茱萸科 Cornaceae	灯台树	*Cornus controversa* Hemsl.
99	五加科 Araliaceae	白簕	*Eleutherococcus trifoliatus* (L.) S. Y. Hu
100		常春藤	*Hedera nepalensis* var. *sinensis* (Tobler) Rehder
101	伞形科 Apiaceae	积雪草	*Centella asiatica* (L.) Urb.
102		窃衣	*Torilis scabra* (Thunb.) DC.
103	杜鹃花科 Ericaceae	杜鹃	*Rhododendron simsii* Planch
104		白花杜鹃	*Rhododendron mucronatum* (Blume)G.Don
105	报春花科 Primulaceae	临时救	*Lysimachia congestiflora* Hemsl.
106	木樨科 Oleaceae	女贞	*Ligustrum lucidum* W. T. Aiton
107		小叶女贞	*Ligustrum quihoui* Carrière
108		木樨	*Osmanthus fragrans* (Thunb.)Lour.
109		野迎春	*Jasminum mesnyi* Hance
110	夹竹桃科 Apocynaceae	夹竹桃	*Nerium oleander* L.
111	茜草科 Rubiaceae	栀子	*Gardenia jasminoides* J. Ellis
112		拉拉藤	*Galium spurium* L.
113		六月雪	*Serissa japonica* (Thunb.) Thunb.
114	唇形科 Lamiaceae	臭牡丹	*Clerodendrum bungei* Steud.
115		风轮菜	*Clinopodium chinense* (Benth.) Kuntze
116		益母草	*Leonurus japonicus* Houtt.
117		紫苏	*Perilla frutescens* (L.)Britton
118		夏枯草	*Prunella vulgaris* L.
119		一串红	*Salvia splendens Ker* Gawl.
120	蕈树科 Altingiaceae	枫香树	*Liquidambar formosana* Hance
121	茄科 Solanaceae	龙葵	*Solanum nigrum* L.
122	紫葳科 Bignoniaceae	蓝花楹	*Jacaranda mimosifolia* D. Don
123	车前科 Plantaginaceae	车前	*Plantago asiatica* L.
124	荚蒾科 Viburnaceae	日本珊瑚树	*Viburnum awabuki* K. Koch
125		接骨草	*Sambucus javanica* Reinw. ex Blume
126	忍冬科 Caprifoliaceae	忍冬	*Lonicera japonica* Thunb.

续表

序号	科名	植物名	拉丁名
127	菊科 Asteraceae	黄花蒿	*Artemisia annua* L.
128		金盏花	*Calendula officinalis* L.
129		瓜叶菊	*Pericallis* × *hybrida* (Regel) B. Nord.
130		大丽花	*Dahlia pinnata* Cav.
131		野菊	*Chrysanthemum indicum* L.
132		马兰	*Aster indicus* L.
133		黑心菊	*Rudbeckia hirta* L.
134		蒲公英	*Taraxacum mongolicum* Hand.-Mazz.
135	天门冬科 Asparagaceae	沿阶草	*Ophiopogon bodinieri* H. Lév.
136		吊兰	*Chlorophytum comosum* (Thunb.)Jacques
137		吉祥草	*Reineckia carnea* (Andrews)Kunth
138		凤尾丝兰	*Yucca gloriosa* L.
139		金边龙舌兰	*Agave americana var. marginata* Trel.
140	石蒜科 Amaryllidaceae	水鬼蕉	*Hymenocallis littoralis* (Jacq.) Salisb.
141		朱顶红	*Hippeastrum striatum* Herb.
142		葱莲	*Zephyranthes candida* (Lindl.) Herb.
143		长寿水仙	*Narcissus jonquilla* L.
144	鸢尾科 Iridaceae	蝴蝶花	*Iris japonica* Thunb.
145	鸭跖草科 Commelinaceae	紫竹梅	*Tradescantia pallida* (Rose) D. R. Hunt
146		网籽草	*Dictyospermum conspicuum* (Blume) Hassk.
147	禾本科 Poaceae	孝顺竹	*Bambusa multiplex* (Lour.) Raeusch. ex Schult. & Schult. f.
148		小琴丝竹	*Bambusa multiplex* 'Alphonse-Karr' R. A.Young
149		慈竹	*Bambusa emeiensis* L. C. Chia & H. L. Fung
150		早熟禾	*Poa annua* L.
151		结缕草	*Zoysia japonica* Steud.
152	棕榈科 Arecaceae	棕榈	*Trachycarpus fortunei* (Hook.f.)H.Wendl.
153		假槟榔	*Archontophoenix alexandrae* (F. Muell.)H. Wendl. & Drude
154		鱼尾葵	*Caryota maxima* Blume ex Mart.
155		蒲葵	*Livistona chinensis* (Jacq.) R. Br. ex Mart.

续表

序号	科名	植物名	拉丁名
156	棕榈科 Arecaceae	棕竹	*Rhapis excelsa* (Thunb.) A. Henry
157	天南星科 Araceae	海芋	*Alocasia odora* (Roxb.)K. Koch
158	莎草科 Cyperaceae	香附子	*Cyperus rotundus* L.
159		短叶水蜈蚣	*Kyllinga brevifolia* Rottb.
160	芭蕉科 Musaceae	芭蕉	*Musa basjoo* Siebold & Zucc. ex Iinuma
161	美人蕉科 Cannaceae	大花美人蕉	*Canna* × *generalis* L. H. Bailey
162	绣球科 Hydrangeaceae	绣球	*Hydrangea macrophylla* (Thunb.)Ser.

二、常见庭园裸子植物

(一)苏铁科

苏铁 *Cycas revoluta* Thunb.

苏铁俗称铁树、凤尾蕉、凤尾松,是名副其实的“活化石”。为常绿观叶植物,树干圆柱形,粗壮直立,色棕黑,极少分枝,高0.3 m至数米。叶螺旋状排列,羽片长9~18 cm、宽0.5 cm,边缘向下弯曲,质地坚硬,浓绿色,有光泽。叶柄两侧具短刺;裂片线状披针形,边缘波状,幼树被白粉,后呈深绿色,有光泽,先端有刺状尖头,基部不对称。雌雄异株,雄花序圆柱形,雌花圆头状。小孢子叶近匙形或宽楔形,黄色,边缘橘黄色,顶部有茸毛,下面有多数3~4枚聚生的小孢子囊;大孢子叶橘黄色,下部长柄状,上部菱状倒卵形,篦齿状分裂,裂片钻形,在其下方两侧生有1~4个近圆形、被茸毛的胚珠。种子成熟时黄色。

苏铁

苏铁原产于我国福建、广东;日本、印度尼西亚也有;现各地多栽培。可用于园林栽培、盆栽布置会场;叶、种子可入药。

(二)银杏科

银杏 *Ginkgo biloba* L.

又称“白果树”“公孙树”,是我国特有的珍贵树种。落叶乔木,幼小时树皮粗糙,有纵行的波纹,年老时树皮灰色,有深刻的龟裂。枝有长枝和短枝之分,长枝光滑而有光泽，短枝粗短而有环纹。叶在长枝上螺旋状散生，在短枝上3~5片簇生，叶片扇形，顶端带一浅裂，叶脉叉状分支。花单性异株，雄花为倒垂的柔荑花序，雌花数个生于短枝叶丛中，淡绿色。每花有一长梗，没有花瓣和花萼，也没有子房和花柱，只有一个裸露的胚珠。9—10月间，胚珠发育成球状橙黄色的种子。种子核果状，外种皮肉质，熟时橙黄色；中种皮坚硬，白色；内种皮膜质，红色；胚乳丰富。

银杏

银杏原是我国特有的树种，现在已经广泛栽种在世界各地。银杏为优良的园林绿化树种，其种仁、根、叶均可入药。银杏提取物还可以制成化妆品、保健品；枝干为较好的工艺雕刻、装饰木材。

（三）南洋杉科

异叶南洋杉 *Araucaria heterophylla* (Salisb.) Franco

又称小叶南洋杉、塔形南洋杉，为珍贵的园林栽培树种。常绿乔木，树皮略灰色，裂成薄片状脱落。树冠塔形。大枝平伸，长达15 m；小枝平展或下垂；侧枝常呈羽状排列，下垂。叶二型。幼枝及侧生小枝的叶排列疏松，开展，钻形，绿色，向上弯曲。叶上面具多数气孔线，下面气孔线较少或无。大树及花果枝上的叶排列较密，微开展，宽卵形；为喜光植物，但幼苗宜阴，耐寒性不强。

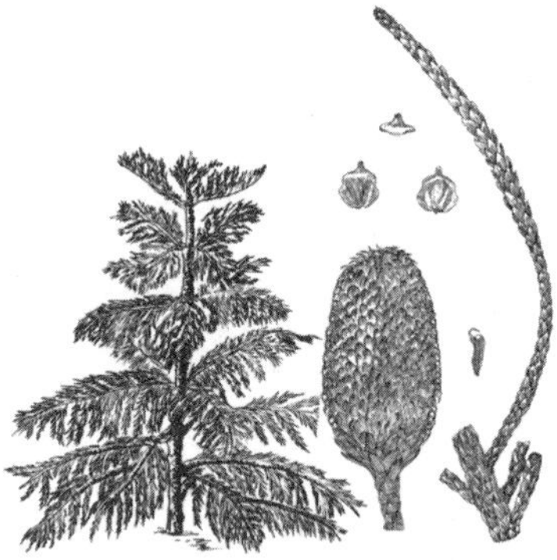

异叶南洋杉

原产于大洋洲诺和克岛，我国广东、海南、福建等地引种栽培，现全国各地均有栽培。

（四）松科

雪松 *Cedrus deodara* (Roxb.) G.Don

常绿乔木，高可超过50 m。树冠宝塔形，主干端直，大枝不规则轮生，平展，小枝微下垂。树皮灰褐色，幼时光滑，老年后则裂为鳞片状剥落。叶在长枝上螺旋状散生，在短枝上簇生、斜展，针形，坚硬。雌雄异株，罕同株。球花单生枝顶。雌球花初紫红色，后转淡绿色；雄球花近黄色。但雄球花较雌球花早7~15 d开放。球果椭圆状卵形，形大直立，翌年10月成熟。熟时种鳞与种子脱落，种子有宽三角形的翅。花期10—11月。

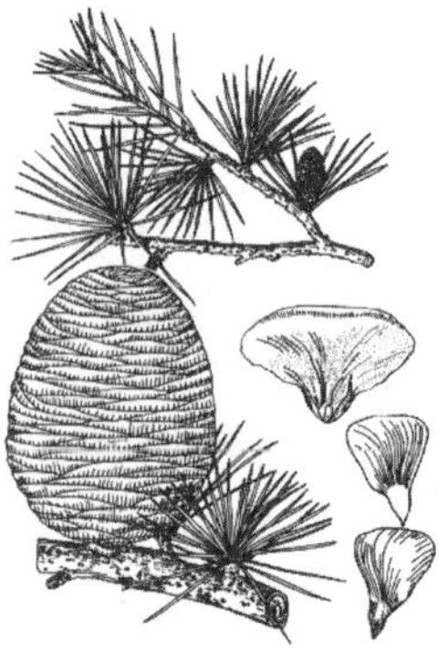

雪松

原产于阿富汗、巴基斯坦、印度北部以及我国西藏，目前几乎全国各地均有栽培。雪松是珍贵观赏树种。木材致密，芳香，可供建筑、造船等用；种子可榨油；树体具有较强的防尘、减噪与杀菌能力，适宜作工矿企业绿化树种。

（五）罗汉松科

罗汉松 *Podocarpus macrophyllus* (Thunb.) Sweet.

别名土杉。常绿乔木，高达16 m，胸径60 cm；树皮褐灰色或灰白色，鳞状开裂。叶螺旋状排列，辐射状散生，在小枝上端排列紧密，线状披针形，微弯，长4~10.5 cm，宽5~10 mm，先端尖，基部狭有短柄，两面中脉显著隆起，表面绿色，有光泽，背面灰白色，光滑，有2条宽气孔带，无毛。雌雄异株；雄球花穗状，单生或2~3个簇生于叶腋，长3~5 cm，几无梗，基部具数枚三角形苞片；雌球花单生于叶腋；具梗。种子卵圆形，长8~10 mm，直径约6 mm；核果状，下部有肥厚、肉质、暗红色的种托。花期5月，种熟期10月。

罗汉松

国外分布于日本、越南、缅甸，我国长江以南各地均有栽培。罗汉松树姿优美，可供园林绿化及盆栽观赏。木材供建筑、制器具等用。

（六）柏科

1. **柳杉** *Cryptomeria japonica* var. *sinensis* Miq.

又名长叶孔雀松。常绿乔木，高达40 m，胸径可达2 m，树冠塔形或圆锥形，树皮赤棕色，纤维状裂成长条片剥落，大枝斜展或平展，小枝常下垂，绿色。叶长1~1.5 cm，幼树及萌芽枝的叶长达2~4 cm，钻形，微向内曲，先端内曲，四面有气孔线。雄球花黄色，雌球花淡绿色。球果熟时深褐色，直径1.5~2 cm。种鳞约20个，苞鳞尖头与种鳞先端的裂齿均较短；每个种鳞有种子2粒。花期4月，球果10—11月成熟。

柳杉为我国特有树种，产于浙江、福建，现长江流域均有栽培。柳杉是较好的园林树种，在江南习俗中，常用作墓道树，亦宜作风景林栽植。

柳杉

2. **水杉** *Metasequoia glyptostroboides* Hu & W. C. Cheng

落叶乔木，高可达35~42 m。树干基部膨大，树皮灰色或淡褐色，浅裂成窄长条片脱落，内皮红褐色，大枝斜上伸展，一年生枝幼时绿色后变为浅灰色，二年生、三年生枝灰褐色，枝的表皮层常成片状剥落，侧生短枝长4~10 cm，冬季与叶俱落。小枝对生，下垂。

冬芽上方或侧方具有白色短枝痕。叶条形，柔软，交互对生，2裂，羽状，扁平，几无柄，上面中脉凹下，下面两侧有4~8条气孔线。雌雄同株。球花单生于叶腋或枝顶，近四棱圆球形或短圆柱形，有长柄。球果近圆形，下垂；种鳞木质，盾形，当年成熟；种子扁平，倒卵形，周围有窄翅，先端有凹缺。花期2月下旬，球果10月下旬至11月成熟。

水杉

水杉天然分布于湖北省利川市、重庆市石柱土家族自治县和湖南省龙山县，为中国特有单种属植物，世界著名的孑遗植物。水杉冠形整齐，树姿优美挺拔，叶色秀丽，最适合堤崖、湖滨、池畔列植、丛植或群植成林带和片林，可作为速生丰产的造林树种。

3. 侧柏 *Platycladus orientalis* (L.) Franco

又名柏树、扁柏、香柏；常绿乔木，高可超过20 m。幼树树冠尖塔形，老树广圆形；树皮薄，灰褐色，细条状纵裂；薄片状剥离；大枝斜出；小枝扁平，排成一平面，直展，无白粉。叶全为鳞片状，交互对生，长1~3 mm，贴生于小枝上，两面均为绿色，叶背中部均有纵凹槽。花单性同株。球花单生于小枝顶端；雄球花有6对雄蕊，每雄蕊有花药2~4枚；雌球花有4对珠鳞，中间的2对珠鳞各有1~2个胚珠。球果单生于枝顶，卵状矩圆形，当年成熟，长1.5~2 cm，熟前被白粉，熟后木质，张开，红褐色。种鳞4对与包鳞结合，覆瓦状排列，有反曲尖头，熟时开裂，中部种鳞各有种子1~2粒，种子卵圆形或长卵形，无翅或有极窄之翅。花期3—4月，果熟期9—10月。

侧柏

侧柏是我国特产，原产于华北、东北；目前，在我国分布十分广泛。侧柏是常见的绿化树种，也是我国最广泛应用的园林树种之一，对土壤适应性广。枝叶及球果可入药；种子可榨油，药用。

4. 千头柏 *Platycladus orientalis* ‘Sieboldii’ Dallimore and Jackson

千头柏，又名凤尾柏，是柏科侧柏属侧柏的栽培变种，为丛生常绿灌木。无明显主干，株高可达3 m左右，一般栽培高度多在1~1.5 m。千头柏适应性强，对土壤要求不严，但需排水良好，水多易导致植株烂根。

千头柏于长江流域及华北南部多有栽培。树冠为圆形，树形优美，可对植、群植，也可作绿篱，是良好的绿化树种。

千头柏

5.铺地龙柏 *Juniperus chinensis* 'Kaizuka Procumbens'

铺地龙柏

常绿匍匐灌木，枝条沿地面扩展，稍向上升。叶轮生，深绿色，刺形，长6~8 mm，顶端有角质锐尖头，基部下延，腹面凹，有白粉，背面沿中脉有纵槽，近基部有2个白点，球果近圆形，蓝色，外有白粉，直径8~9 mm，有2~3粒种子。

铺地龙柏原产于日本，我国南京和上海有引种，辽宁、山东、江西、浙江，以及西南各地也有栽培。是庭院观赏树种。

6.塔柏 *Sabina chinensis* 'Pyramidalis'

塔柏

常绿乔木，短期内就可长至5~6 m。树体端直，形如塔。树冠幼时为锥状，大树则为尖塔形，枝向上直展，密生。叶多为鳞片状，幼树多为刺叶，交互对生，一部分呈针刺状，坚硬而被白粉，全体呈淡蓝绿色，四季常青。雌雄异株，雄花球长椭圆形，果实暗褐色。

塔柏原产于我国及日本，我国各地均有栽培。常作为园林绿化树种，造型美观，富有艺术感；可作为行道树或风景树，具有较好的抗旱能力。

【思考题】

1.什么是裸子植物？

2.你认识哪些裸子植物？

3.哪类植物具有大型羽状叶？哪类植物具有扇形叶？

4.哪类植物具有鳞形叶？哪类植物具有针形叶？

5.哪类植物具有羽状小枝？

三、常见庭园被子植物

(一)胡桃科

1.胡桃 *Juglans regia* L.

胡桃

又名核桃，落叶乔木，树高可达10~15 m；一般寿命为300~400年。树皮幼时灰绿色，老时灰白色，老树干有纵裂。奇数羽状复叶，小叶5~11枚，卵圆形至广卵圆形，全缘。雌雄异花，核果，果实近球形或长圆形，绿色，为不完全的2~4室，果实形状、大小及核壳的皱纹、厚薄因品种或类型而异。核桃有雌雄花异熟现象。

国外分布于中亚、西亚、南亚和欧洲等地区，我国各地多有分布。核桃仁营养丰富，除作为滋补品和制作糕点、糖果的原料外，也是一种木本油料。木质致密坚实，耐腐蚀。树皮、叶和果实青皮富含单宁，可提取栲胶。

2. **枫杨** *Pterocarya stenoptera* C. DC.

别名大叶柳、枫柳、鬼柳。高大乔木，高可达30 m。幼树树皮平滑，浅灰色，老时则深纵裂，叶多为偶数或稀奇数羽状复叶，长8~16 cm，叶柄长2~5 cm，叶轴、叶柄被有疏或密的短毛，小叶对生或稀近对生，长椭圆形至长椭圆状披针形。雌花几乎无梗，苞片及小苞片基部常有细小的星芒状毛，并密被腺体。果序长20~45 cm，果序轴常被有宿存的毛。果实长椭圆形，长6~7 mm，基部常有宿存的星芒状毛，果翅狭，条形或阔条形，具近于平行的脉。花期4—5月，果熟期8—9月。

枫杨

枫杨在我国分布十分广泛，如陕西、云南、山东、安徽、湖北等地区，生于海拔1500 m以下的林中。现已广泛栽植作庭园树或行道树。树皮和枝皮含鞣质，可提取栲胶，亦可作纤维原料；果实可作饲料和用于酿酒，种子还可榨油。

（二）杨柳科

垂柳 *Salix babylonica* L.

落叶乔木，高达15 m。树冠广阔卵形；小枝细长，下垂，淡紫绿色或褐绿色，无毛或幼时有毛。叶互生，狭披针形或线状披针形，长7~15 cm，宽5~15 mm，顶端渐尖，基部楔形，有时歪斜，边缘有细锯齿，无毛或幼时有柔毛，背面带白色；叶柄长6~12 mm，有短柔毛。花序轴有短柔毛；雄花序长2~4 cm，苞片长圆形，背面有较密的柔毛，雄蕊2枚，基部微有毛，腺体2个；雌花序长1.5~2.5 cm，雌花腺体1个，子房无毛，柱头4裂。蒴果黄褐色，长3~4 mm。花期4月。

垂柳

垂柳在长江流域广泛栽培，是优美的园林绿化树种，也是固堤、防沙、护田树种。枝、须根、叶、花、果可供药用。花期早而长，为早春蜜源植物。树皮含鞣质；材质较旱柳差，可作器具和造纸原料；柳絮可填塞椅垫和枕头；枝和须根能祛风除湿。

（三）大麻科

1. **朴树** *Celtis sinensis* Pers.

又名沙朴、青朴、千粒树，落叶乔木，高达15 m；树冠广圆形，树皮红褐色，粗糙而不开裂，呈鳞片状脱落；小枝红褐色，幼时被毛，后脱落。叶小略革质，窄椭圆形、卵形或倒卵形，先端钝尖，上半部具钝锯齿，基部不对称，一边楔形一边圆形，大树之叶为单锯齿，萌芽枝叶为复锯齿；上面亮绿色，无毛，下面幼时有细毛，后无毛，侧脉3或4对。花两性或单性，簇生于新枝叶腋。翅果较小，椭圆形或椭圆状卵形；橙红色，单个或2个并生，果柄与叶柄等长，果核有凹点及核脊背。种子位于翅果中央或上部。花期3—4月，果期9—10月。

朴树原产于我国，主要分布于长江流域；越南、朝鲜、老挝也有分布。常作为园林绿化树种；对二氧化硫、氯气等有毒气体的抗性强。木材坚韧；果核可榨油制皂；果实榨油可作润滑油；根、皮、嫩叶入药有消肿止痛、解毒治热的功效。

2. 葎草 *Humulus scandens* (Lour.) Merr.

一年生缠绕草本。茎多分枝，淡绿色，强韧，表面具6条棱线，棱上有双叉小钩刺，上叉细短，下叉较粗，白色透明，刺基部圆盘状，多突起，借以缠绕其他物体，全株被短柔毛。叶对生，托叶披针形，密被刚毛或细短毛；叶柄长5~11 cm，具6条棱线，上有双叉小钩刺，较细弱；叶片通常掌状5裂，有时3或7裂，长4~10 cm，基部心形，裂片卵形至卵状披针形，顶端渐尖，边缘具齿牙或重齿牙，表面有刚毛，背面生淡黄色油点，脉上有刚毛，两面均粗糙。花单性，雌雄异株；雄花为圆锥花序，腋生或顶生，花期7—8月，果期9—10月。

葎草

除新疆、青海外，分布于全国各地；日本、朝鲜、俄罗斯也有分布。茎皮纤维强韧，可用于造纸及纺织。全草药用，清热解毒、利尿消肿。

（四）杜仲科

杜仲 *Eucommia ulmoides* Oliv.

落叶乔木，高达20 m。树皮灰褐色，折断有银白色细丝。叶椭圆形或椭圆状卵形，长6~18 cm，宽3~7.5 cm，边缘有锯齿。花单性，雌雄异株，常先叶开放，生于小枝基部。翅果狭椭圆形，长约3.5 cm。

杜仲分布于长江中游各地。杜仲产硬橡胶，为海底电缆和黏着剂的重要原材料。树皮入药，补肝肾、强筋骨，治腰膝痛、高血压等症；木材可供家具和建筑用；种子可榨油。

杜仲

(五)桑科

1. 无花果 *Ficus carica* L.

无花果

落叶灌木或小乔木,高达10 m,多分枝。叶互生,厚膜质,宽卵形或矩圆形,掌状3~5裂,先端钝,基部心形,边缘波状或粗齿,表面粗糙,下面生短毛,叶柄长;托叶三角状,早落。花序托有短梗,单生于叶腋。夏季开花,花单性,隐藏于倒卵形囊状的总花托内。无花果梨形,肉果,倒卵形,在盛夏成熟,外面暗紫色,里面红紫色,质地柔软,味酸甜。

无花果在国外分布于地中海沿岸,我国各地有栽培。绿色的大叶,美味的佳果,使得它成为一种价值很高的果树和观赏植物。根、叶供药用,能消肿解毒;种子含油量为30%,应用前景广阔。

2. 柘 *Maclura tricuspidata* Carrière

柘

常称柘树,小乔木或落叶小灌木,高可达8 m或者更高。叶卵形至倒卵形,长3~14 cm,全缘,叶柄长5~20 mm。花单性,雌雄异株,头状花序。枝条无毛,但具硬棘刺,刺长5~35 mm。聚花果近球形,直径约2.5 cm,红色。

柘树在我国分布于华东、西南、华北、中南;朝鲜、日本等国也有分布。果实可食并可酿酒;嫩叶可用于养蚕;茎皮是很好的造纸原料;根皮可药用,具清热、凉血、通络之功效,亦是黄色染料。

3. 榕树 *Ficus microcarpa* L. f.

榕树

常绿乔木,有须状气生根,树冠广展,高可达25 m,胸径50 cm。树皮深灰色。单叶互生,革质,深绿色,光亮,椭圆形或倒卵形,长4~8 cm,宽3~4 cm,顶端钝尖,全缘或浅波形,每边有侧脉5~6条,上面不明显。隐花果球形,成对腋生或生于已落叶枝的叶腋。

榕树在中国南方各地有分布,在东南亚也有分布。多作孤立树,也可丛植、行植,或作行道树。

4. 黄葛树 *Ficus virens* Aiton

又名大叶榕、黄桷榕，为高大落叶乔木。其茎干粗壮，树形奇特，悬根露爪，蜿蜒交错，古态盎然。枝杈密集，大枝横伸，小枝斜出。树叶茂密，叶片油绿光亮。寿命很长，百年以上大树比比皆是。

黄葛树原产于我国华南和西南地区，尤以重庆、四川、湖北等地最多。应用到园林中时，适宜栽植于公园湖畔、草坪、河岸边、风景区，孤植或群植造景，为人们提供游玩、休憩、纳凉的场所；也可用作行道树。

黄葛树

5. 桑 *Morus alba* L.

落叶乔木或灌木，高3~7 m或更高，通常灌木状，植物体含乳液。树皮黄褐色，枝灰白色或灰黄色，细长疏生，嫩时稍有柔毛。叶互生；卵形或椭圆形，先端锐尖，基部心脏形或不对称，边缘有不整齐的粗锯齿或圆齿。花单性，雌雄同株；花黄绿色，与叶同时开放；雄花为柔荑花序；雌花为穗状花序。花期4—5月，果期6—7月。

桑在我国南北广泛栽植，以长江中下游为多。桑的根、根皮、嫩枝、树皮中的白色液汁，以及果穗均可入药，且桑是蚕丝业发展的基础。

桑

（六）大戟科

蓖麻 *Ricinus communis* L.

一年生草本，若生长在热带或亚热带地区，则为小乔木或灌木。茎直立，分枝，中空。叶盾形，直径20~60 cm，掌状5~11裂，裂片卵形或窄卵形，缘具齿，无毛，叶柄长，托叶合生，早落。花单性，雌雄同株。无花瓣，聚伞圆锥花序，长约20 cm，顶生或与叶对生。雄花的萼3~5裂，直径约1 cm。雌花萼5裂，裂片不等大。蒴果，长圆形或近球形，长1.5~2.5 cm，直径1~1.4 cm。种子长圆形，有种阜，具灰白色或淡褐色斑纹。花期7—8月，果期9—10月。

蓖麻

蓖麻原产地可能在非洲，现我国各地均有栽培。种子是重要工业用油原料，又可药用；根、茎、叶入药；种子含油量达70%。

(七)荨麻科

长叶水麻 *Debregeasia longifolia* (Burm. F.) Wedd.

长叶水麻

灌木或小乔木,高3~6 m;小枝密生伸展的褐色或灰褐色粗毛。叶片纸质,倒卵状长圆形至长圆状披针形或披针形,长9~20 cm,宽2~5 cm,边缘密生细牙齿或细锯齿,上面被糙毛,有时有泡状隆起,下面被灰色、灰白色或蓝灰色毡毛,脉上有短粗毛,托叶长圆状或椭圆状披针形,背面有短柔毛。雌雄异株,稀同株;雄花有花被片4枚,长1.5~2 mm;雄蕊4枚;退化雌蕊倒卵圆形。雌花花被倒卵状筒形,柱头画笔头状。花期5—8月,果期8—12月。

我国大部分地区有分布,国外主要分布于东南亚。茎皮纤维可代麻用和作人造棉原料;果可食用和酿酒;叶作饲料;根、叶可入药。

(八)山龙眼科

银桦 *Grevillea robusta* A.Cunn. ex R. Br.

银桦

常绿乔木。高可达40 m,胸径1 m,树冠圆锥形。幼枝、芽及叶柄上密被锈褐色茸毛。单叶互生,叶二回羽状深裂、裂片5~10对,近披针形,长5~10 cm,边缘外卷,叶背密生银灰色绢毛。春季开花,总状花序,花橙色、白色或红色,未开放时弯曲管状,长约1 cm。果有细长花柱宿存。

银桦原产于大洋洲,我国主要在南部及西南部引种栽培。宜作行道树、庭荫树;亦适宜低山营造速生风景林、用材林。

(九)蓼科

1.萹蓄 *Polygonum aviculare* L.

萹蓄

一年生草本,高10~40 cm。茎直立或平卧,具棱槽,无毛,从基部分枝。叶蓝绿色或鲜绿色,披针形、窄椭圆形、宽卵状披针形或倒宽卵形,长1~4 cm,宽3~10 mm,先端圆钝或稍尖,基部狭楔形,全缘,两面无毛,背面叶脉突起;叶柄短或近无柄;托叶鞘膜质,具明显或稍明显的脉纹,下部褐色或火红色,上部白色,先端多裂。花被长2~2.5 mm,5深裂,花被片椭圆形,绿色,边缘白色、粉红色或紫红色。瘦果卵形,长2~3 mm,具3条棱,黑褐色,密生小点,无光泽或稍有光泽。花果期5—9月。

萹蓄在我国南北各地，以及欧、亚、美三洲北温带等地区都有分布。全草可入药，有杀虫止痒的功效；也可用于草坪绿化。

2. 齿果酸模 *Rumex dentatus* L.

又名羊蹄大黄、土大黄。一年生或多年生草本，根粗大，茎直立，高1 m左右，多分枝，绿色。叶互生，具长柄；叶片椭圆形或椭圆状披针形，基部圆形或浅心形，叶脉在下面突起；托叶鞘膜质，筒状。花序顶生或腋生；花序上通常有叶，花簇呈轮状排列；花小，两性，黄绿色；花梗基部有关节；花被片6枚，呈2轮排列，内花被片果时增长，长卵形，具明显网纹，边缘有长短不齐的刺状齿。瘦果三角形，有3条锐棱，褐色、平滑、光亮。

齿果酸模

齿果酸模在国内分布于西南、华北、华南等地区。根茎可入药，用于清热解毒、止血通便、补经凉血。

(十)商陆科

商陆 *Phytolacca acinosa* Roxb.

别名山萝卜、水萝卜、土人参。多年生草本，高0.5~1.5 m。叶互生，卵圆形或椭圆形，长12~25 cm，宽5~10 cm；叶柄长3 cm。总状花序顶生或与叶对生；花被片5枚，卵形；雄蕊8枚；心皮8~10枚，离生。果穗直立，浆果扁球形，紫黑色，具宿存花被。花期6—7月，果期8—9月。

商陆

商陆在我国除东北、内蒙古、青海、新疆外均有分布。茎可入药，有逐水消肿、通利二便、泻水、解毒散结的功效。

(十一)紫茉莉科

1. 光叶子花 *Bougainvillea glabra* choisy

又称三角梅、三叶梅，紫茉莉科叶子花属常绿攀缘灌木。有枝刺，枝条常拱形下垂，密被柔毛。单叶互生，卵形或卵状椭圆形，长5~10 cm，全缘，密生柔毛。花3朵顶生，各具1枚叶状大苞片，紫或红色，椭圆形，长3~3.5 cm；花被筒长1.5~2 cm，淡绿色，顶端5裂。瘦果有5棱。变种花苞片为砖红色；品种有红花重瓣、白花重瓣、斑叶等。

光叶子花

光叶子花原产于巴西，我国华南、西南各地均有栽培。主要用于园林绿化。

2. **紫茉莉** *Mirabilis jalapa* L.

多年生草本花卉。株高40~100 cm，茎直立，多分枝，节部膨大。单叶，对生，卵形。花常数朵簇生于枝顶、叶腋，花冠漏斗状，边缘呈5浅裂。7—9月开花，花色有紫红、白、粉、蓝及黄色等。果期9—10月，种子黑褐色，瘦果球形。

紫茉莉原产于南美洲，我国各地均有栽培，供观赏。宜于林缘周围大片自然栽植，或房前屋后、篱旁路边丛植点缀，也可作树桩状露根式盆栽。根叶可入药。

紫茉莉

（十二）马齿苋科

马齿苋 *Portulaca oleracea* L.

又名长寿菜、瓜子菜。一年生草本，通常匍匐，肉质，无毛。茎带紫色。叶楔状长圆形或倒卵形，长10~25 mm，宽5~15 mm。花3~5朵生于枝顶端，黄色，中午开放最盛；花瓣4~5裂，裂片顶端凹；雄蕊10~12枚；花柱顶端4~5裂，线形，伸出于雄蕊上。种子细小，扁圆，黑色，表面有细点。

马齿苋在全世界温带和热带地区均有分布。性寒，味酸，有清热、解毒、止痢的功效。

马齿苋

（十三）石竹科

1. **石竹** *Dianthus chinensis* L.

多年生草本，高约30 cm。茎簇生，直立，无毛。叶条形或宽披针形，有时为舌形，长3~5 cm，宽3~5 mm。花顶生于分叉的枝端，单生或对生，有时为圆锥状聚伞花序；花下有4~6枚苞片；花萼圆筒形，萼齿5枚；花瓣5枚，鲜红色、白色或粉红色，瓣片扇状倒卵形，边缘有不整齐浅齿裂，喉部有深色斑纹和疏生髯毛，基部具长爪；雄蕊10枚；子房矩圆形，花柱2个，丝形。蒴果矩圆形；种子灰黑色，卵形，微扁，缘有狭翅。

石竹在国内广泛分布于东北、华北、西北和长江流域；朝鲜也有；现世界各国广泛栽培。全草作利尿药。

石竹

2. 漆姑草 *Sagina japonica* (Sw.) Ohwi

一年生或二年生小草本。茎多数簇生，稍铺散，高5~8(15)cm，只上部疏生短柔毛，其余部分无毛。叶条形，长5~10(20)mm，宽约1 mm，叶基部相连处薄膜质，微成短鞘状。花小，单生于枝端叶腋；花梗细长，长1~2 cm，疏生短柔毛；萼片5枚，卵形，疏生短柔毛；花瓣5枚，白色，卵形，比萼片稍短，全缘；雄蕊5枚，比花瓣短；子房卵形，花柱5个，丝形。蒴果卵形，微长于宿存萼片，5瓣裂，有多数种子；种子微小，密生瘤状突起。

漆姑草

漆姑草主要分布于长江流域、黄河流域和东北南部；朝鲜、日本、印度也有分布；常生于山地或田间路旁草地。全草入药，可退热解毒。

3. 高雪轮 *Atocion armeria* (L.) Raf.

一年生草本，高30~50 cm。茎直立，粉绿色，近无毛，或有疏柔毛，上部有黏液。叶对生，卵形或卵状披针形，长2.5~7.0 cm，宽0.7~3.0 cm，基部微心形，抱茎，顶端急尖或钝，无毛。花两性；花序为伞房状；花梗短；花萼管状棒形，长约15 mm，具10条纵脉，顶端具5齿，基部脐形；花瓣5枚，粉红色或淡紫色，瓣片倒卵状楔形，长4~7 mm，顶端微缺或全缘，耳不明显；副花冠2枚，线形，长2~3 mm；雄蕊10枚，花柱3个。蒴果长椭圆形，长6~7 mm，顶端6齿裂；种子肾形，具瘤状突起。花期5—6月。

高雪轮

高雪轮原产于欧洲，我国各城市公园和庭院栽培供观赏。

4. 繁缕 *Stellaria media* (L.) Vill.

直立或平卧的一年生草本，高10~30 cm。茎纤弱，基部多分枝，茎上有一行短柔毛，其余部分无毛。叶卵形，长0.5~2.5 cm，宽0.5~1.8 cm，顶端锐尖；有或无叶柄。花单生于叶腋或为顶生疏散的聚伞花序，花梗长约3 mm，花后不下垂；萼片5枚，披针形，长4 mm，有柔毛，边缘膜质；花瓣5枚，白色，比萼片短，2深裂近基部；雄蕊10枚；子房卵形，花柱3~4个。蒴果卵形或矩圆形，顶端6裂；种子黑褐色，圆形，密生纤细的突起。

繁缕

繁缕广布于全国各地，亦在世界其他地方广泛种植，常生于田间、路旁或溪边草地。全草入药，有消炎抗菌之效；可作饲料。

(十四)苋科

1. 土荆芥 *Dysphania ambrosioides* (L.) Mosyakin & Clemants

一年生或多年生草本。茎直立,高可达1 m,有分枝,茎有纵槽纹,被腺毛,揉之有特殊芳香。叶互生,具短柄,着生于茎基部的叶为长椭圆形至长椭圆状披针形,长3~16 cm,边缘有不规则的钝齿及波浪边缘;着生在茎上部的叶较小,全缘,逐步变狭小而成线形或线状披针形的苞片,叶背有腺点。花杂性,绿色,顶生或腋生,穗状花序;萼片5枚,有时3枚;无花瓣,雄蕊5枚;子房上位,1室。胞果,长不及1 mm,包藏在萼内。

土荆芥

土荆芥主要分布在我国南部和西南部,常生于村落附近旷地、田边较低湿的地方。味辛、苦,芳香,有小毒,有特殊臭气。除直接应用全草外,尚可提取挥发油,能杀虫驱虫、祛风消肿、祛湿止痒。

2. 藜 *Chenopodium album* L.

别名粉仔菜、灰条菜、灰藋、白藜,一年生草本植物,高60~120 cm。茎直,粗壮,多分枝。叶互生,叶片菱状卵形或披针形,长3~6 cm,宽2.5~5 cm,边缘有不整齐的锯齿。秋季开黄绿色小花,花两性,数个排成团伞花簇,多数花簇排成腋生或顶生的圆锥花序。胞果全包于花被内或顶端稍露,果皮薄,和种子紧贴。种子双凸镜形,光亮。

藜

藜常生于田间路边、旷野宅旁等处,在全国各地均有分布,并广布于世界各地。全草入药,有小毒;能清热利湿,止痒透疹。幼苗饲牲畜,亦可作野菜食用;种子可榨油。

3. 牛膝 *Achyranthes bidentata* Blume

多年生草本,高30~110 cm。茎直立,方形,有疏柔毛,茎节膨大。叶对生,椭圆形或阔披针形,顶端锐尖,基部楔形,全缘,幼时密生毛,成长后两面有疏毛。穗状花序顶生和腋生,每花有1枚苞片,上部突出成刺;小苞片坚刺状,略向外曲;花被片5枚,绿色,披针形,雄蕊5枚,花丝带状,基部连合成筒。胞果长圆形。花期7—9月,果期9—10月。

牛膝

牛膝除东北外在全国广布;在朝鲜、俄罗斯、印度、越南、菲律宾、马来西亚,以及非洲等国家和地区均有分布。全草入药补肝肾,强筋骨,逐瘀通经,引血下行。

4. **喜旱莲子草** *Alternanthera philoxeroides* (Mart.) Griseb.

又称空心莲子草、革命草、水花生等。多年生宿根草本；茎基部匍匐、上部伸展，中空，有分枝，节腋处疏生细柔毛。叶对生，长圆状倒卵形或倒卵状披针形，先端圆钝或急尖，有芒尖，基部渐狭，表面有贴生毛，边缘有毛。头状花序单生于叶腋，总花梗长1~6 cm；苞片和小苞片干膜质，宿存；花被片5枚，白色，不等大；雄蕊5枚，基部合生成杯状，退化雄蕊顶端分裂成窄条；子房倒卵形，柱头头状。花期5—11月。

喜旱莲子草原产于巴西；我国引种于上海、江苏、浙江、广东等地。全草入药，可清热、凉血、解毒。

喜旱莲子草

5. **千日红** *Gomphrena globosa* L.

一年生草本，茎直立多分枝，节部膨大。头状花序，单生或两三簇生于枝顶，覆瓦状，花序球形。每花有小苞片两个，膜质呈紫红色，因此也叫火球花、红火球。经久不变的颜色是苞片的颜色，而不是花冠的颜色。常有变种，白色叫千日白，粉色叫千日粉，还有淡黄和浅红色的变种。花果期6—9月。

千日红原产于我国和印度，全国范围内均有种植，是主要的花坛及盆栽花卉。

千日红

（十五）木兰科

1. **二乔玉兰** *Yulania* × *soulangeana* (Soul.-Bod.) D. L. Fu

落叶小乔木，高6~10 m。小枝无毛。叶倒卵形，先端短急尖，叶面中脉基部常有毛，背面多少被柔毛，叶柄被柔毛，托叶痕长为叶柄的三分之一。花先叶开放，花大，呈钟状，紫色或红色，里面白色，有芳香，花被片6~9枚。蓇葖果黑色，具白色皮孔，种子深褐色。花期2—3月，果熟期9—10月。

二乔玉兰在我国大部分地区均有分布，是优良的观赏树种。

二乔玉兰

2. **玉兰** *Yulania denudata* (Desr.) D. L. Fu

又名白玉兰，落叶乔木，高达25 m，胸径60 cm。冬芽密被黄绿色茸毛，小枝淡灰褐色或灰色，具环状托叶痕。叶纸质，互生，倒卵状矩圆形，全缘，长10~15 cm，先端短突尖，基部楔形或阔楔形，基部背面有柔毛，主要在叶脉上。叶柄被柔毛，有托叶痕。花大，先叶开放，顶生，白色微香，直径12~15 cm；花被片9枚，长圆状倒卵形，无萼片；雄蕊和雌蕊均多数。聚合果圆筒形，长8~12 cm，淡褐色；果梗有毛。花期2—3月，果熟期9—10月。

玉兰

玉兰原产于我国安徽、浙江、江西、湖北、贵州、湖南及广东北部，现全国各大城市皆有栽培，是常见的绿化观赏树种。花可食用，种子可榨油，树皮可入药。花蕾入药，有散风寒，治头痛、鼻窦炎的功效。玉兰对二氧化硫、氯气等抗性较强，可以在大气污染较严重的地区栽植。

3. **荷花木兰** *Magnolia grandiflora* L.

又叫荷花玉兰，常绿乔木。高可达30 m，树皮灰褐色。小枝和芽均有锈色柔毛。叶椭圆形或倒卵状矩圆形，厚革质，长10~20 cm，宽4~9 cm，顶端钝尖，基部楔形，全缘，表面深绿色有光泽，背密生锈褐色茸毛，边缘微反卷。叶柄长约2 cm，嫩时有淡黄色茸毛。花为荷花状，白色，通常6瓣，有时多为9瓣，长7~8 cm，顶生，有香味；心皮密生长茸毛。聚合果圆筒形，长6~8 cm，密生锈褐色茸毛，果熟时露出红色的种子。蓇葖果卵圆形，紫褐色，顶端有外弯的喙。花期5—6月，果熟期9月下旬。

荷花木兰

荷花木兰原产于北美东南部，现我国长江以南各城市皆有栽培。为观赏树木；花可制鲜花浸膏；叶供药用，治高血压。对二氧化硫、氯气等抗性强，可在大气污染严重的地区栽植。

4. **鹅掌楸** *Liriodendron chinense* (Hemsl.) Sarg.

落叶乔木；高达40 m，胸径1 m以上；1年生枝灰色或灰褐色。叶马褂状，长4~18 cm，宽5~19 cm，每边常有2裂片，背面粉白色，老叶背部有白色乳状突点；叶柄长4~8 cm。花杯状；直径4~6 cm；花被片淡绿色，外面绿色较多而内侧黄色较多；长3~4 cm；花瓣长3~4 cm，花丝短，约0.5 cm。雄蕊和心皮多数，花药长10~15 mm。聚合果纺锤形，长7~9 cm，小坚果有翅，顶端钝。花期5—6月；果10月成熟。

鹅掌楸

鹅掌楸在国内分布十分广泛，另在北美东南部和越南等地也有分布。是优美的庭荫树和行道树，可独栽或群植。

树皮入药，有祛风湿之效。

5. 含笑花 *Michelia figo* (Lour.) Spreng.

常绿灌木或小乔木，高3~5 m。嫩枝密生褐色茸毛，叶互生，椭圆形或倒卵状椭圆形，革质，花单生于叶腋，花小，直立，乳黄色，花开而不全放，故名“含笑”。花瓣肉质，香气浓郁，有香蕉味，4—6月开花。

含笑花原产于我国华南南部，为亚热带树种，现长江流域广有栽培，为家庭养花之佳品。花可提取芳香油，并可制茶饮用。

含笑花

6. 白兰 *Michelia × alba* DC.

又名黄桷兰、白兰花。常绿乔木，可高达17 m，叶互生，托叶痕几达叶柄中部，叶薄革质，长椭圆形或披针状椭圆形，上面无毛，背面疏生微柔毛；树皮灰色。花单生于叶腋，白色，极香；花被片10片以上，披针形；雄蕊群有长约4 mm的柄；聚合果，蓇葖革质，花期4—9月，夏季盛开。

白兰原产于印度尼西亚爪哇，现我国南方地区多有栽培，是著名的观赏树。花可药用，叶可提取芳香油，根也可作药用。

白兰

（十六）蜡梅科

蜡梅 *Chimonanthus praecox* (L.) Link

落叶或半常绿大灌木，最高可达4~5 m，丛生性，其根茎块状、发达。老枝近圆柱形，灰白色，粗糙，椭圆形皮孔特别明显；嫩枝节部膨大，四棱形，表面光滑。叶为单叶，对生，椭圆状至卵状披针形，全缘，纸质，顶端渐尖，基部圆形或阔楔形。表面绿色而粗糙，背面白色而光滑，长7~15 cm。先叶开花，花两性，花多生长于去年生枝条下部，有芳香，直径2.5 cm。花被多数，外部花被片卵状椭圆形，黄色，内层较小，紫红色；中层较大，黄色稍有光泽，似蜡质，稍透明；内层基部紫色至全紫色，成对着生或叶芽生，有浓香；花朵最外层由细小鳞片组成；萼片与花瓣相似，不易区别；心皮离生，着生在一中空的花托内，成熟时花托椭圆形，长约4 cm，发育成蒴果状，口部收缩，内含栗褐色小瘦果数粒，8月份成熟。花期11至翌年3月。

蜡梅

蜡梅在我国广泛栽培，作观赏植物。茎入药，有止咳平喘之效。

(十七)樟科

1.黑壳楠 *Lindera megaphylla* Hemsl.

常绿乔木,高达25 m,树皮灰黑色。小枝较粗,无毛。叶片倒卵状披针形或倒卵状长椭圆形,长10~23 cm,羽状脉,叶背面灰白色,基部楔形,先端尖或渐尖。伞形花序常成对生于叶脉,花裂片椭圆形。花期3—4月,果期9—10月。

黑壳楠产于中国四川、贵州、云南、福建、广东、江西、陕西、甘肃、湖北等地。以根、枝、树皮入药;味辛、微苦,性温;有祛风除湿,消肿止痛等功效。

黑壳楠

2.樟 *Camphora officinarum* Nees

又名香樟树、樟树,常绿大乔木,树冠广卵形。树皮黑灰褐色,纵裂。单叶,互生,薄革质,卵状椭圆形,长5~8 cm,全缘,有时上半部呈波状,离基3出脉,脉腋有腺体,叶表面暗绿色,背面微被白粉。圆锥花序腋生;花小,淡黄绿色,6裂。浆果球形,直径约6 mm,成熟后紫黑色,有杯状果托。花期5月,果熟期10—11月。

香樟树是我国特产,分布在长江流域等地区,江西、台湾栽培较多;日本也有。是贵重家具、高级建筑、船、木雕等理想的用材。香樟还用于芳香油行业、工业用油行业,也用作土农药、中草药,也是常用的绿化树。

樟

3.天竺桂 *Cinnamomum japonicum* Siebold

常绿乔木,高10~15 m。单叶,互生或对生,薄革质,叶卵形、卵状披针形,背面有白粉,有毛,离基3出脉在表面显著隆起。花期4—5月,果期9—10月。

天竺桂产于浙江、安徽南部、湖南、江西及西南等地。为较好的园林绿化树种,树皮和叶可以入药。

天竺桂

（十八）毛茛科

石龙芮 *Ranunculus sceleratus* L.

一年生草本，全株几无毛，多枝，地下有白色须根。茎粗壮，株高15~60 cm。根生叶丛生，有柄，单叶3深裂，圆形、肾脏形或心脏形，长3~4 cm，宽1.2~4 cm，基部广心形，侧裂片2裂，中裂片楔形，钝头，边缘浅裂，且有钝粗齿牙；茎叶互生，基部膜质，扩大，通常3全裂，裂片狭窄不分裂或3裂，先端钝圆；最上部叶几无柄，裂片矩圆线形，有光泽，无毛。春时上部多分枝，上生黄色小花；花径6~8 mm；萼片5枚，外面带微毛，花时反卷；花瓣5枚，与萼片等长，平开，倒卵形，有光泽，基部有1个小鳞片；雄蕊与雌蕊均多数，花药呈长椭圆形，子房细小。聚合果椭圆形至长椭圆状圆柱形，花托长7~12 mm，无毛或散生白毛，瘦果多数，广卵圆形，无毛，长1~1.2 cm，花柱甚短。花期3—6月。

石龙芮

石龙芮在我国南北各地皆有分布。全草有毒；药用可治淋巴结核、疮毒和毒蛇咬伤等症。

（十九）小檗科

1. 十大功劳 *Mahonia fortunei* (Lindl.) Fedde

粗壮常绿灌木，株高2 m。奇数羽状复叶，小叶7~13枚，均无柄，狭披针形，顶端急尖或渐尖，边缘有刺针状锯齿，革质；上面亮绿色，有6~13个锐齿；下面淡绿色，平滑而有光泽；秋后叶色转红，艳丽悦目。总状花序直立，密生多数小花，4~8个簇生；花小，黄色；花梗长1~4 mm。浆果圆形或长圆形，长4~5 mm，蓝黑色，有白粉。花期7—8月。

十大功劳

十大功劳原产于我国中部，现各地广为栽培，为观赏树种。花可提取芳香油，又能解暑生津；根、茎可入药。

2. 南天竹 *Nandina domestica* Thunb.

常绿灌木，高达2 m。丛生，茎直立，不分枝，枝鞘常为红色。叶对生，二至三回羽状复叶，小叶革质，近无柄，椭圆状披针形，先端长尖，基部楔形，全缘，深绿色，秋季常变红色，两面光滑无毛。圆锥花序顶生；花小，白色；萼片多轮，外轮较小、卵状三角形，内轮较大、卵圆形。浆果球形，鲜红色；种子扁圆形。花期5—7月，果熟期9~10月。

南天竹

南天竹产于福建、浙江、山东、江苏等地，日本也有分布，北美也有栽培，是优美的观叶、观果树种，也可盆栽观赏。果实、根、叶可供药用。

(二十)莲科

莲 *Nelumbo nucifera* Gaertn.

莲

多年生挺水植物,根状茎粗短。叶具细长叶柄,浮于水面,圆心形或肾圆形,纸质或近革质,长5~12 cm,宽3.5~9 cm,先端钝圆,基部具深弯缺,全缘,无毛,上面浓绿。花期5—9月,花单生于细长的花梗顶端,花瓣粉色、红色、白色,漂浮于水,也有挺水而出的,直径3~6 cm。聚合果球形,种子多数,椭圆形。

莲在我国南北各地皆有分布,也广泛分布于日本、朝鲜、印度、俄罗斯,以及欧洲等地。为美丽的庭园水生观赏花卉。

(二十一)三白草科

蕺菜 *Houttuynia cordata* Thunb.

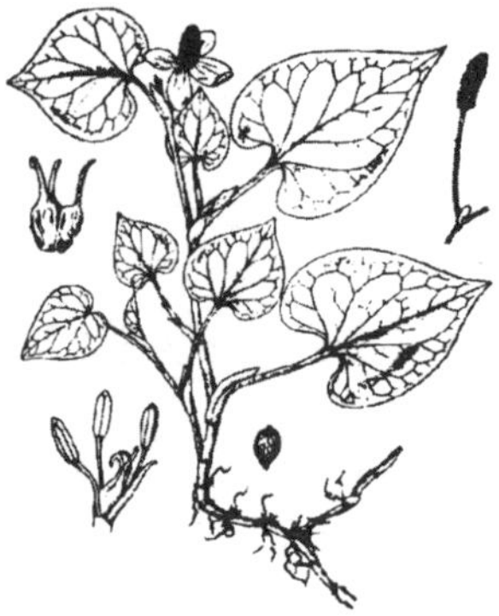

蕺菜

又名蕺儿根、侧儿根。多年生草本,高15~50 cm,有腥气,茎下部伏地,生根,上部直立。叶互生,心形或阔卵形,脉上稍被柔毛,下面紫红色,穗状花序生于茎顶,与叶对生,基部有白色花瓣状苞片4枚,花小,无花被。

蕺菜广泛分布在我国南方各地,西北、华北部分地区及西藏也有分布。是我国重要的食药兼用植物。

(二十二)山茶科

山茶 *Camellia japonica* L.

山茶

别名茶花、山茶花。常绿阔叶灌木或小乔木。枝条黄褐色,小枝呈绿色或绿紫色至紫褐色。花两性,常单生或2~3朵着生于枝梢顶端或叶腋间。花梗极短或不明显,苞片及萼片共9~10枚,覆瓦状排列,被茸毛。花单瓣,花瓣5~7片,呈1~2轮覆瓦状排列,花朵直径5~6 cm,色大红,花瓣先端有凹或缺口,基部连生成一体而呈筒状;雄蕊发达,多达100余枚,花丝白色或有红晕,基部连生成筒状,集聚花心,花药金黄色;雌蕊发育正常,子房光滑无毛,3~4室,花柱单一,柱头3~5裂,结实率高。一年有两次枝梢抽生,第一次为春梢,于3—4月抽生;夏梢,于7—9月抽生。花期长,多数品种为1~2个月,单朵花期一般为7~15 d;花期2—3月。

山茶原产于中国，主产于浙江、江西、四川及山东等地；日本、朝鲜半岛等也有分布；现各地多栽培。山茶为我国著名观赏花卉，木材细致可作雕刻；花供药用，有收敛止血之功效；种子可榨油，供食用。

（二十三）金丝桃科

金丝桃 *Hypericum monogynum* L.

常绿灌木，丛状或通常有疏生的开张枝条。单叶对生，长椭圆形或广披针形，先端圆钝或尖，基部渐狭或圆形，柄极短，叶面深绿色，叶背粉绿色，有稀疏的油点。5—8 月开花，花单生于枝端，或为疏松的近伞房花序，花金黄色。

金丝桃产于陕西、四川、云南、贵州、江西、湖南、湖北、安徽、江苏、浙江、福建等地，为较好的园林树种。

金丝桃

（二十四）罂粟科

虞美人 *Papaver rhoeas* L.

一或二年生草本植物，株高 30~90 cm，茎细长，分枝细弱。全株被茸毛，具白色乳汁。叶互生，叶片为不整齐的羽状分裂，有锯齿，花单生于茎顶，具长梗，花蕾下垂，花开后花梗直立，花朵向上，花瓣质薄，具光泽，似绢。花径 4.5 cm 以上。花瓣宽倒卵形或近圆形，全缘或稍裂。有半重瓣和重瓣品种。花色有深红、鲜红、粉红、紫红、淡黄、白色和复色，有的具不同颜色镶边，有的在花瓣基部具黑色斑点。

虞美人原产于欧洲和亚洲，北美也有分布；我国大部分地区均可种植。是春季美化公园、绿地、庭园的理想花卉。

虞美人

（二十五）十字花科

诸葛菜 *Orychophragmus violaceus*（L.）O. E. Schulz

又名紫金草、二月蓝等。一或二年生草本，高 10~50 cm，有白粉。叶有时变化很大；基生叶和下部茎生叶大头状羽裂，顶生裂片特别大，圆形或卵形，侧生裂片小，1~3 对，长圆形，全缘或有牙齿状缺刻；茎上部叶无柄，长圆形或狭卵形，顶端短尖，基部耳状抱茎，边缘有不整齐的牙齿。总状花序，顶生 5 花，淡紫色，直径约 2 cm；萼片淡紫色，线状披针形；花瓣长卵形，有密的细脉纹，爪部渐狭呈丝

诸葛菜

状。长角果线形，长6~9 cm，略有四棱，果瓣中脉明显，顶端有钻状喙，长约2 cm；果梗粗短；种子每室1行，卵形至长圆形，长1.5~2 mm，稍扁平，黑褐色，无翅。花期4—5月，果期5—6月。

诸葛菜在辽宁、河北、河南、山东、山西、陕西、江西、湖北等地常见栽培。花供观赏；嫩茎叶可作野菜食用。

（二十六）悬铃木科

二球悬铃木 *Platanus acerifolia* (Aiton) Willd.

二球悬铃木

落叶大乔木，高达35 m，枝条开展，树冠广阔，树皮灰绿色，不规则剥落，剥落后呈粉绿色，光滑，叶似五角形，3~5裂近中部，裂片边缘疏生牙齿，幼时密生星状柔毛，后变无毛，花序球形，通常两个生于一串上，花单性，雌雄同株，花丝极短，花柱长；聚花果基部有长毛，果树上有2个球状果序。

二球悬铃木原产于英国，世界各国都有栽培。常用作行道树。

（二十七）金缕梅科

蚊母树 *Distylium racemosum* Siebold et Zucc.

蚊母树

常绿灌木或小乔木，小枝和芽有鳞垢或鳞毛。叶厚革质，椭圆形或倒椭圆形，顶端钝或稍圆，基部楔形，全缘，下面无毛，侧脉在上面不明显，在下面略隆起，总状花序，苞片披针形，萼筒极短、花后脱落，萼齿大小不等，有鳞毛，花瓣不存在；蒴果卵圆形。

蚊母树主要分布在福建、浙江、广东等地。主要用于布置园林，常作盆栽、花坛栽培。

（二十八）景天科

凹叶景天 *Sedum emarginatum* Migo

凹叶景天

为多年生匍匐状肉质草本。高10~17 cm，茎节的下部平卧于地面或地下，节上生有不定根；上部直立，淡紫色，略呈四棱形；叶片顶端圆而且有一个凹陷；枝叶密集如地毯，花较小，黄色，着生在花枝的顶端。4—5月开花，6—7月结果。室外越冬时部分叶片紫红色。

凹叶景天产于云南、四川、湖南等地，生长在海拔600~1800 m的山坡阴湿处。适作封闭式的地被植物材料。

(二十九)虎耳草科

虎耳草 *Saxifraga stolonifera* Meerb.

多年生草本,高8~45 cm,有细长的匍匐茎。叶全部基生或有时1~2个生于茎下部;叶片肾形,长1.7~7.5 cm,宽2.4~12 cm,不明显的9~11浅裂,边缘有不规则齿牙,两面有长伏毛,下面常红紫色或有斑点;叶柄长3~21 cm,与茎都有伸展的长柔毛。圆锥花序稀疏;花梗有短腺毛;花不整齐;萼片5枚,稍不等大,卵形,长1.8~3.5 mm;花瓣5片,白色,披针形,雄蕊10枚,心皮合生。

虎耳草

虎耳草原产于我国及日本、朝鲜;广泛分布于我国台湾地区和华南、西南、河南南部等山区阴湿地。是观赏价值较高的室内观叶植物之一。

(三十)海桐科

海桐 *Pittosporum tobira* (Thunb.) W. T. Ation

小乔木或灌木,高2~6 m,枝条近轮生;叶聚生枝端,革质,狭倒卵形,顶端圆形或微凹,边缘全缘,无毛或近叶柄处疏生短柔毛;花序近伞形,多少密生短柔毛,花有香气,白色或淡黄绿色;蒴果近球形,果皮木质,种子暗红色。因苍蝇传粉而不被作为重点环境植物。

海桐产于我国东南各地;朝鲜、日本亦有分布。是较好的园林绿化树种,根、叶和种子可入药。

海桐

(三十一)蔷薇科

1. 紫叶李 *Prunus cerasifera* 'Atropurpurea'

又名红叶李,落叶小乔木,高达8 m。树冠圆形或扁圆形,多直立,长枝,质较脆,枝光滑无毛,红褐色。叶卵形至倒卵形,边缘具重锯齿,全叶紫红色,早春花先叶而开,花多单生或稀2朵,生于叶腋,白色、淡粉红色。核果小,球形,暗红色。果枝、叶片及果实为暗红色。花期3—4月,果期8月。

紫叶李在我国园林中常见栽培,是较好的园林绿化树种。

紫叶李

2. **日本晚樱** *Prunus serrulata* var. *lannesiana* (Carrière) Makino

日本晚樱

落叶乔木，高达16 m，树皮粗糙，带银灰色；枝粗壮而开张。叶片椭圆状卵形、长椭圆形至倒卵形，长5~12 cm，宽3~6 cm，边缘有渐尖的单或重锯齿，多少带刺芒状，表面无毛，背面沿叶脉有短柔毛，叶柄上部有腺体。花3~6朵成伞房状总状花序，多重瓣，有芳香，花序梗短；花先于叶开放，初开放时淡红色，后白色，直径2~3 cm；花柄长约2 cm，有短柔毛；萼筒管状，带紫红色，外有短柔毛，萼片边缘有细齿；花瓣顶端内凹；花柱近基部有柔毛。核果近球形，熟时由红色变紫褐色，直径约1 cm。花瓣顶端有凹陷，心皮有时变为叶状。花期3—5月。

日本晚樱在日本有悠久的栽培历史；我国有栽培，引自日本。是重要的园林观花树种，宜作行道树。可盆栽或作切花材料。

3. **樱桃** *Prunus pseudocerasus* Lindl.

樱桃

落叶小乔木，高可达8 m，基部枝干有丛生气根。叶卵圆形、倒卵形或椭圆形，边缘有尖锐重锯齿，齿尖有小腺体。花2~6朵成总状花序，花先叶开放，花瓣白色，先端凹缺。核果球形，红色，直径0.9~1.3 cm，花期3—4月，果期5—6月。

樱桃分布于我国长江流域，东北及其他地方也有；日本、朝鲜半岛有分布；是较好的水果之一。

4. **垂丝海棠** *Malus halliana* Koehne

垂丝海棠

落叶小乔木。树冠疏散，枝条开展，小枝紫色。单叶互生，卵形或长卵形，先端渐尖，叶面深绿色，有光泽，边缘具圆钝细锯齿。4月开花，鲜玫瑰红色，伞房花序，花4~7朵簇生，花梗紫色，细长而下垂。果熟期10月，果倒卵形，紫色。

垂丝海棠在我国各地广泛栽培，在江南庭园中尤为常见，北方常盆栽供观赏。

5.碧桃*Prunus persica* 'Duplex'

别名桃花。落叶小乔木。高可达8 m左右，树皮灰褐色，光滑无毛，有横环纹；小枝红褐或褐绿色，无毛，芽有细毛。叶互生，椭圆状披针形，先端渐长尖，基部阔楔形，边缘有细锯齿，无毛，叶柄有腺点。花单生，粉红色。核果近球形，一侧有纵沟，表面密被短茸毛。花期3—4月，果熟期6—9月。

碧桃在我国各地均有栽培。是园林绿化树种；也可盆栽造型供观赏。果可食用，枝、叶、花、果和根可入药。

碧桃

6.月季花*Rosa chinensis* Jacq.

常绿或半常绿直立灌木，枝开展，通常具钩状皮刺。奇数羽状复叶，小叶3~5枚，广卵状至卵状椭圆形，长2.5~6 cm，先端尖，边缘有锐锯齿，两面无毛，表面有光泽，暗绿色；背面淡绿色。叶柄和叶轴散生皮刺和短腺毛；托叶大部附生在叶柄上，边缘有具腺纤毛，顶端分离部分呈羽状。花常数朵簇生，罕单生，花径约5 cm，深红、粉红至近白色，微香；萼片常羽裂，边缘有腺毛；花梗多细长，有腺毛。果卵形至球形，红色。花期4月下旬至10月；果熟期9—11月。

月季花原产于中国，现各地普遍栽培。是园林绿化中最常用的观花灌木，也可盆栽。干花可入药。

月季花

7.枇杷*Eriobotrya japonica* (Thunb.) Lindl.

常绿小乔木；小枝密生锈色或灰棕色茸毛。叶革质，倒披针形、倒卵形至矩圆形，先端尖或渐尖，基部楔形或渐狭成叶柄，边缘上部疏锯齿，表面多皱，亮绿色，背面及叶柄密生灰棕色茸毛，有柄。圆锥花序顶生，花梗及萼筒皆密生锈色茸毛；花白色，有芳香。果实球形或矩圆形，黄色或橘黄色；种子褐色。花期冬春，果熟期5—6月。

枇杷在我国长江流域有栽培；也分布于日本、印度以及东南亚地区。是结合生产的绿化树种。果甘美，为著名果品；叶、果仁供药用。

枇杷

8. **麻叶绣线菊** *Spiraea cantoniensis* Lour.

落叶灌木，高达1.5 m。小枝细而密集，拱曲，无毛。叶菱状披针形或菱状长圆形，羽状脉，叶边缘中部以上具缺刻状锯齿。伞形花序，花多且小，白色，单瓣或重瓣。花期3—4月，果熟期6月。聚合蓇葖果成熟后裂开。

麻叶绣线菊是常见的绿化树种，宜丛植、群植、片植，形成绿篱极为美观，也为蜜源植物。原产于我国东南地区，现我国南方地区均有分布。

麻叶绣线菊

9. **蛇莓** *Duchesnea indica* (Andrews) Focke

多年生草本，具长匍匐茎，有柔毛。三出复叶，小叶片近无柄，菱状卵形或倒卵形，长1.5~3 cm，宽1.2~2 cm，边缘具钝锯齿，两面散生柔毛或上面近无毛；叶柄长1~5 cm；托叶卵状披针形，有时3裂，有柔毛。花单生于叶腋，花梗有柔毛；花托扁平，果期膨大成半圆形，海绵质，红色；瘦果小，矩圆状卵形，暗红色。

蛇莓分布于辽宁以南各地；日本、阿富汗以及欧洲、美洲等国家和地区也有分布。宜栽在斜坡作地被植物。全株可入药。

蛇莓

10. **湖北海棠** *Malus hupehensis* (Pamp.) Rehder

落叶小乔木，株高6~8 m，枝硬直斜出，老枝紫色或紫褐色。叶卵状椭圆形，长5~10 cm；叶片绿色，秋季变成橙黄色至红色。白花，直径1.2 cm。花期4—5月，果实黄红色，有香气，9—10月果熟。

湖北海棠可在北至辽宁省南部，南至湖南、江西、四川北部的区域内良好生长。为优良观花树种及苹果砧木。

湖北海棠

11. **川滇蔷薇** *Rosa soulieana* Crép.

直立开展灌木。叶互生，奇数羽状复叶。花为圆锥状伞房花序，花稀单生或排成伞房花序、圆锥花序；花瓣5枚或重瓣。花小而密集，有香味，多为粉红色、红色，较少黄、白色，一年仅在5—6月开一次花。

川滇蔷薇广泛分布于我国四川、西藏、云南、安徽等地区，常生于路边、林缘和旷野。是较好的园林树种。

川滇蔷薇

12.七姊妹*Rosa multiflora* 'Grevillei'

丛生灌木，茎枝有刺，羽状复叶，叶通常较小，花重瓣，粉红色。茎枝细软，蔓生，亦可依附其他物体攀缘生长，羽状小叶多为7枚，倒卵形至长圆形，叶面光滑，叶缘为裂锯齿，冬季落叶。果实球形，9—10月成熟后为橙色。

七姊妹广泛分布于我国华北、华中、华东、华南及西南等广大地区，常生于路边、林缘和旷野。是较好的园林树种。

七姊妹

(三十二)豆科

1.槐*Styphnolobium japonicum* (L.) Schott

落叶乔木，高10~25 m；树冠圆形。树皮灰色或深灰色，粗糙纵裂，内皮鲜黄色，有臭味；枝棕色，幼时绿色，具毛，皮孔明显。叶为奇数羽状复叶，互生，小叶7~12枚，卵状披针形至卵形，长2.5~5 cm，宽1.5~2.6 cm，先端尖，基部浑圆，全缘，上面绿色，微亮，背面有白粉及细毛；小叶柄长2.5 mm；托叶镰刀状，早落。圆锥花序顶生；花萼呈浅钟状，具5个小齿，疏被毛；蝶形花冠乳白色或略带黄色，旗瓣阔心形、近圆形，凹头，有爪，微带紫脉，雄蕊10枚，不等长；子房筒状，花柱弯曲。荚果肉质，节荚之间紧缩成串珠状，长5 cm，黄绿色，无毛，不开裂。种子2~6粒，棕黑色，肾形。花期7—8月，果熟期9—10月。

槐

槐树在我国各地广泛栽培；日本也有。是园林绿化优良树种。花、果实可供药用，花为蜜源。

2.龙爪槐*Styphnolobium japonicum* 'Pendula'

是槐树的一个栽培品种。落叶乔木，奇数羽状复叶，小叶对生、卵形、全缘。顶生圆锥花序，花黄白色，花期6—9月，荚果念珠状，10—11月成熟。老枝盘曲，似游龙戏水，小树细小下垂，树冠如伞。落叶后，树枝曲折似龙爪，是庭园中的常见树种。

龙爪槐现在我国南北各地均有栽培，是优良的园林树种。

龙爪槐

3. **紫藤** *Wisteria sinensis* (Sims) Sweet

落叶藤本；小枝灰褐色至赤褐色，稍有细棱，叶痕灰色近圆形，明显凸出。奇数羽状复叶；小叶7~13枚，叶卵形或卵状披针形，先端渐尖，基部圆形或阔楔形，有细毛。总状花序侧生，长达20~30 cm，下垂；花大，密集而醒目，紫色，稍有芳香。每花序可着生花50~100朵。荚果坚硬，长10~20 cm，密生茸毛；种子扁圆形。花期5月，果熟期9—10月。

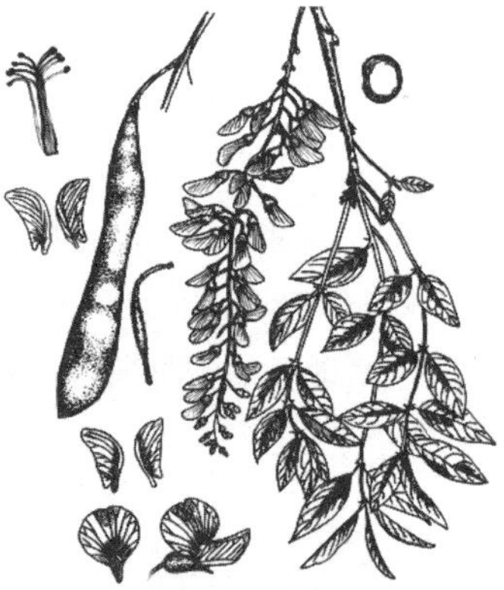

紫藤

紫藤产于我国山东、河南、河北、江苏、浙江及西南各地，广泛栽培。在园林中最适用于花架、走廊垂直绿化；也可盆栽，造型观赏。树皮纤维可制织物；种子可入药。

4. **刺槐** *Robinia pseudoacacia* L.

又名洋槐。落叶乔木，高1~25 m；树皮褐色，有纵裂纹。羽状复叶，小叶7~25枚，常对生，椭圆形或卵形，长2~5.5 cm，宽1~2 cm，顶端圆或微凹，有小尖头，基部圆形。花白色，花萼筒上有红色斑纹。花期4—6月，果期8—9月。

刺槐原产于美国，现我国各地广有栽培。是用材及防护林树种，亦可观赏，花为蜜源。

刺槐

5. **龙牙花** *Erythrina corallodendron* L.

灌木或小乔木，高可达4 m。枝上有刺。三出羽状复叶，叶柄和小叶中脉上有刺；顶生小叶比侧生小叶大，菱状卵形，长4~10 cm，宽3~7 cm，先端渐尖，基部圆形或阔楔形，全缘，无毛。总状花序腋生，细长，初被柔毛，后渐脱落，花先叶开放，或与叶同时开放；花大，红色，长4~6 cm；花萼钟状，口部斜截形，有刺芒状萼齿；花瓣长短不齐，旗瓣椭圆形，长4.5~6 cm；雄蕊10枚，为二体；子房有柄，有白色柔毛，花柱向上弯曲，柱头头状。荚果带状，长10 cm；种子深红色，有黑斑。花期6—7月。

龙牙花原产于热带美洲，现我国南方有栽培。是常见的绿化树种，树皮供药用。

龙牙花

6. **刺桐** *Erythrina variegata* L.

落叶乔木;具刺,易落。三出叶,具小腺质叶托;顶小叶卵形,长宽各10~15 cm,无毛,先端突尖,叶柄无毛、无刺;小叶柄基部具一对腺状体的托叶。总状花序,顶生,粗短花常密生;花萼钟形;旗瓣椭圆形,早落。荚果念珠状,长15~30 cm。

刺桐分布于长江流域。为优良的庭园和行道树种及盆栽树。

刺桐

(三十三)酢浆草科

红花酢浆草 *Oxalis corymbosa* DC.

又名铜锤草。多年生直立草本,无地上茎,地下部分有球状鳞茎,外层鳞片膜质,褐色,背具3条肋状纵脉,被长缘毛。内层鳞片呈三角形,无毛,叶基生叶柄,被毛,小叶3片,扁圆状倒心形,顶端凹入,两侧多圆形,与叶柄基部合生,总花梗基生,二歧聚伞花序,花梗苞片、萼片均被毛,花淡紫色至紫红色,果期3—12月。

红花酢浆草在我国各地广有栽培。全草入药,有清热消肿、散瘀血、利筋骨的效用。

红花酢浆草

(三十四)芸香科

1. **柚** *Citrus maxima* (Burm.) Merr.

常绿乔木,高5~10 m,树皮褐色平滑。小枝扁,被柔毛,有刺。叶互生,叶柄有倒心形宽翅;叶片宽卵形或椭圆状卵形,长8~20 cm,先端渐尖,顶部浑圆或微凹入,生于幼枝上的渐狭成一钝尖头,边缘有钝锯齿,下面脉上有时被疏毛。春季开白色花,单生或通常为腋生花束,极香,花瓣反曲,雄蕊20~25枚;子房圆球形,有一圆柱状花柱,柱头头状。

柚分布于我国西南、东南等地区;越南、印度、缅甸也有。是较好的水果,根叶有理气止痛、消积、解毒、祛风、消肿的功效。

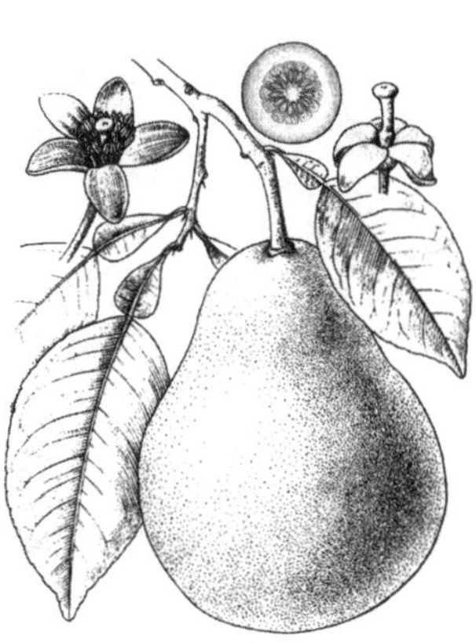
柚

2. **柑橘** *Citrus reticulata* Blanco

常绿小乔木或灌木，高约3 m，枝叶茂盛，小枝细弱，通常有刺。叶长卵状披针形。春季花香，花黄白色，单生或簇生于叶腋，10—12月果熟。

柑橘

柑橘分布于长江以南地区，是中国著名果树之一。

3. **枳** *Citrus trifoliata* L.

为落叶灌木或小乔木，株高1~5 m。小枝绿色，略扁平，具棱角，枝刺粗长，基部稍扁。掌状三出叶，顶生小叶倒卵形至卵状椭圆形，侧生小叶基部略偏斜。花白色，径3~4 cm，有香气，单生或成对腋生。果实近球形，黄绿色，有香气，果期9—10月。

枳

枳产于我国长江流域及中部地区。枳多用作屏障和绿篱，还是较好的柑橘砧木。

4. **竹叶花椒** *Zanthoxylum armatum* DC.

又名野花椒，常绿灌木，枝有皮刺。奇数羽状复叶，叶轴具翅，下面有皮刺；小叶3~9枚，对生，革质，长5~9 cm，宽1~3 cm，边缘具细锯齿，有透明腺点。聚伞圆锥花序腋生，花小，单性。花被片黄绿色；雄花雄蕊6~8枚；雌花子房上位，心皮2~4枚。蓇葖果红色，种子卵形。花期3—5月，果期8—10月。

竹叶花椒

竹叶花椒产于我国中部及南部的广东、广西、湖南、浙江、江苏等地，北至秦岭，而在秦岭以北则极为罕见。叶片可入药，治腹胀痛、肿毒、乳痈、皮肤瘙痒；果实为西南地区重要的调味料。

（三十五）苦木科

1. **臭椿** *Ailanthus altissima* (Mill.) Swingle

落叶乔木。叶为羽状复叶或单叶，揉之有臭味；花小，杂性或单性异株，排成顶生的圆锥花序；花萼和花瓣5枚；花盘10裂；雄蕊10枚，着生于花盘基部；子房2~5深裂；果为1~5个长椭圆形的翅果；种子1颗，生于翅的中央。

臭椿

臭椿产于湖北、四川、云南等地。种子可入药，有清热、消炎、止痛之功效。

2. 苦木 *Picrasma quassioides* (D. Don) Benn.

又名苦树。落叶乔木，高可达30 m，树冠呈扁球形或伞形。树皮灰白色或灰黑色，平滑，稍有浅裂纹。小枝粗壮。叶痕大，倒卵形，内具9个维管束痕。奇数羽状复叶，互生，小叶13~25枚，卵状披针形，边缘具有整齐的粗锯齿，叶总柄基部膨大，有臭味。5—6月开花，花雌雄异株，组成腋生复聚伞花序，花白色。核果蓝绿色，萼片宿存。

苦木在我国黄河流域及其以南各地均有分布；朝鲜、日本也有。木材可制家具；树皮可药用。

苦木

(三十六)楝科

楝 *Melia azedarach* L.

又名川楝，落叶乔木，高15~20 m；树皮丛裂。二至三回奇数羽状复叶，互生，长20~40 cm；小叶卵形至椭圆形，长3~7 cm，宽2~3 cm，边缘有钝锯齿，幼时被星状毛。圆锥花序与叶等长，腋生；花紫色或淡紫色，长约1 cm；花萼5裂，裂片披针形，被短柔毛；雄蕊10枚，花丝合生成筒。核果短矩圆形至近球形，长1.5~2 cm，淡黄色，4~5室；每室有种子一枚。

楝生于丘陵、田边，主产于我国西南地区。木材可制家具；种子可入药。为重要的生物防治药材资源。

楝

(三十七)无患子科

1. 三角槭 *Acer buergerianum* Miq.

落叶乔木，高达20 m；树皮暗灰色，片状剥落。叶倒卵状三角形、三角形或椭圆形，长6~10 cm，宽3~5 cm，通常3浅裂，裂片三角形，近于等大而呈三叉状，顶端短渐尖，全缘或略有浅齿，表面深绿色，无毛，背面有白粉，初有细柔毛，后变无毛。伞房花序顶生，有柔毛；花黄绿色，发叶后开花；子房密生柔毛。翅果棕黄色，两翅呈镰刀状，中部最宽，基部缩窄，两翅开展呈锐角，小坚果突起，有脉纹。花期4—5月，果熟期9—10月。

三角槭

三角槭分布于长江流域，北达山东，南至广东。木材优良，可制农具；也可栽培作绿篱。

2. 鸡爪槭 *Acer palmatum* Thunb.

鸡爪槭

落叶乔木，高可达10 m。树皮灰色，浅裂；枝常细弱，呈紫色、紫红色或略带灰色，幼时略被白粉。单叶，近圆形，径7~10 cm，7裂，稀5或9裂，裂深常达叶片直径的1/2或1/3，裂片长卵形至披针形，先端渐尖或尾尖，缘有细锐重锯齿，叶基心形或近心形，上面绿色，下面淡绿色，初密生柔毛，后脱落仅在脉腋间残留簇毛；叶柄较细软，长4~6 cm，无毛。花杂性，伞房花序，花形小；萼片5枚，卵状披针形，暗红色；花瓣5枚，椭圆形或倒卵形，较萼片略短，紫色；雄蕊8枚，生于花盘内侧，子房平滑或少有毛。翅果连翅长1~2.5 cm，果体两面突起，近球形，上有明显的脉纹，两果翅开展呈钝角，翅的先端微向内弯。花期5月，果期9—10月。

鸡爪槭在国内分布于江苏、浙江、安徽、江西、湖北、湖南、贵州及河南等省，供观赏。

（三十八）冬青科

大果冬青 *Ilex macrocarpa* Oliv.

大果冬青

落叶乔木，高达15 m；树皮青灰色，平滑无毛；有长枝和短枝。叶纸质，卵状椭圆形，长5~8 cm，宽3.5~5 cm，顶端短渐尖，基部圆形，边缘有疏细锯齿，两面均无毛。花白色，雄花序有花2~5朵，簇生于二年生长枝及短枝上，或单生于长枝的叶腋或基部鳞片内；雌花单生于叶腋。果实球形，直径8~11 mm，成熟时黑色，宿存柱头头状；果柄长6~14 mm；分核7~9颗，背部有纵纹，木质。花期5月，果熟期7—8月。

大果冬青分布于华东和湖北、四川、贵州、广东、广西及云南等地。木材可制家具；叶可制作茶，其药用价值极高。

（三十九）卫矛科

冬青卫矛 *Euonymus japonicus* Thunb.

冬青卫矛

又名大叶黄杨、万年青。常绿灌木，高可达3 m，小枝4棱，具细微皱突，叶革质，有光泽，倒卵形或椭圆形，先端圆阔或急尖，基部楔形，边缘具有浅细钝齿，叶柄短，聚伞花序，具5~12朵花，花梗2~3次分枝，花白绿色，花瓣近卵圆形，雄蕊花药长圆状，蒴果近球状，淡红色。种子椭圆状。

冬青卫矛先于日本发现，现我国各地普遍栽培。在园林中多作为绿篱材料和整形植株材料，植于门旁、草地，或作大型花坛中心。

(四十)黄杨科

黄杨 *Buxus sinica* (Rehder & E. H. Wilson) M.Cheng

又名小叶黄杨。常绿灌木或小乔木,树皮灰白色。小枝绿褐色,四棱形,具短柔毛。叶对生,长圆形、阔卵形或倒卵状椭圆形,长1.5~3 cm,宽5~20 mm,先端圆或钝,具凹陷,基部楔形,中脉凸起,侧脉明显,全缘,革质;叶柄长1~2 mm,具毛。花簇生于叶腋或枝端,无花瓣。雄花萼片4枚,卵状椭圆形或近圆形,长2.5~3 mm;雌花萼片6枚,长约3 mm;子房比花柱长;花柱粗扁,柱头倒心形,下延达花柱中部。蒴果近球形,长6~8 mm。花期4月,果期6—7月。

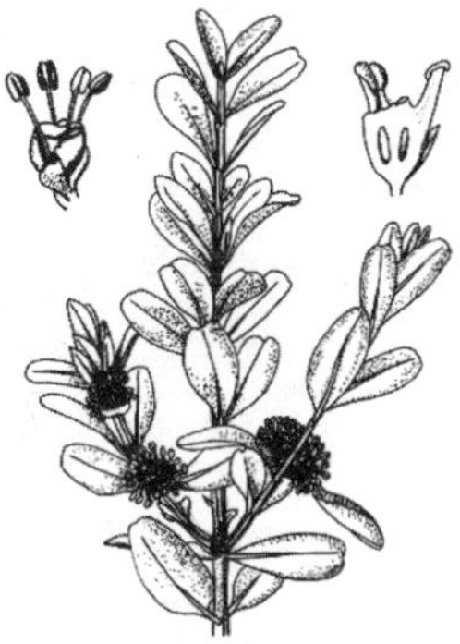
黄杨

黄杨在全国各地均有栽培。木材供雕刻用,各地栽培供观赏。根、枝、叶供药用。

(四十一)葡萄科

地锦 *Parthenocissus tricuspidata* (Siebold & Zucc.) Planch.

又名爬山虎,落叶大藤本。枝条粗壮,卷须短,多分枝,枝端有吸盘。叶宽卵形,通常三裂,基部心形,叶缘有粗锯齿,表面无毛,下面脉上有柔毛;幼苗或下部枝上的叶较小,常分成三小叶或为三全裂;叶柄长8~20 cm。聚伞花序通常生于短枝顶端的两叶之间;萼全缘,花瓣顶端反折,雄蕊与花瓣对生,花盘贴生于子房,不明显;子房两室,每室有2个胚珠。浆果蓝色。

地锦

地锦广泛分布于我国各地,暖温带植物,久经栽培。主要作为垂直绿化植物。

(四十二)锦葵科

1.木芙蓉 *Hibiscus mutabilis* L.

又名芙蓉、拒霜花,落叶灌木丛生,或为小乔木,株高可达5 m,小枝密被星状灰色短柔毛。叶大,互生,阔卵形至圆卵形,掌状3~5浅裂至深裂,裂片三角形,先端尖,基部心脏形,边缘有钝锯齿,两面均具星状茸毛。叶柄圆筒形,长达20 cm。花生于叶腋或枝顶,花大,单生或簇生枝端,初开放时白色或粉红色,单瓣或重瓣,花色有红、粉、白、黄等。小苞片10枚。花梗长5~8 cm,近端有节。蒴果球形,5瓣裂。花期8—10月,果熟期12月。

木芙蓉

木芙蓉原产于湖南，现在我国各地广泛栽培。常作庭园绿化或盆栽观赏。其根、叶、花均可入药。

2. **蜀葵** *Alcea rosea* L.

多年生草本，茎直立而高，叶互生，近圆心形，掌状5~7浅裂或波状棱角。花为总状花序单生或近簇生，单瓣或重瓣，有紫、粉、红、白等色。蒴果，种子扁圆，肾脏形。花期2—8月。

蜀葵原产于四川，华东、华中、华北分布很广。适宜片植于林缘、草地、花圃、路边、墙角等。

蜀葵

3. **垂花悬铃花** *Malvaviscus penduliflorus* DC.

又名扶桑，常绿灌木，高1~2 m。叶子长椭圆形，有锯齿边缘。花为鲜红色含苞状，花瓣略左旋而且下垂，花柱微露，终年开花，但花瓣不开展，故又有卷瓣朱槿之称。

垂花悬铃花原产于墨西哥和哥伦比亚，我国广东广州、云南西双版纳等地均有分布。是非常重要的绿化花种。

垂花悬铃花

4. **木棉** *Bombax ceiba* L.

落叶大乔木，高可达25 m；茎和大枝有短而粗的圆锥形硬刺，树皮灰白色。叶互生，掌状复叶具5~7片小叶；小叶长圆形或椭圆形，长10~20 cm，宽5~7 cm，顶端渐尖，基部阔或稍狭，边全缘。花早春先叶开放，红色，直径约10 cm或更大，簇生于枝的近顶处；萼杯状，长3~4.5 cm，顶端5浅裂，裂片阔而钝；花瓣5片，肉质，长圆形，长8~10 cm，两面被星状柔毛；雄蕊多数，排成多轮，花丝基部合生。果大，木质，长10~15 cm，果瓣内面有丰富的绵毛；种子多数，倒卵形，黑色。

木棉

木棉分布于我国海南、台湾、广西、云南和四川南部及福建中部以南等地；印度、印度尼西亚、菲律宾、马来西亚、澳大利亚等国家和地区均有分布。树皮及花可入药；花还是非常好的制作保健枕头的材料。

5.梧桐 *Firmiana simplex* (L.) W. Wight

落叶大乔木，高达 15 m；树干挺直，树皮绿色，平滑。叶心形，3~5 掌状分裂，通常直径 15~30 cm，裂片三角形，顶端渐尖，全缘，5 出脉，背面有细茸毛；叶柄长 8~30 cm。花小，黄绿色；萼片 5 深裂，裂片披针形，向外反卷曲，外面密生黄色星状毛；花瓣缺；子房球形，5 室，基部有退化雄蕊。蓇葖果成熟前开裂为叶状，长 6~10 cm，宽 1.3~2.4 cm，有毛；种子形如豌豆，2~4 颗着生果瓣边缘，成熟时棕色，有皱纹。花期 7 月，果熟期 11 月。

梧桐

梧桐原产于我国，南北各地都有栽培，为普通的行道树及庭园绿化观赏树。木材宜制乐器、家具；种子可食，亦可榨油；树皮可作造纸原料；叶、花、果、根入药。

(四十三)堇菜科

三色堇 *Viola tricolor* L.

一年生或多年生无毛草本；主根短细，灰白色。地上茎高达 30 cm，多分枝。基生叶有长柄，叶片近圆心形，茎生叶矩圆卵形或宽披针形，边缘具圆钝锯齿；托叶大，基部羽状深裂成条形或狭条形的裂片。花大，两侧对称，直径 3~6 cm，侧向，通常每花有三色，蓝色、黄色、近白色；花梗长，从叶腋生出，每梗 1 朵花；萼片 5 枚，绿色，矩圆披针形，顶端尖，全缘，底部的大；果呈椭圆形。

三色堇

三色堇原产于西欧；我国中、南部广泛栽培。三色堇是冬、春季优良花坛材料。全草入药。

(四十四)柽柳科

柽柳 *Tamarix chinensis* Lour.

落叶灌木或小乔木。树皮红褐色，枝细长，多下垂。叶楔形或卵状披针形，先端尖。总状花序集合成圆锥花序，花小、粉红色，1 年开花 3 次，自春至秋陆续开放。

柽柳

野生于辽宁、河北、河南、山东、江苏等地，栽培于我国东部至西南部；日本、美国也有栽培。柽柳细枝坚韧，可作农具和编筐；枝叶为优良燃料和饲料；茎皮含鞣质，可制栲胶；嫩枝叶入药。适于温带海滨河畔及沙荒地造林。

（四十五）千屈菜科

1. 紫薇 *Lagerstroemia indica* L.

紫薇

又名百日红、痒痒树。落叶灌木或小乔木；高3~6 m，枝干多扭曲，树皮灰褐色，秋冬块状脱落。小枝纤细具4棱，略成翅状，上面红色，下面淡红色至黄绿色。叶对生或近对生，上部互生，椭圆形至倒卵形，长2~7 cm，宽1~4 cm，先端钝圆，基部楔形或圆形，全缘。圆锥花序顶生；长6~20 cm，花径2~3 cm。花淡红至红色，花瓣呈皱缩状，边缘有不规则缺刻，基部具长爪；花萼外面光滑，先端通常6裂。蒴果近球形，基部有宿存花萼；种子有翅。花期6—9月，果熟期9—12月。

紫薇在我国黄河流域以南各地都有栽培，是重要的城市绿化树品种。

2. 石榴 *Punica granatum* L.

石榴

落叶小乔木；株高2~5 m，有的高达7 m。树皮青灰色，有的片状剥落，粗糙；幼枝常呈四棱形，顶端多为棘状，无顶芽。叶对生或近簇生，倒卵形至长椭圆形，长2~8 cm不等，全缘，先端尖，表面无毛而有光泽，短柄，新叶嫩绿或古铜色。花1朵至数朵生于枝顶或叶腋；花萼钟形，肉质，先端5~7裂，质厚，宿存。花瓣5~7枚，红色或白色，单瓣或重瓣。浆果球形，黄红色。种子多数具肉质外种皮，9—10月果熟。

石榴是一种常见果树，我国南北各地均有栽培，以陕西临潼产的最为著名，也是园林中主要的夏秋观花树种。果皮、根皮、花供药用。

（四十六）桃金娘科

桉 *Eucalyptus robusta* Sm.

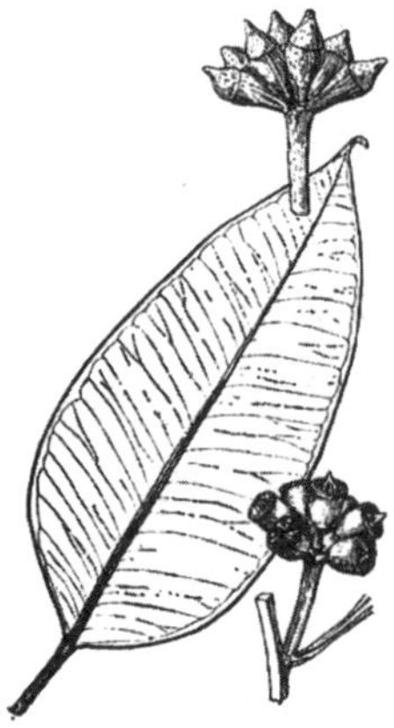

桉

又名大叶桉。乔木，树皮不剥落，暗褐色，有槽纹；小枝淡红色。叶互生，革质，长8~18 cm，宽3~7.5 cm；有叶柄。伞形花序腋生或侧生，有花5~10朵；总花梗粗而扁。花萼帽状，体厚。蒴果倒卵形至壶形。

桉原产于澳大利亚，我国西南部和南部有栽培。为较好的造林先锋速生树种，可作木材之用；叶可入药。

（四十七）五味子科

厚皮香八角 *Illicium ternstroemioides* A. C. Smith

乔木，高5~12 m。叶3~5片簇生，革质，长圆状椭圆形或倒披针形或狭倒卵形，长7~13 cm，宽2~5 cm，先端渐尖或长渐尖，尖头长5~10 mm，基部宽楔形；中脉在叶上面微凹下，在下面凸起，侧脉在两面均不明显；叶柄长7~20 mm。花红色，单生或2~3朵聚生于叶腋或近顶生；药隔截形或微缺，药室突起。花期1—8月，果期4—11月。

厚皮香八角

厚皮香八角分布于我国西南至东南部。果有毒，可作农业杀虫剂。

（四十八）蓝果树科

喜树 *Camptotheca acuminata* Decne.

别名旱莲木、千丈树、水白杂。落叶乔木，高可达20 m，树干端直；枝条伸展，树皮灰色或浅灰色，有稀疏圆形或卵形皮孔。叶互生，纸质，卵状椭圆形或长圆形，长10~26 cm，宽6~10 cm，先端渐尖，基部圆形，上面亮绿色，嫩时叶脉上被短柔毛，其后无毛，下面淡绿色，被稀疏短柔毛，侧脉显著。雌雄同株异花，头状花序近于球形，顶生或腋生，顶生的花序具雌花，腋生的花序具雄花，翅果长圆形，长2~2.5 cm，顶端具宿存的花盘，两侧具窄翅，着生于近球形的头状果序上。花期6—8月，果期10—11月。

喜树

喜树主要分布在江苏、浙江、福建、江西、湖北、四川、广西、广东等地。根皮及果实含有喜树碱，有抗癌作用。本种生长迅速，为优良的庭园树和行道树。

（四十九）山茱萸科

灯台树 *Cornus controversa* Hemsl.

又名女儿木、六角树。落叶乔木，高10~15 m。树皮光滑灰色，枝条紫红色。树干端直，分枝呈层状，宛如灯台，更似倒挂的伞，层间极其分明、规整，饶富风韵。单叶互生，椭圆状卵形或宽卵形，长6~13 cm，叶表面绿色，背面灰绿，叶大而碧绿秀美，颇具观赏性。花序长约12 cm，5—6月盛开白色花朵。

灯台树

我国大部分地区均有栽培，是公园、庭园、街道等各种场所的绿化佳品。木材可供建筑、雕刻、文具用。

（五十）五加科

1.白簕*Eleutherococcus trifoliatus*（L.）S. Y. Hu

白簕

又名五加。落叶灌木，有时蔓生状。枝无刺或于叶柄基部单生扁平的刺。掌状复叶互生，在短枝上簇生，小叶通常5枚，倒卵形或倒披针形，边缘具细锯齿，两面无毛或沿脉疏生刚毛。伞形花序多腋生；花小，萼齿5枚；花瓣5枚，黄绿色；雄蕊5枚；子房下位，2室；花柱2个，分离。浆果状核果近球形，黑色。种子2粒，扁平，细小。花期8—11月，果期9—12月。

白簕主产于湖北、河南，辽宁、安徽亦产。树皮可入药，有祛风湿、补肝肾、强筋骨功效。

2.常春藤*Hedera nepalensis* var. *sinensis*（Tobler）Rehder

常春藤

别名钻天枫、三角藤、爬墙虎、爬树藤、爬崖藤。茎枝有气生根，幼枝被鳞片状柔毛。叶互生，革质，具长柄；营养枝上的叶三角状卵形或近戟形，长5~10 cm，宽3~8 cm，先端渐尖，基部楔形，全缘或3浅裂；花枝上的叶椭圆状卵形或椭圆状披针形，长5~12 cm，宽1~8 cm，先端长尖，基部楔形，全缘。伞形花序，单生或2~7个总状排列顶生；花小，黄白色或绿白色，花5朵；子房下位，花柱合生为柱状。果实圆球形，浆果状，黄色或红色。花期9—11月，果期次年3—5月。

常春藤分布地区很广，甘肃、陕西、河南、山东、广东、江西、福建以及西南等地广泛栽培，主要为绿化用途。

（五十一）伞形科

1.积雪草*Centella asiatica*（L.）Urb.

积雪草

多年生匍匐草本。茎光滑或稍被疏毛，节上生根。单叶互生，叶片圆形或肾形，直径2~4 cm，边缘有钝齿，上面光滑，下面有细毛；叶有长柄，长1.5~7 cm。伞形花序单生，伞梗生于叶腋，短于叶柄；每一花梗的顶端有花3~6朵，通常聚生为头状花序，花序又为2枚卵形苞片所包围；花萼截头形；花瓣5枚，红紫色，卵形；雄蕊5枚，短小，与花瓣互生；子房下位，花柱2个，较短，花柱基不甚明显。双悬果扁圆形，光滑，主棱和次棱同等明显，主棱间有网状纹相连。花期夏季。

积雪草主要分布于长江流域。全草入药，有清热、利湿、消肿解毒等作用。

2. 窃衣 *Torilis scabra* (Thunb.) DC.

一年生或多年生草本，全身有贴生短硬毛。茎单生，叶卵形，一至三回羽状分裂，小叶片披针状卵形，边缘具条裂状的粗齿至缺刻或分裂。花小，白色；复伞形花序顶生或腋生；花5朵，萼齿三角状披针形，花瓣倒心形。双悬果圆卵形，具钩和较长而张开的皮刺。

窃衣分布于我国及日本，并引种至北美。全草入药有活血消肿、杀虫止泻之功效。

窃衣

（五十二）杜鹃花科

1. 杜鹃 *Rhododendron simsii* Planch.

常绿大乔木、小乔木或常绿灌木、落叶灌木。有的主干粗大，高达20余m，有的呈匍匐状、垫状或为附生类型，高仅10~20 cm。基本形态是：主干直立，单生或丛生；枝条互生或假轮生。分枝细而多，密被棕褐色平伏硬毛。枝、叶有毛或无毛，枝、叶、花梗有或无鳞片；叶多形，但不呈条形，先端锐尖，基部楔形，全缘，叶面疏生硬毛，叶背密被褐色细毛。极少有细锯齿，革质或纸质，常绿、半常绿或落叶，有芳香或无；花顶生、侧生或腋生，单花、少花或20余朵集成总状伞形花序，先叶开花或后于叶开花；花冠显著，漏斗形、钟形、辐射状、碟形至碗形或管形，4~5裂，也有6~10裂的；花药紫色，孔裂；花色丰富。蒴果卵圆形，有密糙毛。花期4—6月。

杜鹃

我国四川、云南、贵州山区常绿杜鹃种类极为丰富。杜鹃是园林中重要观花植物。根、叶、花入药，有和血调经、消肿止血的功效；花叶外用根治内伤、风湿等症。

2. 白花杜鹃 *Rhododendron mucronatum* (Blume) G. Don

半常绿灌木，高2~3 m；分枝密。幼枝、叶、花柄、子房被褐色粗伏毛或有腺毛。叶椭圆形至椭圆状披针形，长3~5 cm，宽1~2 cm，顶端钝而有小尖头，基部楔形。花1~3朵，顶生，有芳香；萼片披针形，长约1.5 cm，有腺毛；花冠白色，钟状或宽漏斗形，长3.5~5 cm，5裂，裂片卵状椭圆形；雄蕊10枚，有时8枚，近基部有腺毛。蒴果长约1 cm，短于花萼。花期4—5月，果期6—7月。

白花杜鹃

白花杜鹃在我国产于江苏、浙江、江西、福建、四川、云南等地；日本、越南等国也有分布。是园林中的重要观花灌木；根、叶、花入药，有和血调经、消肿止血的功效；白花杜鹃花味辛、性温，有大毒入药有清热、利湿的功效，主治风湿疼痛和风湿性关节炎等症。

（五十三）报春花科

临时救 *Lysimachia congestiflora* Hemsl.

又名聚花过路黄。多年生草本，高达20 cm。茎深紫红色，具短柔毛，多分枝，下部匍匐地面，节处生不定根，上部斜上升。叶对生，具短柄；叶片卵形或广卵形。3—4月开花，花多朵集生于枝端，呈密集状。蒴果，种子多数，花萼宿存。

临时救分布于尼泊尔、不丹、印度、缅甸、泰国、越南和中国；我国主产于西南、西北地区。以全草入药，有祛风散寒、止咳化痰、消积解毒的功效。

临时救

（五十四）木樨科

1. 女贞 *Ligustrum lucidum* W. T. Aiton

常绿乔木；高可达8~13 m，枝斜展成广卵形圆整的树冠。树皮灰色，平滑。叶对生，革质，卵形至卵状披针形，先端渐尖，全缘，表面深绿色有光泽，背面淡绿色平滑无毛，有细小腺点。芳香的白色小花在枝顶端密集成圆锥花序，顶生，长12~20 cm。浆果状核果椭圆形，长约0.8 cm，蓝黑色。花期6—7月，果熟期11—12月。

女贞原产于我国，广泛分布于长江流域及以南地区，华北、西北地区也有栽培，是园林绿化优良树种。果实可入药，性凉，味甘，能滋补肝肾，明目乌发，治眩晕耳鸣、腰膝酸软、须发早白、目暗不明等症。可放养白蜡虫，产白蜡；种子可榨油。小苗作嫁接桂花、丁香的砧木。

女贞

2. 小叶女贞 *Ligustrum quihoui* Carrière

落叶或半常绿灌木，枝条铺散，小枝具短柔毛。花白色，芳香，无梗，花冠裂片与筒部等长；核果椭圆形，紫黑色。花期7—8月。

小叶女贞在我国大部分地区均有栽培。为较好的草坪绿化造型树种。

小叶女贞

3.木樨 *Osmanthus fragrans* (Thunb) Lour.

通常称其为桂花，常绿小乔木；高可达10 m。树冠圆球形，树干粗糙、灰白色。根系发达深长，幼根浅黄褐色，老根黄褐色。树皮粗糙，灰褐色或灰白色，有时显出皮孔。叶对生，革质，长椭圆形至椭圆状披针形，全缘或上半部疏生细锯齿。3~5朵花簇生于叶腋，多着生于当年春梢，二年生或三年生枝上亦有着生；花冠分裂至基部，有乳白、黄、橙红等色，香气极浓，花梗纤细；核果椭圆形，紫黑色。花期9—10月，果熟期次年5月。

木樨

木樨分布于我国西南地区，现各地普遍栽培。是著名的园林观赏树种；木材可用于雕刻；花作香料和供药用。

4.野迎春 *Jasminum mesnyi* Hance

又名云南黄素馨、云南迎春花，常绿灌木，高可达3 m，树形圆整。枝细长拱形，柔软下垂，绿色，有四棱；小枝无毛。三出复叶，对生，小叶长椭圆状披针形，基部渐狭成短梗，侧生2枚较小而无柄。3—4月开花，花单生于小枝端部，淡黄色，有叶状苞片，常重瓣。

野迎春分布于中国云南、四川、贵州等地，南方庭园中颇常见，北方常温室盆栽，主要作为观花植物栽培。

野迎春

(五十五)夹竹桃科

夹竹桃 *Nerium oleander* L.

常绿大灌木，高达5 m，有乳汁，无毛；叶3~4枚轮生，枝条基部叶对生，窄披针形。叶背面浅绿色，侧脉扁平密生而平行。聚伞花序，花萼直立，花冠深红色，重瓣，副花萼鳞片状，顶端散裂生。蓇葖果圆柱形，种子长圆形，种皮被锈色短柔毛。

夹竹桃在全国各地庭园常作观赏植物栽培。茎皮纤维为优良混纺原料；全株有剧毒，叶及茎皮可入药煎汤或研末，能强心利尿、定喘镇痛，但是一定要谨慎用药。

夹竹桃

（五十六）茜草科

1. 栀子 *Gardenia jasminoides* J. Ellis

常绿灌木或小乔木；高1~2 m，枝丛生。叶长椭圆形，对生或3叶轮生，革质，广披针形至倒卵形，长5~14 cm，先端和基部钝形，全缘，表面青绿色而有光泽。花白色，顶生或腋生，有短梗，极芳香，花冠高脚碟状，通常6裂。果实卵形，有翅状棱。种子扁平，球形，外被有黄色黏性物质。花期6—7月，果熟期11月。

栀子

栀子在我国各地有栽培，日本、朝鲜、越南等国也有分布。为美化庭园的优良花木。木材可供雕刻用；果实可提取黄色染料和供药用；花可作香料或供茶用。

2. 拉拉藤 *Galium spurium* L.

蔓状或攀缘状一年生草本。茎纤弱，四棱形，有倒生小刺。叶6~8枚轮生，无柄；叶片膜质，长1~2 cm或更长。聚伞花序腋生，花小，白色；萼齿不显；花冠4裂；雄蕊4枚；子房下位。果小，心皮稍分离，各成一半球形，被密集钩刺。种子小，背部凸起，表面凹入。花期4—5月，果期6—8月。

拉拉藤在全国大部分地区均有分布，常生于路边、墙边荒地、草丛中等。以全草入药，有清热解毒、利尿消肿的功效。

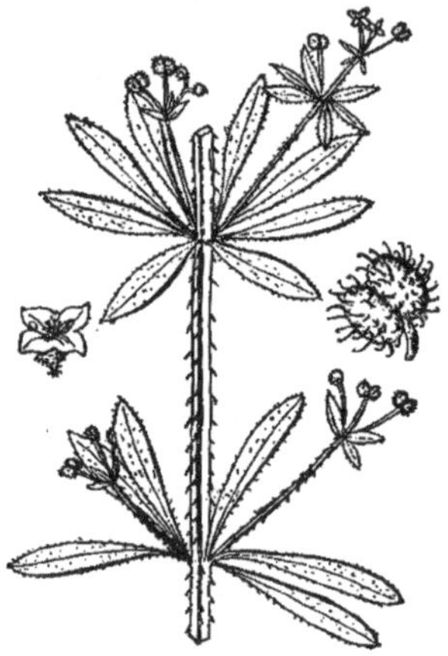
拉拉藤

3. 六月雪 *Serissa japonica* (Thunb.) Thunb.

小灌木，高60~90 cm，有臭气。叶革质，卵形至倒披针形，顶端短尖至长尖，边全缘，无毛；叶柄短。花单生或数朵丛生于小枝顶部或腋生，有被毛，苞片边缘浅波状，花冠淡白色或白色。花期5—7月。

六月雪在我国大部分地区均有分布。用于庭园绿化，全株有清热利湿、消肿拔毒、止咳化痰之功效。

六月雪

(五十七)唇形科

1. 臭牡丹 *Clerodendrum bungei* Steud.

小灌木,嫩枝稍有柔毛,枝内白色,中髓坚实。叶有强烈臭味,宽卵形或卵形,长10~20 cm,宽5~15 cm,顶端尖或渐尖,基部心形或近截形,边缘有大或小的锯齿,两面多少有糙毛或近无毛,下面有小腺点。聚伞花序紧密顶生,苞片早落,花有臭味;花萼紫红色或下部绿色,外面有微毛和腺点;花冠淡红色或紫色。核果倒圆卵形或球形,成熟后蓝紫色。

臭牡丹

臭牡丹在我国大部分地区均有分布。根、茎、叶入药,有祛风解毒、消肿止痛之效。

2. 风轮菜 *Clinopodium chinense* (Benth.) Kuntze

茎四方形,多分枝,全体被柔毛。叶对生,卵形,长1~5 cm,宽5~25 mm,顶端尖或钝,基部楔形,边缘有锯齿。轮伞花序具多花;苞片多数,针状;花萼窄管形,带紫红色;花冠紫红色。花期5—8月,果期8—10月。

分布于我国东北、华东、西南各地。全草入药,有疏风清热、解毒消肿的功效。

风轮菜

3. 益母草 *Leonurus japonicus* Houtt.

一年或二年生草本。茎直立,方形,单一或分枝,高0.6~1 m,被微毛。叶对生;叶形多种,茎下部叶有长柄,叶片略呈圆形,直径4~8 cm,叶缘5~9浅裂,每裂片具2~3钝齿,基部心形;茎中部的叶有短柄,3全裂,裂片近披针形,中央裂片常3裂,两侧裂片常再1~2裂,最终裂片近线形,先端渐尖;最上部的叶不分裂,线形,近无柄,上面绿色,下面浅绿色,两面均被短柔毛,边缘疏生锯齿或近全缘。花多数,生于叶腋,花序轮伞状;苞片针刺状;花萼钟形,先端有5长尖齿,下方2片较上方3片长;花冠唇形,淡红色或紫红色,长9~12 mm,上下唇几等长,上唇长圆形,全缘,下唇3裂,中央裂片较大,倒心脏形,花冠外被长茸毛,尤以上唇为甚;雄蕊4枚,为2强雄蕊,着生于花冠内面近裂口的下方;子房4裂,花柱与花冠上唇几等长,柱头2裂。小坚果褐色,三棱状,长约2 mm。花期6—8月。果期7—9月。

益母草

益母草在全国大部分地区均有分布。有活血调经、利水消肿、凉血消疹的功效，为妇科要药。

4. **紫苏** *Perilla frutescens*（L.）Britton

一年生草本。茎被长柔毛。叶片宽卵形或圆形，先端短尖或突尖，边缘有粗锯齿，两面紫色或上面青色下面紫色，有毛；轮伞花序2花，组成顶生和腋生、偏向一侧、密被长柔毛的假总状花序；每花有一苞片，苞片宽卵圆形或近圆形；花萼钟状，下部被长柔毛，有黄色腺点，果时增大，基部一边肿胀；花二唇形，上唇宽大，3齿，下唇2齿；花冠常粉红至紫红，上唇微缺，下唇3裂，中裂片较大。小坚果近球形，灰褐色，具网纹。

紫苏

紫苏在全国各地广泛栽培。紫苏供药用和香料用；有镇痛、镇静、解毒之效，可治感冒；种子油供食用，又有防腐作用。

5. **夏枯草** *Prunella vulgaris* L.

多年生草本，高13~40 cm。茎直立，常带淡紫色，有细毛。叶对生，卵形或椭圆状披针形，长1.5~5 cm，宽1~2.5 cm，全缘或疏生锯齿。轮伞花序密集组成顶生穗状花，长2~6 cm；苞片肾形，顶端骤尖或尾状尖，外面和边缘有毛；花萼二唇形；花冠紫色，上唇顶端微凹，下唇的中间裂片边缘有细条裂。小坚果棕色。花期5—6月，果期7—8月。

夏枯草

夏枯草在全国各地广泛分布。全草入药，有清火明目、散结、消肿功效。

6. **一串红** *Salvia splendens* Ker Gawl.

半灌木状草本，茎高达90 cm。叶片卵圆形或三角状卵圆形，长2.5~7 cm，下面具腺点；叶柄长3~4.5 cm。轮伞花序具2~6朵花，密集成顶生假总状花序；苞片卵圆形，大，花开前包裹着花蕾，顶端尾状渐尖；花萼钟状，红色，花后增大，外被毛，上唇三角状卵形，下唇二深裂；花冠红色至紫色，稀白色，筒状，上唇直伸，顶端微缺。小坚果椭圆形，顶端有不规则少数皱褶，边缘有厚而狭的翅。

一串红

一串红原产于巴西，我国大部分地区均有分布。栽培供观赏。

（五十八）蕈树科

枫香树 *Liquidambar formosana* Hance

又名路路通，落叶乔木，高达40 m，小枝有柔毛，叶轮廓宽卵形，宽6~12 cm，掌状3裂，边缘有锯齿，背面有柔毛或变无毛，掌状脉3~5条，托叶红色，条形，早落；花单性，雌雄同株，雄花排列成柔荑花序、无花被，雌花排列成头状花序、无花瓣，子房半下位，胚珠多数，头状果序圆锥形，宿存花柱和萼齿针刺状。

枫香树

枫香树主要分布于我国秦岭及淮河以南各地；朝鲜、日本也有分布。为著名的秋色树种，可作庭园树、行道树等。

（五十九）茄科

龙葵 *Solanum nigrum* L.

一年生草本，高0.3~1 m。茎直立，上部多分枝，绿色或紫色，近无毛或疏被短柔毛。单叶互生，叶片卵圆形，长2.5~10 cm，宽1.5~5 cm，先端渐尖，边缘波状，基部楔形，下延至柄，两面疏被短白毛；叶柄长1~2 cm。花序短蝎尾状或近伞状，腋外生，有4~10朵花；花萼杯状，绿色，5裂，裂片卵圆形；花冠钟状，花冠檐长均2.5 mm，5深裂，裂片卵状三角形，长约3 mm；雄蕊5枚，花丝短，花药椭圆形，黄色，雌蕊1枚，子房球形，花柱下部密生柔毛，柱头圆形。浆果圆形，深绿色，成熟时紫黑色，直径约8 mm。种子卵圆形。花期6—8月；果期7—10月。

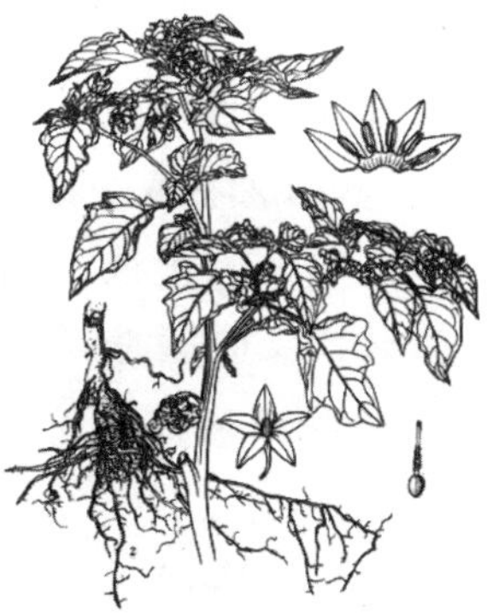

龙葵

龙葵在全国各地广泛分布。全草药用，有清热解毒、利水消肿之功效。

（六十）紫葳科

蓝花楹 *Jacaranda mimosifolia* D. Don

又名尖叶蓝花楹，乔木，叶对生或互生，二回羽状复叶，羽片通常在16对以上，每一羽片有小叶14~24对；小叶狭矩圆形，先端锐尖，略被微柔毛。圆锥花序，花较大型，蓝色，花冠二唇形，5裂，长4~5 cm。蒴果木质，扁圆形，种子有翅。

蓝花楹

蓝花楹原产于南美洲等地，我国南方一些地方早有引种，是一种美丽的观赏树木。

(六十一)车前科

车前 *Plantago asiatica* L.

车前

多年生草本,高20~60 cm,有须根。基生叶直立,卵形或宽卵形,长4~12 cm,宽4~9 cm,顶端圆钝,边缘近全缘、波状,或有疏钝齿至弯缺,两面无毛或有短柔毛;叶柄长5~22 cm,花葶数个,直立,长20~45 cm,有短柔毛;穗状花序占上端1/3~1/2处,具绿白色疏生花;苞片宽三角形,较萼裂片短;花萼有短柄,裂片倒卵状椭圆形至椭圆形,长2~2.5 mm;花冠裂片披针形。蒴果椭圆形,周裂;种子5~6粒,矩圆形,黑棕色。

车前广布于全国各地。种子及全草药用,有利水、清热、祛痰的功效。

(六十二)荚蒾科

1. 日本珊瑚树 *Viburnum awabuki* K. Koch

日本珊瑚树

常绿灌木或小乔木,高达10 m。树皮灰褐色。单叶对生,厚革质,长椭圆形或矩圆形,先端渐尖或钝,全缘或近先端有波状钝锯齿,表面深绿色,有光泽,叶背灰绿色,叶柄锈褐色。5—6月开花,圆锥花序顶生,花白色、芳香。果10月后成熟,椭圆形,红色。

日本珊瑚树在我国长江流域均有栽培;于日本、印度及朝鲜也有分布。是较好的园林造型树种。

2. 接骨草 *Sambucus javanica* Reinw. ex Blume

接骨草

高大草本或半灌木,高1~2 m。髓心淡黄褐色。奇数羽状复叶,对生,小叶5~7枚,有短柄;小叶椭圆形或长圆状披针形,长5~12 cm,宽2~5 cm,先端渐尖,基部楔形,常不对称,缘有细锯齿,揉碎有臭味,上面绿色,初被疏短毛,后渐无毛,下面浅绿色,无毛。聚伞圆锥花序,顶生,无毛;花小,白色,花萼裂齿三角状披针形,稍短于筒部,花冠辐状,5裂,径约3 mm,筒部短;雄蕊5枚,约与花冠等长而互生,开展;子房下位3室,花柱短,3裂。浆果状核果,近球形,直径3~5 mm,红色,稀蓝紫色,分核2~3个,每核1粒种子。花期4—5月;果期6—9月。

接骨草在国内分布广泛。茎、根皮及叶供药用,有舒筋活血、镇痛止血、清热解毒的功效;亦为观赏植物。

(六十三)忍冬科

忍冬 *Lonicera japonica* Thunb.

通常称金银花，缠绕半灌木，常绿。幼枝密被柔毛和腺毛，老枝棕褐色，呈条状剥离，中空。叶对生，卵形至长卵形，长3~8 cm，宽1.5~4 cm，初时两面有毛，后则上面无毛。花成对腋生，花梗及花均有短柔毛；花冠初开时白色，后变黄色，外被柔毛和腺毛，花冠筒细长；雄蕊5枚，伸出花冠外；子房下位。浆果球形，熟时黑色。花期4—6月，果期7—10月。

忍冬

忍冬在我国大部分地区均有栽培，尤以南方产量高。花可入药，有清热解毒、凉散风热的功效。

(六十四)菊科

1. **黄花蒿** *Artemisia annua* L.

一年生草本，植物体有浓烈的气味，被不明显的毛，幼时毛较多。茎单生，直立，高达150 cm，直径达0.6 cm，有纵棱，多分枝。基生叶有长柄，叶片卵圆形，长4~5 cm，宽3~4 cm，多三至四回羽状深裂，花期枯萎；中部叶片近卵形，长4~7 cm，宽1.5~3 cm，二至三回羽状深裂；上部叶小，常一回羽裂，裂片及小裂片倒卵形，先端尖，叶裂片轴有狭翼，全缘，基部裂片常抱茎，叶上面绿色带黄，下面色较淡。头状花序小，多数，类球形，长与宽约1.5 mm，有短梗，排列成广阔的圆锥状；总苞的苞片2~3层，外层为狭长圆形，边缘膜质，中层及内层为椭圆形，除中脉外边缘宽膜质；雌花花冠管状，长0.7 mm，花柱分枝顶端凹状；两性花花冠管近柱形，下部窄，长近1 mm，花冠黄白色，外被腺毛；花序托近球形。瘦果近椭圆形，长小于1 mm。花期9—10月，果期10—11月。

黄花蒿

黄花蒿在国内各省(区、市)均有分布，但以重庆市酉阳种植的黄花蒿产量高、品质最好。全草花蕾期入药，有解热消暑、除烦止痒的功效，并为抗疟良药青蒿素的原料。

2. **金盏花** *Calendula officinalis* L.

一年生草本，有圆柱状直根，茎常自基部分枝。叶匙形，全缘或疏具齿，光亮；头状花序生于枝顶，直径约3 cm，总苞片2~3层，条形或条状披针形；舌状花约一层，舌片黄色或淡黄色，瘦果。花期4—9月，果期6—10月。

金盏花

金盏花原产于欧洲，现我国各地广为栽培。可作切花或盆栽。

花美丽鲜艳，是装饰庭园、公园的理想花卉，花还可提芳香油；全草药用。

3. **瓜叶菊** *Pericallis* × *hybrida* (Regel) B. Nord.

多年生草本。株高30~60 cm，全株被柔毛，茎直立，粗大。叶大，心脏形或肾形，叶缘呈波状，具细齿牙，叶柄有翼，较长；叶面翠绿，背面紫红。花为头状花序簇生成伞状，舌状花具有各种颜色及斑纹；管状花紫色，少数黄色。因播种期不同，花期也有先后，常在1—5月开放。瘦果长圆形，果期5—7月。

瓜叶菊原产于大西洋加那利群岛，我国广为种植。花色美丽鲜艳，因色彩多样，是冬春时节主要的观花植物之一。

瓜叶菊

4. **大丽花** *Dahlia pinnata* Cav.

又名大丽菊、大理花、天竺，多年生草本，地下具肥大、棒状的肉质块根，高50~100 cm，茎中空。叶对生，一至三回羽状分裂，小叶卵形，正面深绿色，背面灰绿色，具粗钝锯齿，总柄微带翅状。头状花序，具长梗，顶生或腋生，外围舌状花色彩丰富而艳丽，除蓝色外，有紫、红、黄、雪青、粉红、洒金、白、金黄等。瘦果长圆形，长9~12 mm，宽3~4 mm，黑色，扁平。花期6—9月，果期9—10月。

大丽花原产于墨西哥高原，现世界各地广为栽培。可庭院栽植，也适宜花坛、花径丛栽，还可用于会场布置。

大丽花

5. **野菊** *Chrysanthemum indicum* L.

多年生草本，高30~60 cm，亦可达120 cm。顶部的枝通常被白色柔毛，有香气。叶互生，卵圆形至长圆状卵形，长4~6 cm，宽1.5~5 cm，有羽状深裂片，中裂片较大，侧裂片2~3对，椭圆形或长圆状卵形，先端尖，上面被疏柔毛，下面被白色短柔毛及腺体，沿脉毛较密；具叶柄。头状花序顶生，直径1.5~2.5 cm，数个排列成伞房花序状；总苞半球形，外层苞片椭圆形，较内层稍短小，边缘干膜质，内层苞片长椭圆形，全部干膜质；外围为舌状花，淡黄色，1~2层，舌瓣长11~13 mm，宽2.5~3 mm，无雄蕊；中央为管状花，深黄色，先端5齿裂，雄蕊5枚，聚药，花丝分离，雌蕊1枚，花柱细长，柱头2裂。瘦果约长1.5 mm，具5条纵纹，基部狭窄。花期9—10月。

野菊

野菊在全国大部分地区均有分布。全草入药，具清热解毒、明目降压的功效。

6. **马兰** *Aster indicus* L.

又名鸡儿肠。根状茎有匍枝，有时直根。茎直立，高30~70 cm，上部有短毛。基部叶在花期枯萎，叶倒披针形或倒卵状长圆形，长3~6 cm，宽0.8~2 cm，先端钝或尖，基部渐狭成有翅的长柄，边缘有尖齿或羽状分裂；上部叶小，全缘，基部急狭无柄，全部叶两面或上面有疏微毛或近无毛，边缘及下面沿脉有短粗毛，中脉在下面凸起。头状花序单生于枝端并排列成疏伞房状；瘦果倒卵状长圆形，极扁，长1.5~2 mm，宽1 mm，褐色，边缘浅色而有厚肋，上部被短毛及腺；冠毛长0.1~0.8 mm，易脱落，不等长。花期5—9月，果期8—10月。

马兰

马兰在国内分布于西部、中部、南部和东部各地。全草药用，有清热、利湿、解毒、消积和散瘀之效。

7. **黑心菊** *Rudbeckia hirta* L.

多年生草本，一般作1~2年生栽培，枝叶粗糙，全株被毛，近根出叶，上部叶互生，叶匙形及阔披针形。头状花序，呈半球形。花心隆起，紫褐色，周边瓣状小花金黄色。花期自初夏至降霜。

黑心菊原产于北美，我国大部分地区有栽培。作盆栽用于庭院内摆放，或室内布置。

黑心菊

8. **蒲公英** *Taraxacum mongolicum* Hand.-Mazz.

多年生草本，有乳汁，高10~25 cm。叶基生，匙形、长圆状倒披针形或倒披针形，长5~15 cm，宽1~4 cm；逆向羽状分裂，侧裂片4~5对，三角状披针形或三角形，有齿；顶裂片较大，戟状长圆形，羽状浅裂或仅有波状齿，基部渐狭成短柄，疏被蛛丝状毛或几无毛。花葶数个，与叶近等长，被蛛丝状毛；头状花序单生于花葶顶端。瘦果，褐色，长4 mm，有多条纵沟，并有横纹相连，全部有刺状突起，喙长6~8 mm；冠毛白色，长6~8 mm。花期4—9月，果期5—10月。

蒲公英

蒲公英在国内广布于东北、华北、华东、华中、西北、西南等地区。全草药用，能清热解毒、利尿散结。

(六十五)天门冬科

1. 沿阶草 *Ophiopogon bodinieri* H. Lév.

沿阶草

多年生草本,须根长,近末端处有时具纺锤状肉质块根,长约1~1.5 cm。地下匍匐茎细长,茎短。叶基生成密丛,较粗,禾叶状,中部以上最宽,绿色,中脉突出,叶背脉间发白,边缘具细密齿。花茎4—5月从叶丛基部抽出,比叶短;总状花序顶生;花小,白色或淡紫色,稍下垂,雄蕊6枚,花丝很短,花药三角状披针形,子房半下位,花柱较粗钝。浆果球形,蓝色而有光泽,似珠宝,挂果期长,不易落果。花期5月。种子球形,果成熟期10月。

沿阶草在我国及日本有野生和栽培,是良好的盆栽观叶植物,也可栽于花坛边缘或沿街路边。块根也可作中药"麦冬",为滋养强壮药。

2. 吊兰 *Chlorophytum comosum* (Thunb.) Jacques

吊兰

多年生草本,具簇生圆柱状稍肥厚的根,根状茎短;叶剑形,基部抱茎,较坚硬,有时具黄色条纹或边为黄色。花葶较叶长,常为匍枝而在近末端具叶簇或幼小植株,花白色,常2~4朵簇生;蒴果三棱状扁球形。花期5月,果期8月。

吊兰原产于南非,现我国大部分地区均有栽培,供观赏。根和全草可药用,有清肺止咳、凉血止血的功效。

3. 吉祥草 *Reineckea carnea* (Andrews)Kunth

吉祥草

多年生草本,根状茎匍匐于地面,逐年延伸或发出新枝,节上有残留叶鞘。叶3~8枚簇生于节上;叶片条形或条状披针形,长10~35 cm,宽0.5~3 cm,先端渐尖,全缘,基部渐狭成柄,深绿色,平行脉明显,在背面稍凸起。花葶短于叶,长5~15 cm;穗状花序长2~6.5 cm;苞片卵状三角形,长5~7 mm;花芳香,花被粉红色;裂片长圆形,长5~7 mm,先端略钝,稍肉质;雄蕊6枚,短于花柱,花药近长圆形,长2~2.5 mm,两端微凹;子房瓶状,长3 mm,花柱丝状,细长。浆果球形,直径6~10 mm,熟时鲜红色。花期7—9月,果期9—11月。

吉祥草在国内分布于湖南、湖北、四川、河南、陕西、江西、浙江、安徽、江苏等地。常栽培供观赏;全株可入药,有润肺止咳、清热利湿之效。

4. **凤尾丝兰** *Yucca gloriosa* L.

凤尾丝兰

常绿灌木，茎明显，叶近莲座状簇生，叶片剑形或条状披针形，长 25~65 cm，宽 2.5~4.5 cm，先端锐尖，有 1 个硬刺，边缘有白色丝状纤维，叶脉平行，不明显，质地较软，常反曲。花葶粗大，高约 1 m；花大，白色，有时带绿色或黄白色，下垂，多数，排成狭长的圆锥花序；花序轴有乳突状毛；花被片 6 枚，长椭圆状卵形，长 3~4 cm；雄蕊 6 枚，花丝较扁平，肉质，有疏柔毛，花药箭头形；雌蕊 1 枚，柱头 3 裂。蒴果长约 5 cm，开裂。花期 6—9 月。

凤尾丝兰原产于北美，我国大部分地区均有栽培。可栽培供观赏；根可供药用，有凉血解毒、利尿通淋的功效；叶纤维韧性强，可供制缆绳，也可作造纸纤维。

5. **金边龙舌兰** *Agave americana* var. *marginata* Trel.

金边龙舌兰

又名剑麻。多年生常绿草本。茎短、稍木质。叶多丛生，长椭圆形，大小不等；小者长 15~25 cm，宽 5~7 cm；大者长可达 1 m，宽约 20 cm；质厚，平滑，绿色，边缘有黄白色条带镶边，有紫褐色刺状锯齿。

金边龙舌兰分布于我国西南、华南一带。可栽培供观赏，全草可入药。

(六十六)石蒜科

1. **水鬼蕉** *Hymenocallis littoralis* (Jacq.) Salisb.

水鬼蕉

俗名蜘蛛兰，多年生球根花卉。鳞茎直径 7~11 cm。叶剑形，先端锐尖，多直立，鲜绿色，长 50~80 cm，宽 3~6 cm。花葶扁平，高 30~70 cm；花白色，无梗，呈伞状着生，有芳香；花筒部长短不一，15~18 cm，带绿色；花被片线状，一般比筒部短；副冠钟形或阔漏斗形，具齿牙缘。花柱约与雄蕊等长或更长。花期夏末秋初。

水鬼蕉原产于美洲，分布于东南亚和大洋洲，栽培供观赏。

2. **朱顶红** *Hippeastrum striatum* Herb.

多年生草本。地下鳞茎肥大，球形。叶着生于鳞茎顶部，4~8枚呈二列叠生，带形，质厚，花、叶同发，或叶发后数日即抽花葶；花葶粗壮，直立，中空，高出叶丛。近伞形花序，每个花葶着花2~6朵，花较大，漏斗状，红色或具白色条纹，或白色具红色、紫色条纹，花期4—6月，果实球形。

朱顶红原产于巴西，我国南北各地均有栽培。常作盆栽观赏或鲜切花，也可露地布置花坛。

朱顶红

3. **葱莲** *Zephyranthes candida* Lindl. Herb.

又名葱兰或玉帘。多年生常绿草本植物，株高15~20 cm。鳞茎小，颈部细长，长卵圆形。叶基生，线形稍肉质，暗绿色，叶直立或稍倾斜。花期7—9月，花茎从叶丛一侧抽出，花梗中空，顶生一花，白色，花柱细长，柱头不明显3裂。蒴果近球形，种子黑色、扁平。花期秋季。

葱莲原产于南美，现我国大部分地区有栽培，供观赏。

葱莲

4. **长寿水仙** *Narcissus jonquilla* L.

又名长寿花，多年生草本，具膜质有皮鳞茎，肉质，球形。基生叶狭线形，与花茎同时抽出。伞形花序2~6朵，总苞佛焰苞状，花被管纤细，圆筒状，黄色，芳香，春季开花。

长寿水仙原产于南欧，我国引种栽培供观赏。

长寿水仙

（六十七）鸢尾科

蝴蝶花 *Iris japonica* Thunb.

又名扁竹根。多年生常绿草本。根状茎细，横生。茎分枝，高25~75 cm；枝成双，每分叉处生1苞片。叶剑形，基生，排成2列，宽0.6~2.2 cm。花3~5朵一簇，白色，有少数紫褐色或红紫色斑点；外轮花被具白色斑块，近正方形，长1.8 cm，内轮花被倒披针形，较短；雄蕊3枚；花柱3深裂，柱头瓣状。蒴果狭长圆形，长达3.7 cm，种子暗褐色。花期7—8月，果期5—6月。

蝴蝶花分布在我国江苏、安徽、浙江、福建、广东、广西、四川、重庆、云南等地，日本也有分布。栽培供观赏；全株药用，用于清热解毒、消瘀逐水。

蝴蝶花

(六十八)鸭跖草科

1. 紫竹梅 *Tradescantia pallida* (Rose) D. R. Hunt

紫竹梅

多年生草本。茎肉质,下垂或匍匐状呈半蔓性,茎为紫红色。叶长椭圆形,基部抱茎,互生,披针形,全缘,叶色为紫红色,被有短毛。花生于枝端,较小,为粉红色,苞片盔状,花期5—10月。

紫竹梅原产于美洲墨西哥,我国长江流域有种植。用于庭园观赏,全株药用。

2. 网籽草 *Dictyospermum conspicuum* (Blume) Hassk.

网籽草

又名白花鸭跖草。多年生草本;高30~50 cm。茎匍匐,叶卵形或椭圆形,基部有叶鞘。花多朵簇生于枝顶,伞形,托以2片长短不等的苞片;苞片长10~20 cm;花梗细,绿褐色,光滑或微被疏毛,花径2~3 cm;萼片3枚,绿色,卵形,顶端有一束毛;花瓣3枚,白色;能育雄蕊3枚,花丝无毛;子房3室,每室有2个胚珠。花期5—6月;果期7—9月。

网籽草原产于南美热带,现各地广为栽培。为观叶植物,常盆栽吊挂以供观赏。

(六十九)禾本科

1. 孝顺竹 *Bambusa multiplex* (Lour.) Raeuch. ex Schult. & Schult. f.

孝顺竹

幼时节间上部有白色或棕色小刺毛,毛脱落后竿壁表面留有细凹痕。箨鞘硬脆,厚纸质,绿色,无毛。箨耳缺或很细小;箨舌全缘或微有细碎缺刻,箨叶直立,三角形,顶端渐尖,基部宽度与箨鞘的圆形顶端相等;每小枝通常有5~10片叶;叶鞘无毛,或鞘口顶端有暗色毛;叶舌截平;叶片质薄,表面深绿色,无毛,背面灰色或淡绿色,因有细毛而粗糙,顶端渐尖,基部圆形或楔形,有次脉4~8对,无小横脉,有时有微小透明点。花枝通常无叶;单生或数枝簇生于花枝各节。笋期9—11月。

孝顺竹分布于我国华南和西南地区,现各地均有栽培。可供庭园观赏,其叶有清热解毒、消炎止痛之功效。

2. **小琴丝竹** *Bambusa multiplex* 'Alphonse-Karr' R. A. Young

又名花孝顺竹，是孝顺竹的栽培品种。观茎类竹子，竿高2~3 m，直径1~2 cm，丛生竹。新竿浅红色，老竿金黄色，并不规则间有绿色纵条纹。竿箨新鲜时绿色，具黄白色纵条纹。

小琴丝竹在长江以南地区均有分布。用于庭园观赏，也可作篱。

小琴丝竹

3. **慈竹** *Bambusa emeiensis* L. C. Chia & H. L. Fung

竿高5~10 m，径3~6 cm，顶端细长作弧形或下垂如钓丝状，节间长达60 cm，贴生长2 mm的灰褐色脱落性小刺毛，箨环明显，有时在竿基部数节的箨环上下方均有贴生的宽5~8 mm的一圈白色茸毛。箨鞘革质，背面贴生棕黑色刺毛，先端稍呈山字形；箨耳无或不明显；箨舌高4~5 mm，中央凸起呈弓形，边缘具流苏状纤毛；箨叶直立或外翻，披针形，先端渐尖，基部收缩呈圆形，腹面密被白色小刺毛，背面的中部亦疏生小刺毛。

慈竹广泛分布于我国的长江流域。可用于编织竹器，及作为建筑、造纸的原材料。

慈竹

4. **早熟禾** *Poa annua* L.

一年生或冬性禾草。秆柔软，丛生，高8~30 cm。叶鞘无毛，常在中部以下闭合，上部叶的叶鞘短于节间，下部的长于节间；叶舌长1~2 mm，圆头；叶片柔软，先端船形，长2~10 cm，宽1~5 mm。圆锥花序开展，每节有1~3分枝，分枝光滑；小穗含3~5朵小花，长3~6 mm；颖质薄，边缘宽膜质，第一颖长1.5~2 mm，1条脉；第二颖长2~3 mm，3条脉；外稃先端及边缘宽膜质，卵圆形，脊下部有长柔毛；基盘无毛；内稃与外稃近等长，两脊上有长柔毛。颖果纺锤形。花期4—5月，果期6—7月。

早熟禾广泛分布于我国各地。可作草皮，也可作饲料。对臭氧有灵敏的反应，可用于监测环境。

早熟禾

5.结缕草 *Zoysia japonica* Steud.

多年生草本，有匍匐茎，植株高约15 cm。下部叶鞘松弛，上部叶鞘紧密抱茎；叶舌不明显，有白柔毛；叶片质较硬，扁平或稍卷折，长2.5~5 cm，宽约5 mm。总状花序长2~4 cm，宽3~5 mm；小穗卵圆形，长3~3.5 mm，宽约12 mm，小穗柄可长于小穗并且常弯曲；外稃膜质，1条脉，长2.5~3 mm。花果期5—8月。

结缕草在国内分布于江苏、浙江、河北、辽宁等地，是理想的草坪植物，尤宜铺设足球场。

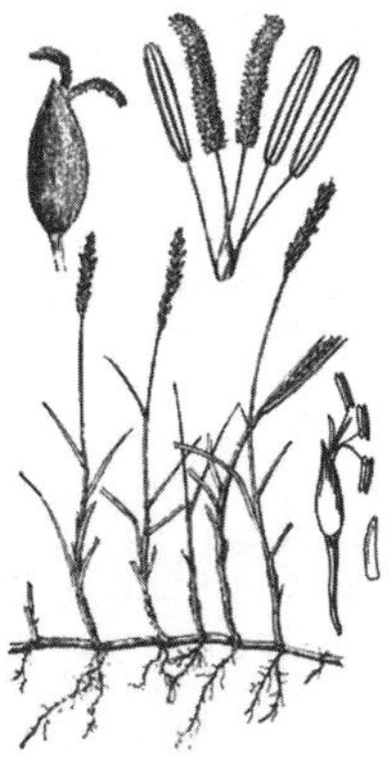

结缕草

(七十)棕榈科

1.棕榈 *Trachycarpus fortunei* (Hook.) H. Wendl.

常绿乔木，树干圆柱形，直立不分枝，大型叶多层簇生于茎的上半部和顶端，向外扩展，全形如掌，深裂为线状剑形、狭长的裂片；叶柄长，下端为褐色苞毛，即棕皮，苞痕在树干上呈节状。花单性，肉穗花序生于叶丛中，淡黄色。核果球形或肾形，熟时蓝黑色，有白粉。花期5—6月，果熟期12月。

棕榈在我国长江流域以南广为栽培，印度和缅甸也有分布。对烟尘、二氧化硫、氟化硫等抗性较强，是工厂区绿化的优良树种。棕皮可制棕绳等；花、皮、根可供药用。

棕榈

2.假槟榔 *Archontophoenix alexandrae* (F. Muell.) H. Wendl. & Drude.

乔木状。茎圆柱形，不分枝，紫灰色，叶鞘脱落后现梯状环纹，基部常膨大。叶簇生茎顶，呈拱状下垂，长可超过2 m，羽状全裂，裂片长约60 cm，多可到137~141片，有明显的中脉及纵侧脉，上面绿色，下面灰绿色，有白粉或淡灰褐色的鳞秕状覆被物；叶轴下面密被褐色鳞秕状茸毛，总柄较短，叶鞘肥大，抱茎而生，长可达1 m。肉穗花序，生于叶鞘束内，雌雄异序；雄花序长可达75 cm，宽55 cm，总苞2片，鞘状扁舟形，软革质，花序分枝呈之字形折曲；雄花淡米黄色，雄蕊9~10枚，稀15枚；雌花序比雄花序略长；雌花单生，近卵形，米黄色。果卵状球形，长12~14 cm，红色。种子卵球形。花期4月，果期4—7月。

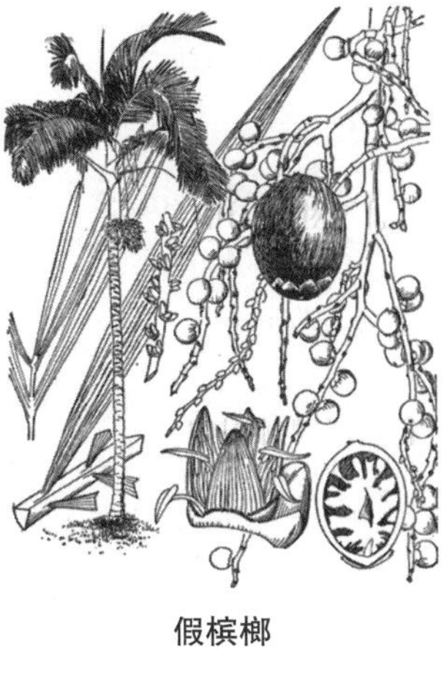

假槟榔

假槟榔原产于澳大利亚，我国广东、广西及西南地区有栽培。为树姿优美的热带树种。

3.鱼尾葵 *Caryota maxima* Blume ex Mart.

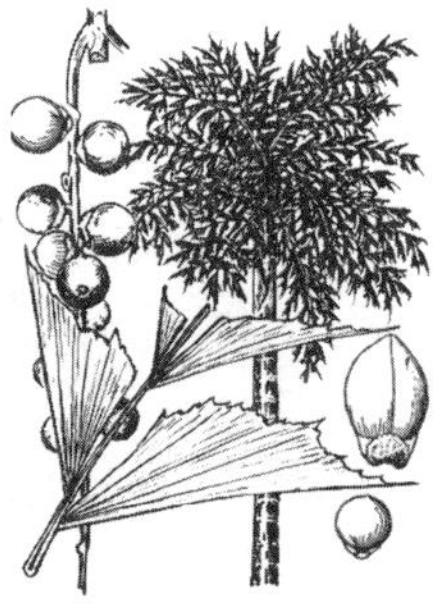
鱼尾葵

乔木,高可达20 m;茎上有环状叶痕。叶大,二回羽状全裂,长2~3 m,宽1~1.5 m,每侧羽片14~20枚,在梢部常下垂,裂片厚革质,顶端一片,扇形;有不规则的齿缺,侧面的羽片菱形而似鱼尾,长20~30 cm,外缘一侧较长,延伸成长尾尖,内缘一侧短,不足裂片全长的一半,上半部有缺蚀状裂齿,裂片近对生,沿叶轴及羽片轴两侧排列;叶轴及羽片轴上有棕褐色的毛及鳞秕;叶鞘长可达1 m以上,长圆筒状,抱茎而生。肉穗花序圆锥形,分枝密,生于叶丛间,下垂,长1.5~3 m;花3朵聚生,雌花介于2朵雄花之间,雄花花蕾卵状长圆形,雌花花蕾三角卵状、略小。果圆球形,成熟时淡红色。花期7月,果期8—11月。

鱼尾葵在国内分布于广东、广西、云南、四川等地区。是优美的风景树及温室观赏植物。茎内含淀粉,可代槟榔粉食用;干材可作筷子、手杖等手工艺品的原材料。

4.蒲葵 *Livistona chinensis* (Jacq.)R. Br ex Mart.

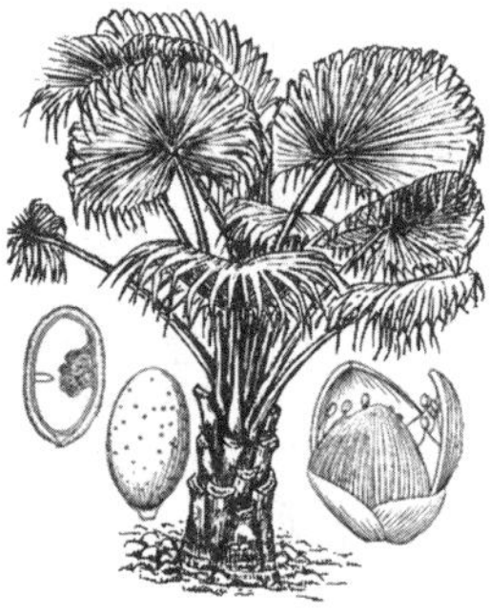
蒲葵

常绿乔木,高可达20 m。茎通直,有较多的密环状叶痕。叶宽肾状扇形,直径可达1 m,掌状分裂,裂深常不到叶片中部,裂片条状披针形,宽1.8~2 cm,先端长渐尖,深2裂,其分裂部分多下垂;上面绿色,有光泽;横生细脉连缀于粗大的掌状主脉形成细方格状;叶柄长可超过1 m,基部宽大,沿两侧生倒钩状刺,叶柄与叶片的连接处形成戟叉状的突起。肉穗花序生于茎顶的叶丛内,长可达1 m;佛焰苞棕色,2裂状,多紧包花序;花小,黄绿色。果实椭圆形至长圆形,长1.8~2 cm,直径1 cm,成熟时黑色、蓝黑色,光滑。花果期4月。

蒲葵在国内分布于华南、西南等地区。是著名的观赏植物。嫩叶为葵扇的原料;老叶可制蓑衣、编席;扇骨可制牙签。果实及根、叶药用。

5.棕竹 *Rhapis excelsa* (Thunb.) A. Henry

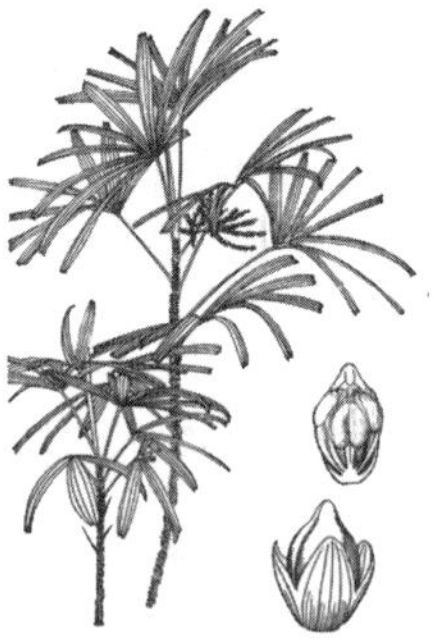
棕竹

常绿丛生灌木,高2~3 m。茎直立有节,直径约2 cm,常包有棕褐色纤维网状的叶鞘。叶掌状5~10裂,裂深常达叶片基部,裂片条状披针形,长约30 cm,宽3~5 cm,先端钝宽,上有不规则的齿缺,裂缘及叶脉上常有褐色的锐刺;横脉多而明显;叶柄长8~20 cm,略扁,有毛或无毛,横断面宽椭圆形,与叶片连接处的戟突呈半圆形。肉穗花序长达20 cm,分枝多;佛焰苞2~3片,管状,外有棕色弯卷的茸毛;雄花序纤细;雄花小,淡黄色,花冠裂片卵形;雌花序较粗壮。浆果近球形,直径约8 mm,外皮黄褐色,常3个生于宿存的花冠管上,稀结实不良;宿存的花冠管呈空心柱状。种子球形,花期6—7月。

棕竹在国内分布于南部至西南部。是著名的温室观赏植物,根及叶鞘纤维可药用。

(七十一)天南星科

海芋 *Alocasia odora* (Roxb.) K. Koch

海芋

多年生常绿草本。茎粗短,高10~40 cm。叶多数,螺旋状排列,聚生于茎顶;叶片盾状着生,卵状戟形,长30~90 cm,宽20~80 cm,先端锐尖,全缘或浅波状,基部心形,后裂片1/10~1/5合生,1级侧脉9~12对,两面绿色,近革质;叶柄粗厚,长40~90 cm。花序梗2~3枚丛生,圆柱形,比叶柄短,绿色或带污紫色;佛焰苞管部卵形,绿色,檐部船形,黄绿色或绿白色;肉穗花序圆柱形;下部为雌花序,白色;上部为雄花序,淡黄色;中间为不育花序,绿白色;顶端附属器圆锥形,淡绿色至乳黄色。浆果熟时红色,卵状;种子1~2枚。花期四季,密林下常不能开花。

海芋在国内分布于长江流域。块茎供药用;根状茎含淀粉,可供工业用。

(七十二)莎草科

1.香附子 *Cyperus rotundus* L.

香附子

根状茎短,秆疏丛生,高10~50 cm,锐三棱形。叶短于秆或与秆等长,宽3~6 mm;叶鞘褐色或红棕色。叶状苞片5~8枚,长于花序;长侧枝聚伞形花序,具6~12个辐射枝,辐射枝长短不等,最长达8 cm;穗状花序圆筒形或长圆形,具多数密生的小穗;小穗平展或稍俯垂,线状披针形,具1~2个小坚果;小穗轴具宽翅,白色,透明;鳞片膜质,边缘常内卷,淡黄色或绿白色,下面具多数脉,中间3条脉明显;雄蕊3枚,花药线形;花柱长,柱头3个,细长。小坚果狭长圆形、三棱形,褐色,表面具微突起的细点。

香附子分布于陕西、湖北、湖南、江苏、浙江、安徽、江西、福建、台湾、广东、广西、贵州、云南、四川、重庆等地。全草入药有祛风止痒、解郁调经的功效。

2.短叶水蜈蚣 *Kyllinga brevifolia* Rottb.

短叶水蜈蚣

多年生草本。根状茎匍匐,外被紫褐色、鞘状鳞片;有节,地上茎直立。叶条形,扁平,上部边缘及背面中肋具细刺毛;叶有鞘,膜质。叶状总苞通常3枚,长短不一,展开。穗状花序单生茎顶;小穗多数密聚;小穗长圆状披针形,压扁状,具3~4枚鳞片;花药线形,外露;子房上位,花柱细长。小坚果倒卵状长圆形,稍扁。花果期4—7月。

短叶水蜈蚣在国内分布于辽宁、吉林、河北、山西、陕西、甘肃、河南、江苏等地区。全草入药,用于清热、截疟、止痢。

（七十三）芭蕉科

芭蕉 *Musa basjoo* siebold & Zucc. ex linuma

芭蕉

多年生草本，通常直立，不分枝。茎粗壮，全由叶鞘层层套叠包围。叶片大型，长圆形，长2~3 m，宽25~40 cm，鲜绿色，有光泽，中脉明显粗壮，宽约2 cm，侧脉平行地垂直于中脉，多而密；叶柄粗壮。穗状花序顶生，直立或稍下垂，佛焰苞片通常红褐色，每苞片有多数小花；花单性，花冠近唇形，顶端5齿裂，下唇较上唇短；雄花具雄蕊5枚，离生，花药条形，2室；雌花子房下位，3室，花柱1个，柱头近头状。浆果三棱形，熟时呈黄绿色。种子多数，黑色。花期12月，果期次年5—6月。

芭蕉原产于日本，主要分布于亚热带，我国长江以南各地有栽培。是常见的水果，常在园林中栽培供观赏。叶鞘的纤维耐水力强，可结绳索；芭蕉供药用，有清热解毒、利尿、化痰、平肝、和瘀、通经之效。

（七十四）美人蕉科

大花美人蕉 *Canna* × *generalis* L. H. Bailey

大花美人蕉

多年生草本。植株高1~2 m。茎绿或紫红色，有黏液，被白粉。叶大，阔椭圆形，长约40 cm，宽约20 cm，叶缘、叶鞘紫色。总状花序顶生；花大，比较密集，每1个苞片内有花1~2朵；萼片3枚，绿色或紫红色，苞片状，长约2.5 cm；花瓣黄绿色或紫红色，长约6.5 cm；外轮3枚退化雄蕊，倒卵状匙形，宽2~5 cm，通常鲜艳，有深红、橘红、淡黄、白等各种颜色；唇瓣倒卵状匙形，宽1.2~4 cm；能育雄蕊披针形，宽2.5 cm。蒴果近球形，有小瘤状突起；种子黑色而坚硬。花果期7—10月。

大花美人蕉原产于美洲、印度，我国各地亦普遍栽培。公园、庭园常见栽培，供观赏。

（七十五）绣球科

绣球 *Hydrangea macrophylla* (Thunb.) Ser.

绣球

又名紫阳花、八仙花。虎耳草科落叶灌木，地栽株高1~4 m，盆栽株高30~50 cm。温暖地区或温室盆栽不落叶。叶对生，卵圆或椭圆形，大而薄，长20 cm左右。花序巨大，顶生，呈球形伞房状，直径8~20 cm，花密集，多数不育，不育花萼片4枚，阔卵形，长1.4~2.4 cm，花极美丽，粉红色或蓝色；花期甚长，从5月一直开到下霜。子房大半下位，花柱3个，蒴果未成熟,长陀螺状,种子未熟。

分布于中国长江流域以南,日本和朝鲜也有。为重要温室盆栽花卉和暖地庭园花卉。

【思考题】

1.你认识哪些草本植物?
2.哪些草本植物适合盆栽?
3.哪些草本植物适合片植?
4.你认识哪些水生草本植物?
5.什么叫灌木植物?
6.你认识哪些灌木植物?
7.什么是藤本植物?
8.你认识哪些藤本植物?
9.什么是乔木?
10.哪些树种有浓烈的芳香?
11.哪些树种之间容易两两混淆?
12.哪种植物是中国香港特别行政区的区花?
13.你认识哪些蔷薇科植物?
14.如何识别桂花?
15.哪种植物可以作为生物杀虫剂资源?
16.常见棕榈科植物有哪些?它们的茎有何共同的特征?

第四章

营养器官的变态

高等植物的基本结构和功能单位是细胞(cell)。在植物体的生长发育过程中,来源相同的细胞(如都来源于精卵细胞受精的合子)在形态结构和功能上变得彼此互异的过程称为分化(differentiation),已经生长发育成熟的细胞一般条件下是不能够进行细胞分裂的,但是在一定的条件下这些细胞可以恢复细胞分裂能力,这个现象称脱分化(dedifferentiation),脱分化的细胞在适宜的条件下可以进一步生长分化发育成熟,称再分化(redifferentiation)。来源相同、形态结构相似、担负某种生理功能的细胞群(或集合)称组织(tissue),依据植物组织发育程度的不同,可以将组织分为分生组织和成熟组织。

由多种组织组成的具有一定形态结构和功能的复合结构称为器官。主要担负生殖功能的器官称为生殖器官,如花、果实和种子;主要担负营养生长功能的器官称营养器官,如根、茎、叶。

在日常印象中,大多数高等植物营养器官的生长发育、形态结构和功能是正常的,茎总是生长在地面以上,而根则在地面以下。但是有些植物的根、茎却不是如此。例如,莲藕是从泥中挖出来的,人们总误以为它是根,其实,它是茎变来的。自然界中有一些植物的营养器官在长期的历史演化过程中,为了适应某种特殊的生态环境,行使特殊的生理功能,在生长发育、形态结构和功能方面会出现一些显著的异常变化,经历若干世代以后,这种变化越来越明显,并能将这种变化稳定地遗传下去,从而能够执行某种特殊的生理功能,这种区别于正常发育,形态结构和功能又发生了巨大变化的营养器官称为变态营养器官(metamorphism of vegetative organ 或 abnormal vegetative organ)。这种变态与植物的病理的或偶然的变化是不一样的,其是健康、正常的现象。植物营养器官的变态具有多样性,根、茎、叶都有变态,除了根、茎、叶水平的变态外,每种营养器官还有多种形式的变态。

第一节

根的变态

根除了正常的形态外,还有一些变态类型,如贮藏根、气生根和寄生根。

一、贮藏根

变态根内薄壁组织发达,细胞内贮藏着大量的营养物质,根肥厚多汁,是越冬植物的一种适应性表现,常见于二年或多年生草本双子叶植物。

(一)肉质直根

萝卜等植物的肉质直根是由下胚轴和主根发育而来,形态较稳定的根。植物的营养贮藏在变态根内,以供抽薹和开花使用。根增粗的主要原因是在次生生长后,部分木质部(萝卜)或韧皮部(甜菜)的薄壁细胞恢复分裂能力,转变成副形成层,进而产生三生木质部和三生韧皮部。

(二)块根

由不定根或侧根发育而来,形态不确定的根。根内细胞也贮藏大量的淀粉等营养物质,一株植物可形成多个块根,块根的增粗是维管形成层和副形成层共同作用的结果,常见有块根的植物有番薯、木薯、何首乌等。

二、气生根

广义上将露出地面、生活在空气中的根,称气生根。

(一)支持根

玉米植株在靠近地面的茎节上,生出一些不定根,它们向下伸入土中,有支持植株、增强吸收的作用,这种根称为支持根。

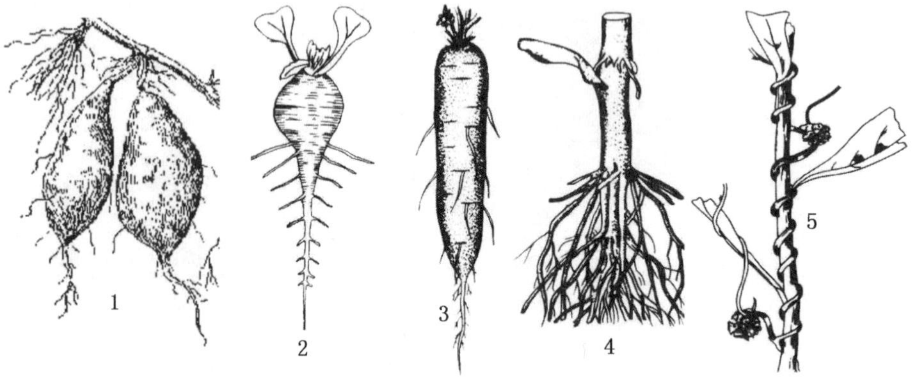

1.番薯块根;2~3.萝卜肉质直根;4.玉米支持根;5.菟丝子寄生根。

根的变态

(二)攀缘根

一些植物如常春藤等,它们的茎细长柔弱不能直立,茎上生出不定根,以固着于其他支持物表面而攀缘上升,这种根属于攀缘根。

(三)呼吸根

沼生植物根垂直向上生长,露出淤泥进行气体交换,称呼吸根。如红树的呼吸根。

三、寄生根

也是不定根的变态,不定根侵入寄主体内并与寄主维管组织相接,吸收生长发育所需要的物质,因而严重影响寄主植物的生长。如菟丝子,它的叶退化,不能进行光合作用,靠寄主生活,是田间的有害杂草。

【思考题】

1.什么是根?
2.什么是根的变态?
3.根的主要功能有哪些?
4.根的变态有哪些类型?

第二节

茎的变态

茎的变态类型很多，外形变化也较大，但它们都具有顶芽和侧芽、节与节间、节上着生有叶等茎的典型特征。茎的内部结构也有多样性的特点。茎的变态可分为地上茎的变态和地下茎的变态两大类。

一、地上茎的变态

植物地上茎为适应一些特殊功能的需求，如保护、攀缘和贮藏，发育出茎刺、茎卷须和肉质茎等。

（一）茎刺

一些植物如柑橘、山楂的部分地上茎变态成刺，具有保护作用。茎刺常位于叶腋，由腋芽发育而来。

（二）茎卷须

南瓜、葡萄等植物的部分顶芽或腋芽变为卷须，用于缠绕其他物体，使植物得以攀缘生长，称为茎卷须。

（三）肉质茎

一些植物为适应干旱环境，叶常退化，而茎肥大多汁，呈绿色，不仅可贮藏水分和养料，还可进行光合作用。许多仙人掌科植物具有这种茎。

（四）叶状茎

是一种变态茎，有些植物一部分茎或枝变为绿色扁平状或针叶状的叶状茎，代替叶进行光合作用，而真正的叶则完全退化或不发达，如竹节蓼、假叶树等。

叶状茎是植物体在干旱环境条件下长期适应的结果。

二、地下茎的变态

植物地下茎变态主要是适应贮藏功能的需要而发生形态上的变化。如块茎、球茎、鳞茎和根状茎。

(一)块茎

马铃薯块茎是由植物基部叶腋长出的匍状枝顶端经过增粗生长而成的。块茎的顶端有一个顶芽,四周有很多芽眼,每个芽眼内有几个侧芽,在块茎生长初期,芽眼下方有鳞叶,长大后脱落。所以芽眼着生处为节,块茎实际上为节间缩短的变态茎。

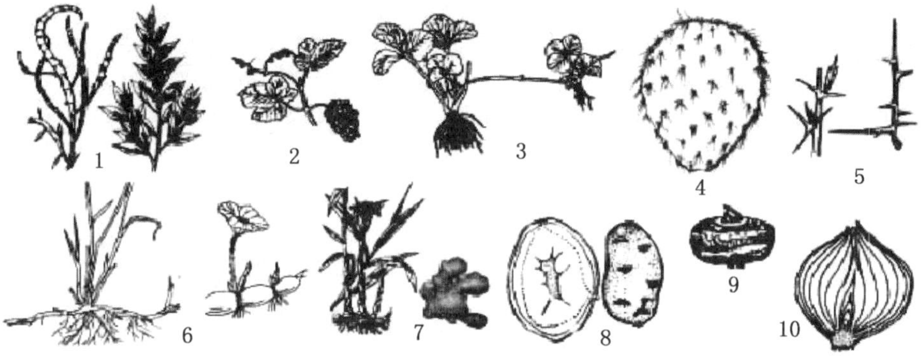

地上茎的变态:1.叶状茎;2.茎卷须;3.匍匐茎;4.肉质茎;5.茎刺。
地下茎的变态:6.根状茎;7~8.块茎;9.球茎;10.鳞茎。
茎的变态

(二)球茎

球茎是短而肥大的地下茎。荸荠、慈姑的球茎由长入土中的匍匐枝末端发育而来,或主茎基部(唐菖蒲)膨大而成,球茎有明显的节与节间,节上具褐色膜状鳞片叶和腋芽,其端点处有顶芽。

(三)鳞茎

鳞茎是部分植物如洋葱的贮藏和繁殖器官。鳞茎的基部有一个节间缩短、呈扁平形态的鳞茎盘,其上部中央生有顶芽,四周有鳞叶重重包着,鳞叶的叶腋有腋芽,鳞茎盘下产生不定根。

(四)根状茎

根状茎横向生长于土壤之中,外形与根有些相似,但有明显的节和节间,节上有退化的叶和腋芽,腋芽可长成地上枝,同时在节上产生不定根,如竹、莲等。

【思考题】

1. 什么是茎？茎有哪些功能？
2. 按照茎木质化程度的不同，可把植物分成哪三种类型？
3. 什么是枝条的夏态和冬态？
4. 茎有哪些变态类型？

第三节

叶的变态

由于功能改变引起叶的形态和结构都发生变化的现象叫叶的变态。

一、叶卷须

由叶的一部分变成卷须状，称为叶卷须。叶卷须是为了适于攀缘生长。如豌豆复叶顶端的2~3对小叶变为卷须。

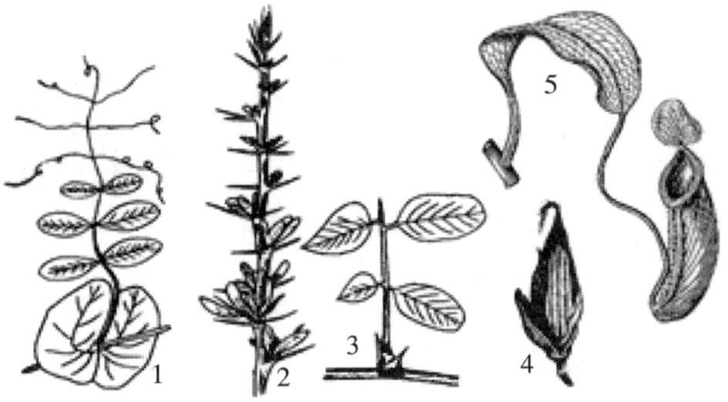

1.叶卷须；2.叶刺；3.托叶刺；4.苞叶；5.捕虫叶。

叶的变态

二、鳞叶

叶变态成鳞片状，称为鳞叶。鳞叶有三种情况：一种是木本植物鳞芽外的鳞叶，也称芽鳞；另一种是地下根状茎上退化的叶称膜质鳞叶或鳞片；还有一种是百合、洋葱的鳞茎上肉质、肥厚、具贮藏作用的叶称肉质鳞叶。

三、苞片

生在花下面的变态叶称为苞片或苞叶。如棉花外面的副萼为三片苞片。苞片数多而聚生在花序外围的，称为总苞，如向日葵花序外边的总苞。苞片或总苞具有保护花和果实的作用。

四、叶刺

有些植物的叶或叶的某部分变态为刺状，称为叶刺。如刺槐、酸枣的托叶变态为硬刺，小檗的叶变为刺状叶。仙人掌属的一些植物在扁平的肉质茎上生有硬刺。叶刺和茎刺一样，都有维管束和茎相通。叶刺主要行保护功能。

五、捕虫叶

有些植物叶或叶的某部分发生变态，能捕食小虫，这类变态叶称为捕虫叶。如猪笼草的叶柄很长，基部为扁平的假状叶，中部细长如卷须状，可缠绕其他物体，上部变为瓶状的捕虫器，叶片生于瓶口，成一小盖覆于瓶口之上。瓶内底部生有许多腺体，能分泌消化液，将落入的小虫消化利用。

【思考题】

1. 叶的基本组成是什么？
2. 叶的主要功能是什么？
3. 什么是叶的变态？
4. 洋葱中分别有哪些营养器官的变态？

第四节

同功器官与同源器官

同功器官即功能相同，形态结构相似，来源不同的变态器官。如茎刺和叶刺，茎卷须和叶卷须。

同源器官即来源相同，功能和形态不同的变态器官。如茎刺和茎卷须，支持根和贮藏根等。

【思考题】

1. 什么叫同功器官？
2. 什么叫同源器官？
3. 试举例说明哪些是同功器官，哪些是同源器官。
4. 植物营养器官的变态主要分为哪三类？

第五章

中国十大传统名花

1986年11月20日至1987年4月5日，由上海文化出版社、上海园林学会、《园林》杂志、上海电视台等联合举办的“中国传统十大名花评选”活动，评选出了中国十大传统名花，依次是梅花、牡丹、菊花、兰花、月季、杜鹃、山茶、荷花、桂花、水仙。它们中的每一种都让我们感觉亲切而熟悉，其中的一种或几种或许就栽种在我们的阳台上，或许生长在我们的庭院里，或许盛开在我们常去散步的花园里。让这些传统名花走向世界、名扬海外，也是中国爱花人的心愿。我们应加强传统名花种质资源保护，在丰富的资源基础上培育更多新品种，让中国的传统名花在世界大花园中绽放异彩。

第一节

梅花

梅花

［宋］王安石

墙角数枝梅，凌寒独自开。

遥知不是雪，为有暗香来。

梅花

梅花 *Prunus mume* Siebold & Zucc.，素有“花魁”之称，总领群芳。凌霜傲雪的梅花是中国特有的传统花卉，自古以来人们爱梅、赏梅、画梅、咏梅、艺梅，形成了梅的文化。经过长期的栽培，至今已有400个以上的品种。梅花原产于我国西南及长江以南地区，可以露地栽培，北方多作室内盆栽。

梅花为蔷薇科李属落叶乔木，树干紫褐或灰褐色，小枝绿色，叶卵形至阔卵形。花单生或有时2朵同生于1芽内，早春叶前可开花；花色主要有大红、桃红、粉色、白色等，清雅芳香。核果近球形，果期为6—7月。园林中多用于庭院绿化或盆栽观赏。

梅花傲风雪、斗严寒的精神，象征着中华民族坚贞不屈的伟大风骨。

第二节

牡丹

赏牡丹

［唐］刘禹锡

庭前芍药妖无格，池上芙蕖净少情。

唯有牡丹真国色，花开时节动京城。

牡丹

牡丹 *Paeonia × suffruticosa* Andrews，是“花中之王”，国色天香，在中国的栽培历史可以追溯到1600年前，因其花大色艳，独傲群芳，上至帝王将相，下至平民百姓，无不喜爱，广泛栽培，品种多达千种。牡丹雍容华贵，是中华民族兴旺发达、美好幸福的象征。牡丹以山东菏泽、河南洛阳为栽培中心。

牡丹为芍药科落叶灌木，株高1~2 m；叶互生，二回三出羽状复叶；花单生于当年生枝顶，花形美丽，花色丰富，花色有红、粉、黄、白、绿、紫等。花期4—5月，果期为6月。可播种、分株、嫁接繁殖。

牡丹可以人工催花，如需要春节开花，立秋后起苗装盆，放入冷室，11月下旬，将小苗移入18~25 ℃的温室内进行养护管理，适量施肥浇水，50~60 d后便能开花。牡丹花枝可供切花；根皮入药，有活血、镇痛的效果。

第三节

菊花

题菊花

[唐]黄巢

飒飒西风满院栽，蕊寒香冷蝶难来。

他年我若为青帝，报与桃花一处开。

菊花

菊花 *Chrysanthemum* × *morifolium*（Ramat.）Hemsl.，原产中国，是我国传统名花之一，栽培历史悠久。菊花冷傲高洁、早植晚发、傲霜怒放、凌寒不凋，和梅、兰、竹一起被人们誉为“四君子”。

菊花为菊科多年生宿根草本植物，茎直立多分枝，叶卵形或广披针形，边缘深裂。头状花序单生或数个聚生于茎顶，园艺品种较多，常见栽培品种的颜色有玫红、紫红、墨红、黄、白、绿等，也有一花两色品种。花期10—12月。

生产中多采用扦插法，有些菊花可用青蒿作砧木，进行芽接育苗，例如悬崖菊、什锦菊等。菊花为短日照植物，每日8~10 h日照，70 d左右就能开花。菊花的花可入药，有清热、明目、降血压之效。

第四节

兰花

题兰花

[清]郑板桥

身在千山顶上头，突岩深缝妙香稠。

非无脚下浮云闹，来不相知去不留。

兰花 *Cymbidium* spp.，是多种兰花的统称，为超凡脱俗、高雅纯洁的象征。兰有四清：气清、色清、神清、韵清。自古以来，兰花就以其简单朴素的形态，高雅俊秀的风姿，文静的气质，刚柔兼备的秉性和在幽林亦自香的特征深受人们青睐。其花具淡雅之香，被颂为“国香”。中国兰文化深植中华大地，香自远古飘来，情系南北东西。

兰花素有“花中君子”“王者之香”“天下第一香”的美誉。中国传统名花中的兰花主要指地生兰种类，包括春兰、蕙兰、建兰、墨兰、寒兰等。我国云南、四川、广东、福建及华北等地区均有野生。兰花喜温暖、湿润、半阴环境，适宜在疏松的腐殖质土中生长、分株繁殖，要求适量施肥和及时浇水。一般来说，“五一”之后需将苗盆移至通风凉爽的阴棚下，进行养护管理，立秋后再搬入室内，这样有利于花芽形成，适时开花。兰花可以装点书房和客厅，还能净化空气。兰花的花枝可作切花。

兰花

第五节

月季花

中书东厅十咏　四季

［宋］韩琦

牡丹殊绝委春风，露菊萧疏怨晚丛。

何似此花荣艳足，四时长放浅深红。

月季花

月季花 *Rosa chinensis* Jacq.，花容秀美，色彩鲜艳，被誉为“花中皇后”。月季花在中国已有千年以上的栽培历史，是中国十大传统名花之一。每当月季花盛开之时，便会博得人们的赞赏。

热情如火的月季花不但是我国传统名花，而且是世界著名花卉，世界各国广为栽培。月季按花朵大小、形态性状，可分为现代月季、丰花月季、藤本月季和微型月季四类。月季顾名思义，它是月月有花、四季盛开。奇数羽状复叶，小叶3~5枚。现代月季由中国月月红小花月季与欧洲大花蔷薇杂交而成，以5月和9月开花最盛。藤本月季枝条呈藤蔓状，花朵较大。丰花月季花朵中等大小但密集，花期从5月中旬一直到10月。微型月季株型低矮，花朵亦小，终年开花，适宜室内盆栽。月季在园林中多用于庭院绿化，亦可种植在专类园。扦插、嫁接繁殖，也可以芽接，亦能靠接。月季花可提取芳香油，用于食品及化妆品行业；花入药有活血、散瘀之效。

第六节

杜鹃花

山石榴，寄元九（节选）

［唐］白居易

闲折两枝持在手，细看不似人间有。

花中此物似西施，芙蓉芍药皆嫫母。

杜鹃花学名杜鹃*Rhododendron* spp.，是杜鹃属植物的统称。杜鹃花被誉为“花中西施”，又名映山红，悬崖绝壁上的杜鹃常呈一片火红，犹如朝霞，在青翠欲滴的新芽中特别显眼，卓尔不群，超凡脱俗。其实杜鹃花不是只有红色的，花色十分丰富。杜鹃花自然分布于北半球温带及亚热带，中国是杜鹃花的原生地。杜鹃花的花期依所处气候带和种类而不同，其体态风姿也是多种多样。

杜鹃为杜鹃花科杜鹃花属植物，常绿或半常绿，灌木或乔木，是世界著名观赏花卉。据不完全统计，全世界杜鹃属植物约有1000种，我国约有600种，是世界上杜鹃种类最多的国家。

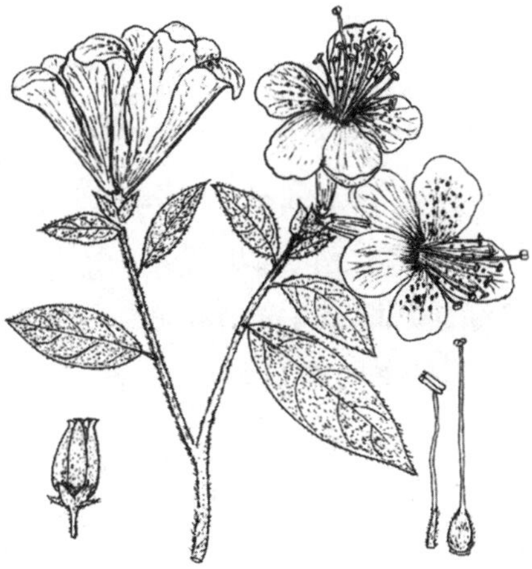

杜鹃

近年来，我国引进大量西洋杜鹃。西洋杜鹃株型低矮，花朵密集，花色丰富，适宜室内盆栽，花期正值我国春节之际，受到花卉爱好者青睐。杜鹃喜温暖、半阴环境，宜于酸性腐殖土中生长。可扦插、高枝压条或嫁接繁殖。室内盆栽，花后要控制浇水，盆土见干见湿即可，土壤过干或过湿容易造成大量落叶。通常在4月中旬将苗盆移到室外通风凉棚下，不能强光暴晒，定期浇灌经过发酵的青草水或0.2%的硫酸亚铁水，可以防止叶尖枯黄。杜鹃花可入药，有和血、调经、祛风湿之效，尤其是我国东北、华北野生的杜鹃疗效十分显著。

第七节

山茶

山茶

[宋]王之道

开花不与众芳期，先得江梅破白时。

犀甲鹤头微带雪，画屏曾见两三枝。

山茶花

山茶 *Camellia japonica* L.，通常叫茶花，是一种名贵观赏植物，被誉为“花中珍品”，又叫“花中娇客”。山茶为我国著名花卉，常绿灌木或小乔木。栽培历史悠久，盛栽于云南、四川、广东、广西等地区，品种繁多。大多在2—4月间开花，花期一个月左右，富丽堂皇。

山茶四季常青，冬春之际开花，花色有红、粉、白，花朵宛如牡丹，有单瓣，有重瓣。属常绿灌木或乔木，叶互生、椭圆形、革质，有光泽。产于我国云南、四川等地，南方地区多用于庭院绿化，北方均室内盆栽。茶花喜温暖、湿润气候，夏季要求荫蔽环境，宜于酸性土中生长。播种、扦插、嫁接繁殖。茶花可以人工控制花期，若需春节开花，可在12月初增加光照和提高温度，一般情况下，在25 ℃温度条件下，40 d就能开花；若需延期开花，可将苗盆放于2~3 ℃冷室；若需“五一”开花，可提前40 d升温催花。

第八节

荷花

晓出净慈寺送林子方

[宋]杨万里

毕竟西湖六月中，风光不与四时同。

接天莲叶无穷碧，映日荷花别样红。

荷花学名莲 *Nelumbo nucifera* Gaertn.，又名莲花、水芙蓉。荷花出淤泥而不染，迎骄阳而不惧，姿色清丽而不妖，成为中国园林水景的重要花卉，被誉为“花中仙子”。中国栽培荷花历史悠久，如今已形成162个以上的荷花品种。

荷花

荷花为多年生水生草本植物，根茎肥大、有节，俗称“莲藕”；叶盾形，分为“浮叶”和“立叶”两种。花有单瓣和重瓣之分，花色有桃红、黄色、白色等，亦有复色品种。

荷花在我国各地多有栽培，有的可观花，有的可生产莲藕，有的专门生产莲子。荷花是布置水景园的重要水生花卉，它与睡莲、水葱、蒲草配植，使水景园格外秀丽壮观。荷花花期7—8月，果熟期9月。播种、植藕繁殖。莲藕、莲子可食用，莲蓬、莲子心入药，有清热、安神之效。

第九节

桂花

凝露堂木犀恶人二首　其一

[宋]杨万里

梦骑白凤上青空，径度银河入月宫。

身在广寒香世界，觉来帘外木犀风。

桂花

桂花学名木樨 *Osmanthus fragrans* (Thunb.) Lour.，原产于我国西南，在我国已有2500多年的栽培历史。桂花树形美观，终年翠绿，花小而芳香，其古朴典雅、清丽飘逸的风格，深受人们的喜爱。自古以来，桂花被当作吉祥、友谊、和平的象征，互相馈赠。

桂花十里飘香，在国庆节前后开花，“金风送爽，十里飘香”，是吉祥如意的象征。桂花为木樨科常绿小乔木，南方地区多用于庭院绿化；北方常室内盆栽。桂花品种较多，常见栽培的有4种：金桂（花金黄色）、银桂（花黄白色）、丹桂（花橙红色）和四季桂（花乳白色）。桂花可用嫁接和高空压条育苗。春季进行枝接或靠接，秋季进行芽接，砧木可选用桂花实生苗或女贞。桂花经济价值很高，花可以提取香料，也可制为花茶。

第十节

水仙

水仙花

[清]龚迟

娉婷玉立碧水间，倩影相顾堪自怜。

只因无意缘尘土，春衫单薄不胜寒。

水仙 *Narcissus tazetta* subsp. *chinensis*（M. Roem.）Masam. & Yanagih.，属石蒜科植物，原产于国外，中国水仙是唐代自地中海区域传入的，作为名贵花卉栽培，至今已有1千多年历史，无论在宫廷或民间都有栽培观赏的习惯，作为园艺花卉有较广的影响，因而被评为中国十大传统名花。

水仙

水仙素有“凌波仙子”的雅称，漳州水仙最负盛名，它鳞茎大、形态美、花朵多、馥郁芳香，深受国人喜爱，同时畅销国际市场。水仙是冬季观赏花卉，可以用水泡养，亦能盆栽。可用鳞茎繁殖，常见栽培品种有“金盏银台”（单瓣花）和“玉玲珑”（重瓣花）。

水仙茎叶清秀，花香宜人，用于装点书房、客厅，格外生机盎然。水仙茎叶多汁，有小毒，不可误食，牲畜误食会导致痉挛。鳞茎捣烂外敷，可以治疗痈肿。

【思考题】

1. 中国有哪十大传统名花？
2. 中国十大传统名花各有什么花意？
3. 诗句“他年我若为青帝，报与桃花一处开”，描述的是哪种名花？

第六章

活化石植物

第一节

什么是“活化石”

有些动物、植物曾繁盛于某一地质时期，不仅种类多，分布广，而且还保留有大量的化石，但在某一时期后，几乎绝迹，只有极少数种能生存下来，残存于现代个别地区的这类孑遗生物，称为“活化石”。如裸子植物水杉，在中生代时广布欧亚与北美，至新生代逐渐南移，极为繁盛。但在第四纪冰期后，几乎全部灭绝，仅有1种尚存在中国湖北省利川市和重庆市石柱土家族自治县以及湖南省龙山县等地。直至1948年，才由胡先骕和郑万钧正式命名为“水杉”。我国现在的裸子植物银杏、水杉和哺乳动物大熊猫等，均被世界公认为珍贵的活化石。活化石物种从地史时期直到现在没有多大变化，于是相应地就形成了一些延续了上千万年的古老的生物，同时代的其他生物早已绝灭，只有它们保留下来生活在一个极狭小的区域。活化石在生物种系发生中，某一线系长期未发生前进进化，也未发生分支进化，更未发生线系中断（绝灭），而是处于停滞进化状态，活化石必须仍是现生的生物种类。

第二节

三峡库区保存有大量活化石植物

经过植物学家多年调查研究发现，三峡库区遗存有多种濒危植物，其中包括银杉、水杉、珙桐等多种珍稀植物。这一地区是我国珍稀植物的“避难所”和3个特有属植物分布中心区之一。

三峡地区素有长江流域“绿色宝库”“物种基因库”之称，拥有大量的珍稀和特有植物。从1992年起，三峡集团的科研人员就开始调查库区内珍稀植物的分布情况，对可能受到三峡工程影响的植物展开保护。2007年，成立了三峡集团长江珍稀植物研究所，通过迁地保护、引种繁育、组培研究、建立“种质资源库”等措施，成功迁地保护1300余种三峡特有珍稀植物，可能受工程影响的植物全部得到有效保护，无一灭绝；还成功繁育三峡特有珍稀植物21万余株，有力守护了三峡地区乃至长江流域的物种基因库，最大限度地保护三峡库区的生物多样性。在这些植物中，较重要的有属古生代孑遗植物的狭叶瓶尔小草；产于二叠纪的银杉、水杉；繁盛于中生代的桫椤、篦子三尖杉等；第三纪孑遗树种珙桐、连香树以及银鹊树。这些远古植物对研究三峡库区植物区系的组成、性质和特点，以及发生和演变等有着特殊的意义。

研究所已建成珙桐、红豆杉等8个大型珍稀植物观光园，珍稀植物保护品种达1006种，是我国最大的三峡特有珍稀植物种质资源库和保育基地。经过多年观察、实验，研究所筛选出疏花水柏枝、荷叶铁线蕨等10余种珍稀植物，并使之回归长江两岸原生地，在护坡护岸、水土保持等方面发挥了重要作用。

第三节

银杏

银杏 *Ginkgo biloba* L.，又名白果树，古又称鸭脚树或公孙树，为著名的“活化石”植物，中生代侏罗纪时期银杏曾广泛分布于北半球，白垩纪晚期开始衰退。第四纪冰川降临，在欧洲、北美和亚洲绝大部分地区灭绝，野生状态的银杏残存于中国浙江省天目山。由于个体稀少，雌雄异株，如不严格保护和促进天然更新，残存林将被取代。

远在两亿七千多万年前，银杏的祖先就开始出现了，至侏罗纪和早白垩世达到鼎盛时期，当时银杏和恐龙一样遍布世界各地。后来，绝大部分银杏像恐龙一样灭绝了，只在我国部分地区保存下来一种，流传到现在，成为稀世之宝。

银杏为落叶大乔木，高达40 m，胸径可达4 m；幼树树皮近平滑，浅灰色，大树之皮灰褐色，不规则纵裂；有长枝与生长缓慢的锯状短枝。叶互生，在长枝上辐射状散生，在短枝上3~5枚成簇生状，有细长的叶柄，叶扇形，两面淡绿色，在宽阔的顶缘多少具缺刻或2裂，宽8 cm，具多数叉状并列的细脉。雌雄异株，稀同株，球花单生于短枝的叶腋；雄球花为柔荑花序状，雄蕊多数，各有2枚花药；雌球花有长梗，梗端常分两叉（稀3~5叉），叉端生1个盘状珠托的胚珠，常1个胚珠发育成种子。种子核果状，具长梗，下垂，椭圆形、长圆状倒卵形、卵圆形或近球形，长2.5~3.5 cm，直径1.5~2 cm；假种皮肉质，被白粉，成熟时淡黄色或橙黄色；种皮骨质，白色，常具2（稀3）条纵棱；内种皮膜质，淡红褐色。

银杏寿命长，我国有3000年以上的古树。初期生长较慢，萌蘖性强。雌株生长20年左右开始结实，500年生的大树仍能正常结实。一般3月下旬至4月上旬萌动展叶，4月上旬至中旬开花，9月下旬至10月上旬种子成熟，10月下旬至11月落叶。

现存的银杏是典型的单型植物，仅一科（银杏科）、一属（银杏属）、一种（银杏），现在浙江天目山一带尚可见到野生银杏。因此，银杏有活化石、植物中的“熊猫”之称。银杏是著名的活化石植物，又是珍贵的用材和干果树种，由于具有许多原始性状，对研究裸子植物系统发育、古植物区系、古地理及第四纪冰期气候有重要价值。叶形奇特而古雅，是优美的庭园观赏树。对烟尘和二氧化硫有特强的抵抗能力，为优良的抗污染树种。种子作干果，叶、种子还可作药用。

银杏雄树只长雄性的花，雌树只长雌性的花（几乎没有雌雄同株），传粉受精后才会结出圆圆的种子，一般称为白果。银杏树是世界上十分珍贵的树种之一，并与雪松、南洋杉、金钱松一起，被称为世界四大园林树木。

第四节

水杉

水杉 *Metasequoia glyptostroboides* Hu & W. C. Cheng，是我国特产稀有树种。天然分布在湖北省利川市磨刀溪、水杉坝，重庆市石柱土家族自治县以及湖南省西北部龙山县等地。这些地区气候温和，是夏秋多雨的酸性黄壤地区。水杉自1948年正式定名以来广泛栽培,北京、辽宁、广东、江苏、浙江、云南、四川、陕西等地均有栽培,是十分受欢迎的绿化树种。

水杉为落叶乔木,高达35 m,胸径5 m,树冠圆锥形。大枝斜上展,树皮灰褐色。小枝淡褐色或淡褐灰色,无毛,无芽小枝绿色,冬季凋落。冬芽卵圆形,与枝条成直角。条形叶,对生,几乎无柄,全缘,羽状排列,叶背面有两条淡黄色气孔带。球果熟时深褐色,种子倒卵形。

水杉为喜光树种,能耐侧方遮阴。喜湿润气候,能耐-25 ℃低温,北京1~2年生小苗在冬季有冻害风险。冠形整齐,树姿优美挺拔,叶色秀丽。最适于合堤崖、湖滨、池畔列植、丛植或群植成林带和片林。

水杉种子一般来源于40年以上的大龄树的球果,幼龄树结籽很少且种子空瘪,因种源缺乏很少播种育苗。水杉为落叶、针叶大乔木,因叶色多变而独具一格,被列为古稀名贵植物之一,为我国一级保护植物。

水杉,这个经历了第四纪冰川浩劫的珍贵孑遗植物,生长比较迅速,10年左右就高达10 m,一般20年便可成材。材质轻软,纹理通直,结构细密,是修建建筑、制作农具和家具的良好材料,又是造纸的好原料。

水杉不仅是珍贵的活化石,而且它有很强的生命力和广泛的适应性,是优良的绿化树种,不但在我国各地广为栽培,其他国家也争相引种栽培,使这珍贵的树种在全球范围内生生不息。

第五节

桫椤

桫椤 *Alsophila spinulosa* (Wall. ex Hook.) R. M. Tryon,是较原始的维管束植物,属于蕨类植物门(Pteridophyta)桫椤科(Cyatheaceae)。我们常见的蕨类植物大多数都是较为矮小的草本植物,而桫椤却是一种大型蕨类植物,因其植株高大,茎干挺拔,叶柄有皮刺,故又名"树蕨"或"刺桫椤"。

桫椤是一种非常古老、起源于距今约3亿年前的孑遗植物,其化石曾在波兰、印度和朝鲜的侏罗纪地层中被发现。在漫长的地史演化过程中,桫椤万劫余生,依然以其亿年前的雄姿挺立于世,因而被称为活化石植物。

经历过无数沧桑的桫椤,由于人为砍伐或自然枯死,现存世数量已十分稀少,加之大量森林被破坏,致使桫椤赖以生存的自然环境变得越来越恶劣,自然繁殖越来越困难,桫椤的数量更是越来越少,目前已处于濒危状态。由于桫椤随时有灭绝的危险,更由于桫椤对研究蕨类植物进化和地壳演变有着非常重要的科学意义,所以世界自然保护联盟(IUCN)将桫椤科的全部种类列入世界自然保护联盟濒危物种红色名录中,成为受国际保护的珍稀濒危物种。我国早期公布的保护植物名录,也将桫椤与银杉、水杉、秃杉、望天树、珙桐、人参、金花茶等一道列为受国家一级保护的珍贵植物(现将桫椤科全部种类列为国家二级保护植物),并建立了桫椤自然保护区,如贵州赤水桫椤国家级自然保护区、广东合水桫椤自然保护区。

桫椤

桫椤形态特征奇异,它的根系主要来自茎干下部长出来的不定根,许多不定根伸入泥土或紧附着岩石,支撑着高大的茎干,众多不定根相互交织,形成一层厚厚的“根被”,覆盖在茎干下部,加粗了茎的基部,增强了茎的强度。这些不定根不仅具有支持和保护作用,还是吸收水分和营养的主要器官。在茎干中上部,有叶柄脱落后留下的清晰叶痕,呈菱形交互排列,极具观赏价值。此外,其茎的中柱构造尤为特别,在近基部的两节是原生中柱,向上渐发育为管状中柱,再往上则是多环式网状中柱,所以在植物学上称之为在同一茎中表现出中柱学说个体发育重演现象的全部内容。桫椤叶柄基部被有较多的鳞片,沿叶柄两侧各有一条断断续续的气囊线,这些鳞片和气囊线在分类学上有重要意义。桫椤靠长在叶下面的孢子繁殖,而孢子的萌发、叶原体的生长及配子的结合,都离不开水。由于其生殖生长和营养生长都需要在潮湿的环境中进行,所以桫椤总是自然分布在深山密林的山谷中或长在林区湿润的坡地上。

由于桫椤具有以上生物学特性,所以给迁地保护大株桫椤带来困难。因为桫椤没有完善的根系,主要靠不定根在潮湿的环境中吸收水分和养分,所以往往移植后,植株因茎干中储存有一定的水分和营养尚能生存一段时间,一旦营养和水分耗尽,植株就会逐渐枯死。因此一般认为保护桫椤应以就地保护为上策。

桫椤主要生长在热带和亚热带地区,东南亚和日本南部也有分布。在我国,桫椤主要分布在华南、西南山区和台湾地区。广东一些山区有少量桫椤呈零星分布,在五华七目嶂省级自然保护区发现了茎高 8 m 多的桫椤,堪称广东之最。

第六节

珙桐

珙桐 *Davidia involucrata* Baillon.，是蓝果树科珙桐属的植物，又名水梨子、鸽子树，是世界珍稀、古老的孑遗植物。植物学家称它为“林海中的珍珠”“植物活化石”“绿色熊猫”。落叶乔木，高可达20 m，枝干平滑。

树形端正，5月中上旬开花，从初开到凋谢色彩多变，一树之花，次第开放，异彩纷呈，人们称赞它为“一树奇花”。花形似鸽子展翅，白色的大苞片似鸽子的翅膀，暗红色的头状花序如鸽子的头部，绿黄色的柱头像鸽子的嘴喙，盛花时犹如满树群鸽栖息，被世界上誉称为“中国鸽子树”，有和平的象征意义。

珙桐

珙桐材质沉重，是建筑的上等用材，又是制作细木雕刻、名贵家具的优质木材。在植物分类学上，珙桐属蓝果树科，1954年曾独立为珙桐科，仅有珙桐一属，且仅有1种和1个变种，即珙桐和光叶珙桐，是新生代第三纪留下的孑遗植物，是国家一级保护植物，为我国独有的珍稀名贵观赏植物。初夏时节，珙桐洁白的花朵竞相绽放，在山风的吹拂下，树树银花飞舞，恰似群鸽展翅，翩翩欲飞，令人心醉神迷。

珙桐属亚热带树种，仅分布在我国陕西、四川、重庆、湖北等少数地区。在镇坪县文彩村神洲湾发现的珙桐树，其分布面积在200 hm^2以上。由于珙桐果实坚硬，一般需要2~3年才能发芽，所以繁殖比较困难。1982年，在石砦等乡镇相继发现了稀有珍贵的珙桐，随后，镇坪县林业技术人员采用扦插繁育珙桐，获得了成功，为保护这一珍稀树种做出了积极贡献。

1896年，法国神父戴维在四川穆坪看到了一种奇特的树木。时值开花季节，树上那白色花朵躲在碧玉般的绿叶中，随风摇动，远远望去，仿佛是一群白鸽躲在枝头，摆动着可爱的翅膀。当时，他被这种奇景迷住了，之后这种植物的标本被送到了巴黎。自此以后，便吸引了欧洲许多植物学家，他们不畏艰险，深入到四川、湖北等地进行考察。1903年首先引种至英国，后又传至其他国家，从此，便成为欧洲的重要观赏树木，被赞誉为“中国鸽子树”，人们习惯称它为“鸽子树”。1954年，周恩来总理率团出席日内瓦会议，在当地巧遇了珙桐花开，他对这种源自中国的特有花木十分欣赏，念念不忘，回国后便督促林业部门对珙桐加以重视和保护，让象征和平的“鸽子”在中华大地展翅开花。

第七节

银缕梅

银缕梅 *Shaniodendron subaequale*（H.T.Chang）M. B. Deng & al.，是金缕梅科（Hamamelidaceae）植物，与恐龙同时代，距今已有约6700万年历史，是植物中的活化石树种，也是国家一级保护植物。

银缕梅2~3年开花一次，为无花瓣类植物，花容美丽，极具观赏性。银缕梅又称“单氏木”，为中国特有。银缕梅的发现，使中国成为世界上唯一具备金缕梅科所有各亚科和各族的地区。

银缕梅

和裸子植物银杏、水杉一样，银缕梅作为被子植物最古老的物种，是仅存我国的活化石树种。科学家在2亿年前的古生代石炭纪化石中就发现了地球上已经有裸子植物；在距今约6700万年前的中生代白垩纪化石中，出现了金缕梅科植物；随后新生代第三纪到来，全球气候温和，演化出千万种被子植物。在植物进化的历史长河中，金缕梅科植物在进化史上有着承前（裸子植物）启后（被子植物）的重要地位。

银缕梅的发现和命名，历经了一个曲折的过程。早在1935年9月，中山植物园的植物学家沈隽，在江苏宜兴芙蓉寺石灰岩山地采集植物标本时，发现它满树枝果，似金缕梅，但又不同，采集标本后，带回植物园存放在标本室，准备日后对这份标本进行深入研究。但后因抗日、解放战争，研究工作中断，中山植物园的年轻研究人员单人骅毫不犹豫地担负起了标本与研究资料西迁的重任，沈隽所采的标本也在此列。单人骅途经多个城市，一直西迁到重庆北碚。1946年，这份标本运送到了上海，后又运至南京国保存。直到1954年，已成为著名植物学家的单人骅教授在清理标本时，认为这个树种是金缕梅科中的一员，与日本的金缕梅相似，但又不能确认，继而指出，这份标本关系重大。1960年，这份标本被误定为金缕梅科金缕梅属小叶金缕梅。1987年，邓懋杉研究员等人在编写《中国植物红皮书——稀有濒危植物》时，再次前往宜兴，终于在同类型的石灰岩山地中找到了实物标本。在随后的物候观察中，竟意外地发现，该树种的花器没有花瓣，它不是金缕梅，是金缕梅科中无花瓣类型树种，形态特征与北美的金缕梅科弗吉特族植物相一致，但又与该族各属植物有所差异，是一个新属新种。在征求了植物学家朱政德教授的意见后，邓懋杉等人于1992年将其学名定为 *Shaniodendron subaequale*，属名为银缕梅属。从此,改写了《中国植物志》小叶金缕梅的误载,一个被子植物中古老的化石树种重新面世,为世人所知。

银缕梅为落叶乔木,树态婆娑,枝叶繁茂。3月中旬开花,先花后叶,花淡绿,绿后转白,花药黄色带红,花朵先朝上,盛花后下垂,远看满树金灿灿,接近目的地银丝缕缕。现已列入《世界自然保护联盟濒危物种红色名录》。

第八节

苏铁

苏铁 *Cycas* spp.,苏铁科苏铁属植物。原产于中国、印度尼西亚、印度等亚洲南部地区,别名铁树、凤尾蕉、避火蕉。在原产地生长10余年即可开花;若有开花期一致的雌雄两株放置在一起,还能年年开花受精结出种子。在长江流域以北,由于日照较长却积温不够,难于开花,故有"六十年一花"或"千年铁树难开花"之说。

苏铁为常绿棕榈状木本植物,茎干粗壮,暗棕褐色,有的可高达5 m,一般不分枝;叶羽状深裂,厚革质而坚硬,羽片条形,螺旋状排列,茎顶簇生大型羽状复叶,形似凤尾,故又名凤尾蕉,边缘显著反卷;雌雄异株,花单生于枝顶;雄球花长圆柱形,小孢子叶木质,扁平鳞片状或盾形;雌球花略呈扁球形;大孢子叶宽卵形,有羽状裂,密被黄褐色绵毛;种子红色卵形,微扁;花期6—8月,果10月成熟。

同属植物常见的栽培观赏种有:华南苏铁(*C. rumphii* Miq.),羽状叶片大而长,开展,叶轴两侧有短刺;宽叶苏铁,又名云南苏铁(*C. balansae* Warb.),羽状叶片大,具有较狭的小羽片;攀枝花苏铁(*C. panzhihuaensis* L. Zhou & S. Y. Yang),叶的羽状裂片之边缘向下反卷,下面通常有毛;仙湖苏铁,又名四川苏铁(*C. szechuanensis* W. C. Cheng & L. K. Fu),叶的羽状裂片长20~30 cm,宽1~1.3 cm,中脉两面显著隆起。

苏铁树形古朴,主干粗壮,坚硬,叶锐如针,洁滑有光,四季常青,是庭院、室内常见的大型盆栽观叶植物,亦适于中心花坛和广场、宾馆、酒楼、会议厅堂等公共场所摆设,枝苍翠,美观大方。

在攀枝花市西区所属的巴关河西坡和格里坪后山,分布着一片十分珍贵的天然苏铁林。苏铁最早出现在距今约2.8亿年前的地球古生代二叠纪。它历经沧桑,几度盛衰。现存的苏铁类植物,仅1科10属约110种,被誉为植物的"活化石"。1971年,四川省农科所和原攀枝花市飞播林场进行植被调查时,发现了这一片占地1500余 hm^2、共

23万多株的苏铁林。它是世界上迄今为止发现的纬度最高、面积最大、植株最多、分布最集中的原始苏铁林。经鉴定，确认这是罕见的苏铁新种，定名为“攀枝花苏铁”。国际苏铁专家特纳来此考察后惊叹：“这是中国的财富，也是世界的财富！”

攀枝花苏铁之奇，还奇在它岁岁含苞，年年开花。俗话说，“铁树开花马生角”“千年铁树开了花”，可见苏铁开花之不易。而攀枝花苏铁生长良好的雄株可年年开花，雌株亦可两年开花一次。这不能说不是世间一奇。每年3—6月，只见苏铁林成千上万个黄色的花蕾争奇斗艳，单株如佛手捧珠，成林似彩毯铺地。万绿丛中黄花点点，形成一种奇异景观。1990年以来，攀枝花市以苏铁命名，举办一年一度的苏铁观赏暨物资交易会，攀枝花苏铁逐渐名扬中外。攀枝花苏铁与自贡恐龙、平武大熊猫被人们誉为“巴蜀三绝”。

苏铁喜温暖、湿润和充足阳光，但也耐半阴，忌夏季烈日曝晒，耐旱，浇水过多易烂根，土壤以肥沃、排水良好的带微酸性砂壤土为宜，栽培环境需通风良好。生长适温为24~27 ℃，温度低于0 ℃易受冻害。苏铁生长缓慢，平均3年树龄的植株每年春夏或秋季才生长1~2轮新叶。苏铁开花难，但20年生以上植株，只要养护得当就能开花；在原产地，10年生以上的植株，几乎都能开花。制约其开花的主要因素：一是积温，一般苏铁开花的积温要3000~4000 ℃以上；二是光照时间，苏铁为短日照植物，在长日照条件下无疑会影响孕蕾开花。

2023年5月，在广西南宁青秀山苏铁园中上万株铁树开花，成为一道亮丽的“铁树开花”奇观。在此苏铁园中，最著名的一株是高大挺拔的“苏铁王”，经测算，“苏铁王”已经1360多岁了。据悉，这株是中国现有记载树龄最古老的苏铁，故称为“苏铁王”。

第九节

望天树

望天树 *Parashorea chinensis* H. Wang，是龙脑香科柳安属植物。常绿大乔木，高40~50（80）m，胸径1.5~3 m。树干通直，有板根。叶互生，椭圆形，近平行侧脉14~19对，在叶背面凸起。花黄白色，圆锥状花序，幽香，坚果密被白色绢毛，具近等长或3长2短由萼片增大的翅。仅分布于云南、广西，生于海拔350~1100 m处的热带季风地带，分布面积仅20 km^2。被列为国家一级保护植物。

望天树的材质优良，生长迅速，但十分稀有。高耸入云的望天树是雨林巨人。走进茫茫无际的西双版纳热带雨林，映入眼帘的一棵棵高耸入云的参天古木大树，初临其境者一定会为它们的高度而惊讶不已，也许会情不自禁地问，这雨林中到底什么树最高？在西双版纳热带雨林上千种树木中，最高的树要数望天树。最高的超过80m，一般都能长到50~60 m，比其他乔木要高出20~30 m。虽说望天树比生长在澳大利亚高150 m的世界最高树杏仁香桉矮半截，比生长在美国高142 m的世界第二高树的北美红杉也矮半个头，但在热带雨林中，它却是鹤立鸡群，高得惊人。在我国以至整个亚洲现存的热带雨林植被中，望天树也可算是最高的树种了。

望天树

如果说望天树只是长得高，那当然不见得有那么珍贵，也不会因此而列为国家一级保护植物。它的名贵在于它是龙脑香科植物，是热带雨林中的一个优势种。在东南亚，这个科的植物是热带雨林的代表树种之一，是热带雨林的重要标志之一。对于探讨中国是否有真正的热带雨林具有极其重要的意义。

望天树树体高大，干形圆满通直，不分杈，树冠像一把巨大的伞，而树干则像伞把似的，西双版纳的傣族人把它称为"埋干仲"(伞把树)。同龙脑香科的其他乔木一样，望天树以材质优良和单株积材率高而闻名于世界木材市场。据资料记载，一棵60 m左右的望天树，主干木材可超过10 m^3。其材质较重，结构均匀，纹理通直而不易变形，加工性能良好，适合于制材工业和机械加工以及较大规格的木材用途，是一种优良的工业用材树种。

中国的望天树，是1975年在西双版纳傣族自治州勐腊县境内的补蚌首次发现的。当时，植物科学工作者根据勐腊县林业局提供的线索，到补蚌进行考察，发现在森林茂密的沟谷边，这样的树成片分布，它一股劲地往上生长，占地面积很小，每亩矗立着10多棵，这里共有100多棵，形成了一个小小的种群。植物科学工作者从它的叶、花、果实的结构、形态，鉴定出它是龙脑香科的一个新种，并赋予它一个形象生动的名字——望天树，意思是"仰头看天才能看到树顶"。从此，在中国植物的目录中又多了"望天树"三个闪闪发光的大字。近年来，西双版纳旅游业日益红火，西双版纳国家级自然保护区管护局别出心裁，独辟蹊径，开发出新颖别致的旅游项目，即用网绳、木板、钢管等材料在高空将粗大的望天树连接起来，并取名为"空中走廊"。踏上晃晃悠悠的"空中走廊"，不仅可以体验在高空摇荡的刺激，还可以体会"会当凌绝顶，一览众山小"，从高空俯视整个热带雨林的全貌，感受大自然的神奇奥妙。

补蚌这片以望天树为主的热带树林群落高60多米，植被层次丰富，板根现象明显，层间藤本植物与附生植物发达，老茎生花现象普遍。群落成分以热带树种为主，林中除望天树外，还有山红树、八宝树、大叶木莲、黑毛柿等珍贵树种。望天树拔地而起，直上蓝天，高出其他乔木20多米。青枝绿叶聚生于顶，形成"林上林"景观。其他乔木高低错落,排列成多层次结构。望天树的板根露于地表,伸向四方。

望天树是证明中国有热带雨林存在的最有说服力的证据。由于西双版纳地处北回归线,在地理位置上应属于亚热带的范畴。所以,在20世纪60年代以前,没有到过西双版纳的国际上一些知名植物学家、生态学家,他们不知道这里的独特地形、地貌,而认为“中国没有热带雨林”,在世界热带雨林分布图中,也没有西双版纳的位置。

我国著名植物学家蔡希陶教授,自20世纪30年代以来,曾多次到西双版纳考察,他坚信,西双版纳所分布的是真正的热带雨林。当代研究热带雨林的世界著名专家、英国的韦特模博士和美国的阿希同博士等亦先后到西双版纳考察,他们也都肯定了西双版纳所分布的是“真正的热带雨林”。在诸多证据中,令科学家们最信服的就是这里分布着高达七八十米的望天树。

为什么这么说呢?因为,与西双版纳山水相连的东南亚所分布的热带雨林就是以龙脑香科的树木为特征,而有别于分布在非洲、美洲的热带雨林。既然西双版纳的森林中有该家族的成员居住,也应是热带雨林了。所以,望天树成了西双版纳热带雨林的重要活见证,是这片热带雨林的骄子。

第十节

银杉

银杉 *Cathaya argyrophylla* Chun & Kuang,又名杉公子,是20世纪50年代继水杉之后发现的又一活化石植物。人们称银杉为“植物熊猫”“林海珍珠”。银杉在新生代第三纪曾广布于欧亚大陆,目前仅存于中国。人们只是在德国和波兰等地发现过它的化石。1955年,我国植物学家在广西龙胜发现了活着的银杉,一时引起国际植物学界的浓厚兴趣,人们赞誉它是“活化石”。1957年陈焕镛、匡可任两位教授为它确定了科学名称。银杉主要分布在我国广西桂林,湖南新宁、炎陵,重庆南川,贵州桐梓、道真等地,一般生长在海拔940~1870 m多雾的石灰岩地区的山脊或悬崖陡坡,要求温暖的向阳坡。

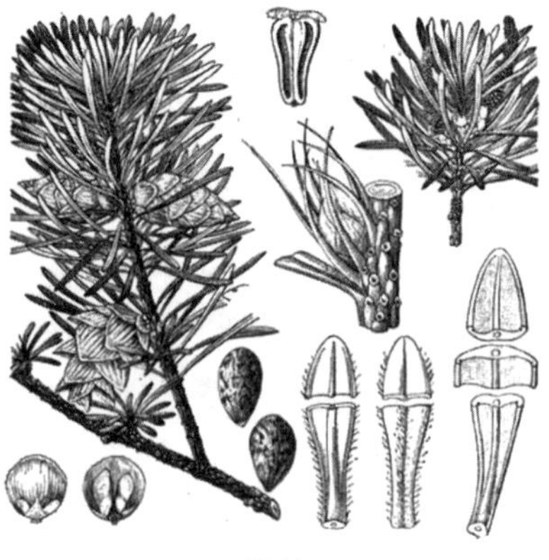

银杉

银杉树是高大的乔木,高约20 m,胸径40 cm以上。球果卵圆形,淡褐色或绿褐色。种子暗绿色。雄球花大于雌球花,雌雄同株。球果当年成熟,初直立,逐渐下垂。银杉木质坚硬,耐腐蚀,入土不易朽烂,是建筑业和造船业的优质木材。

银杉树干通直,树皮暗灰色,裂成不规则的薄片。枝条开展,小枝上端和侧枝生长缓慢,浅黄褐色,初被短毛,后变无毛,有微隆起的叶枕;芽无树脂,芽鳞脱落。叶螺旋状排列,辐射状散生,在小枝上端和侧枝上排列较密,呈簇生状线形。叶线形,微曲或直,通常长4~6 cm,宽2.5~3 mm,先端圆或钝尖,基部渐窄成不明显的叶柄,上面凹陷,深绿色,无毛或有短毛,下面沿中脉两侧有明显的白色气孔带,边缘微反卷,枝平列,小枝有毛,翠叶常青。当微风吹动,远远望去犹如闪闪发光的银白色珍珠,故名银杉。横切面上有2个边生树脂道;幼叶边缘生睫毛。雄球花通常单生于当年叶腋。球果第二年秋季成熟,卵圆形,长3~5 cm,直径1.5~3 cm,熟时淡褐色或栗褐色;种鳞13~16枚,木质,蚌壳状,近圆形,背面有毛,腹面基部着生两粒种子,宿存;苞鳞小,卵状三角形,有长尖,不露出。种子倒卵圆形,长5~6 mm,暗橄榄绿色,有不规则的斑点;种翅长10~15 mm。

银杉不同于水杉,银杉的适应性差,对生态环境要求特殊,留恋故土,难于传播,迄今只局限在中国西南少数深山老林中。目前,我国已在广西、重庆、贵州等地建立了以保护银杉为主的自然保护区。

本种分布区位于中亚热带的中山地带。产地气候冬冷夏凉,雨量多,湿度大,多云雾。土壤是由石灰岩、页岩、砂岩发育而成的黄壤或共同体壤,呈微酸性。这是喜光树种,根系发达,常长在土壤浅薄、岩石裸露的狭窄山脊,或长在孤立的帽状石山的顶部,或悬崖、绝壁隙缝间。在低纬度和低海拔的产地,分别组成银杉与华南五针松,或与长苞铁杉,或与大明松,或与葵花松为主的针阔混交林;在高纬度和高海拔产区,则分别组成银杉与巴东栎,或与青冈、短柄枸树、硬壳桐,或与亮叶青冈为主的针阔混交林。林分面积通常较小,林中的银杉一般几株至二十余株,有的仅一株。自然更新的好坏与林分郁闭度大小有密切关系,疏林中更新较好。

银杉是古老的孑遗植物,其花粉曾在欧亚大陆第三纪沉积物中发现。其形态特殊,胚的发育与松属植物相近,对研究松科植物系统发育、古生物区系、古地理等,均有较重要的科研价值。

第十一节

台湾杉

台湾杉 *Taiwania cryptomerioides* Hayata，又名秃杉或台杉，是世界上有名的高龄老树之一，也是我国独有的珍贵孑遗树种。台湾杉的树冠高大似塔，雄伟壮观。树龄三四百年的台湾杉仍然枝叶茂盛。木材质地良好，有香味和光泽，是上等木料，可作枕木、桥梁木、高级家具的原材料。

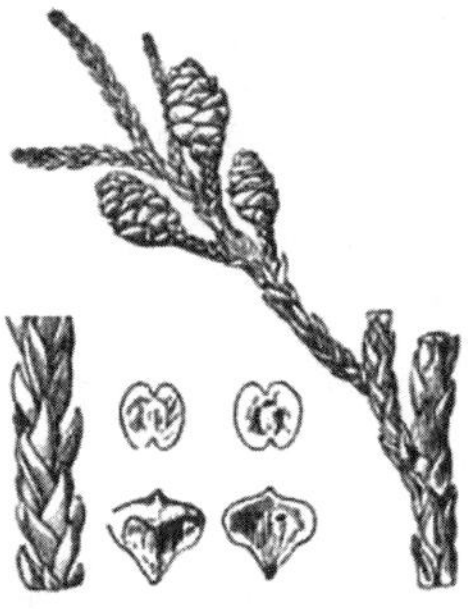

台湾杉

台湾杉为常绿大乔木，高达75 m，胸径有的可达3.65 m；树皮淡褐灰色，呈不规则的长条片开裂。大树之叶四棱状钻形，排列较密，相互重叠，长3~5 mm，两侧宽1~1.5 mm，下部紧覆枝条，先端尖头向内弯曲，四面有气孔线，横切面方菱形，高度大于宽度；幼树及徒长枝的叶长6~15 mm，钻形，两侧扁，直伸或内弯，先端锐尖。雌雄同株，雄球花2~7簇生于小枝顶端；雌球花单生于枝顶，直立，每球鳞具2枚胚珠，苞鳞退化或无。球果小，长椭圆形或短圆柱形，直立，长1.5~2.2 cm，熟时褐色；种鳞21~29枚，宽倒三角形，革质，扁平，长6~7 mm，上部宽约8 mm，先端宽圆具短尖，通常背部具明显的腺点。种子小，长圆状卵形，扁平，长5~7 mm，两侧具膜质翅。花期4—5月，球果10—11月成熟。

台湾杉分布于亚热带季风湿润区，所在地年平均气温11.2~15.4 ℃，年降水量1050~1500 mm，间断分布于云南西部怒江上游的贡山、福贡、碧江、腾冲、龙陵和澜沧江以西的云龙、兰坪及湖北西部利川，重庆东南部酉阳，贵州东南部雷山、剑河、榕江、丹寨，中国台湾地区的太平山、阿里山等。生于海拔1800~2300(2600)m的山地沟谷林中；缅甸北部也有少量分布。在云南高海拔地区冬季可耐-10 ℃的低温。生长地土壤为酸性红壤或黄壤；台湾杉为浅根性、中性偏喜阳树种，侧根发达，幼时可耐中等荫蔽；生长快，寿命长，干形端直；树龄10年内的幼树生长缓慢，超过10年的生长速度显著加快，有一些生长速度很快，每年可长高2 m。

台湾杉是稀有种，对研究古植物区系、古地理、第四纪冰期气候和杉科植物的系统发育都有重要的科学价值。

【思考题】

1. 什么是活化石植物？
2. 哪些植物是活化石植物？
3. 为什么说中国是植物王国？
4. 研究活化石植物有什么意义？

第七章

植物共生现象
——植物间的协调和谐进化

达尔文的进化论学说认为：自然界中生物之所以能进化，主要在于相互竞争，弱肉强食，从而导致适者生存、不适者遭淘汰的结果。这很容易使人较多地注意到自然界中相互对立、斗争的一面，而忽略了相互帮助的一面。事实上，无论是动物和动物之间，还是植物和植物之间，或是动、植物之间以及动植物和微生物之间，都广泛地存在着共生协作的关系。共生的结果，往往使双方更能适应环境，从而促进了生物的进化。了解一下奇妙的共生世界，也许对我们会有许多启发。

共生一般是指两种以上的生物生活在一起，相互之间直接或间接地不断地发生某种联系的现象。可以根据彼此之间的利益关系，细分为共栖、互利共生和寄生三种。

第一节

共生概念的提出与生物共生理论的发展

伟大的生物进化论创立者达尔文在不朽巨著《物种起源》(1859)中所阐述的“猫与三叶草”相互依存的故事，是生物学上的一个生物共生的经典例子。猫不吃草，它们之间有什么关系呢？英国博物学家达尔文经过观察发现，三叶草要靠土蜂传授花粉，才能茁壮成长。而姬鼠喜欢吃土蜂幼虫。姬鼠一多，土蜂就减少，三叶草便无法授粉。姬鼠家族的数量又受猫的影响，因为猫会捕食姬鼠。所以，猫越多，三叶草就长得越好，进而也能保护土壤。

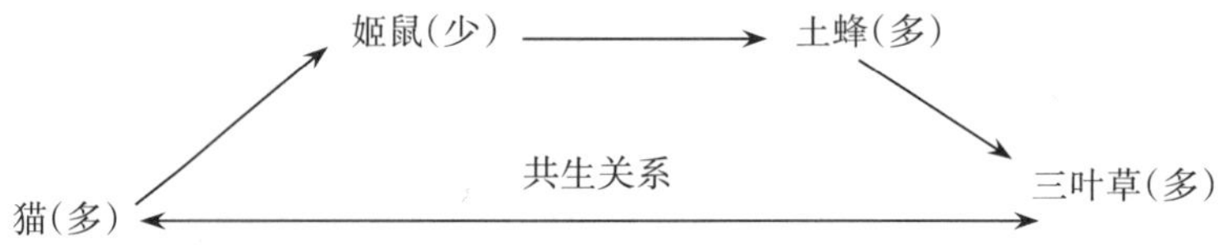

猫与三叶草的关系

第一个提出广义的生物共生概念的是德国植物学家、真菌学奠基人亨利·安东·德巴利(Henrich Anton de Bary,1831—1888年),他在1879年明确提出:“共生是不同生物密切生活在一起。”他后来又论述了生物共生、寄生、腐生问题,并且描述了许多生物间的各种共生方式。在1885年,德国植物生理学家和森林学家Frank在研究中首次发现一些真菌菌丝与树木根系正常地共生结合的现象,并把他观察到的真菌与树木根系共生体命名为“菌根”。后有学者提出了“合体共生”和“离体共生”的概念。1970年,美国生物学家林恩·马古利斯编写了一本关于共生理论的书——《真核细胞的起源》(*Origin of Eukaryotic Cells*),对细胞和细菌的关系进行了深入探讨,对共生概念的发展、细胞的起源和演化等生物学理论的研究产生了巨大的影响。20世纪末,共生概念推广到了更加广泛的范畴,有专家指出“共生包括各种不同程度的寄生、共生和共栖”。

第二节

内共生理论(endosymbiosis theory)对生物演化的意义——推测细胞器的起源

美国生物学家林恩·马古利斯于1981年正式提出真核细胞进化的内共生学说。根据内共生学说,叶绿体和线粒体是古细菌共生体的残遗物,扩展了宿主的可适生境范围,使宿主在有氧气存在的地方很好地生长并能将光能转换成能量。需氧型细菌和蓝细菌被大型原核细胞吞噬后,到细胞之内没有被分解消化,而是存活下来,从而由寄生过渡到与之建立起一种互惠的共生关系,即大细胞利用小细胞的某种功能,从中得益,小细胞则利用大细胞提供的环境与食物,得以更好地生存,最后演化成为线粒体和叶绿体细胞器。因此,线粒体和叶绿体至今还保留了一些它们自己的基因,再经过千百万年的演化,这些原始的生物进化成今天形形色色的真核生物,真核细胞的进化是单细胞进化的一个非常重要的、划时代的里程碑。线粒体和叶绿体的内共生学说是十分成功的,越来越多的事实和新发现支持这个学说,经过几十年的发展,很多科学家赞成线粒体、叶绿体这两种细胞器起源于生物的共生和融合这个观点。

第三节

植物共生现象

植物界中较为典型的共生体有地衣(藻类和菌类共生)、根瘤(如固氮菌和豆科植物的根共生)、菌根(真菌和高等植物的根共生),其他还有昆虫和一些花之间的特异共生等。

一、地衣 lichenes

地衣是专化型真菌与相应的藻类或蓝细菌组成的互惠共生联合体,这种共生关系已经存在了近7000万年,是生物界目前共生关系中最成功的典范。藻胞通过光合作用为真菌提供碳水化合物作为营养物质,真菌细长的菌丝为藻胞群提供保护作用和吸收水分及水中的矿质营养。地衣的这一特性有重大的生物学理论价值和生态学上的实际意义,有时人们将地衣称之为陆地生态环境的开路先锋,也就是说它们能在环境极其恶劣的地方首先生存下来,并改造生存条件,为其他生物的进驻提供了基础。

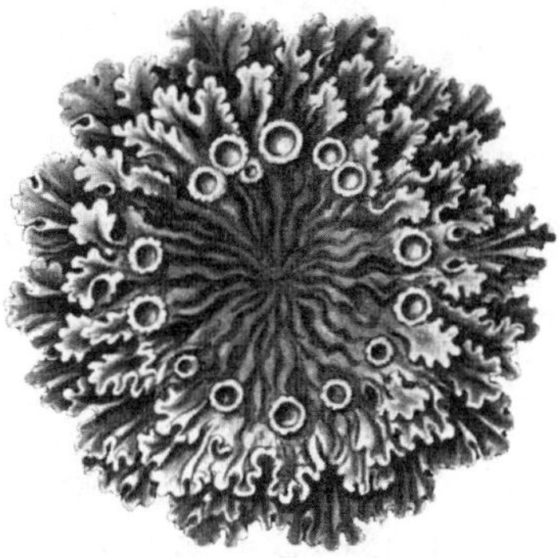

地衣

地衣具备极强的生命力,无论是高山绝顶、沙漠裸石、高原地带、北极冰原,抑或是南极大陆,都可以找到这样一些很不起眼的地衣。它们附着在裸露的岩石上,灰暗的颜色几乎让人无法联想到生命。恶劣的自然环境迫使它们不得不异常缓慢地生长。当你看到指甲大小的不起眼的地衣时,它们也许已经在那里生存了几十年甚至几千年了。

地衣是地球上最古老的植物之一,是一类原始型的低等植物,地衣所处的生态环境与生长基物类型十分广泛。在冰天雪地的南极长城站地区,只有一种叫南极发草的显花植物,地衣和苔藓则是该地区的主要优势植被。在南极,地衣主要分布于南极大陆的绿洲和时有冰雪覆盖的岩石表面,甚至在离南极极点仅有几个纬度的岩石上,也有地衣的踪迹。它是在有阳光照射的季节里，完成其生命过程的。在干旱地段和岩石表面，我们经常看到一些色彩斑斓或斑斑点点的覆盖物，这很可能就是地衣。地衣在那里占绝对统治地位，其中最主要的是枝状地衣，尤以簇花石萝和南极石萝为多。地衣喜欢生长在天然基物上，如各类岩石(包括玛瑙等)、土壤、树木(树皮、树叶、树桩、腐木等)、竹子、苔藓、大型真菌等；一些地衣还能生长在另一些地衣上；有趣的是，有的地衣可以生长在鸟的羽毛上，甚至活体昆虫及乌龟身上。还有一些地衣可生长在人造物上，如布、纸、玻璃、纪念碑、雕塑品、屋顶、墙壁、木器、铁器等，但最常见的地衣是树生地衣、石生地衣和土生地衣。

在野外丛林中，稍加留意一下便可看到树干表面、枝杈上或裸露的岩石上，生长着一些灰白色或褐色，呈叶状、壳状乃至枝状的植物体，这便是地衣植物。地衣无花、无果，也无根、茎、叶的分化，属于低等植物。解剖后对之仔细观察，就会发现它一般是一类由真菌和藻类组合而成的复合有机体，通常真菌菌丝缠绕并包围藻类细胞。有人曾试着把两者分开，结果藻类照样能生存，而真菌却不存活。另外，生长于峭壁和岩石上的地衣，能分泌地衣酸腐蚀岩石，促使岩石逐渐风化，为日后苔藓等高等植物的生长创造条件。所以，地衣是自然界的开路先锋。

近年来人们发现地衣中的特殊化合物已达100多种，其多具有抗癌作用。另外，地衣还可作为监测环境的指示植物。

目前世界上已知的地衣约有1.6万种，中国已知地衣约0.2万种，占世界地衣的10%左右。然而，无论是全世界或中国，实际存在的地衣种数远不止这个数字。

大自然造就的地衣可谓千姿百态、五彩斑斓。地衣生长到一定阶段便会显示出各自独特的外部整体形状。按生长型，可分为壳状地衣、鳞片状地衣、叶状地衣和枝状地衣四大类型。壳状地衣是由颗粒、区块构成近圆形或不规则形状的地衣体，它们紧贴基物生长，有的甚至侵入基物内部，只在基物表面露出子囊盘以示自己的存在。鳞片状地衣主要特征是地衣体呈鳞片状。叶状地衣体有背腹之分，形如叶片。枝状地衣呈直立、半直立线状或丝状，它们悬垂或匍匐，形如灌木状，有的还空心如管，有的实心如柱。在四大生长类型中，每一类型又可分若干亚型，还有一些中间类型。

地衣的色彩更是变化多端，有的白如奶，黑如发，绿如草；有的灰如瓦，黄如杏，褐如茶，红如枣；还有很多深浅不一的颜色难以描述。造成地衣色彩多样的主要原因是地衣产生的色素大都分布于皮层。

地衣的生长速度十分缓慢，即使个体最大、生长速度较快的种类，每100年才生长1 mm。据说一株10 cm高的地衣，其寿命约1万年。地衣靠孢子繁殖后代。地衣所需要的营养是由岩石的化学风化物提供的，但也有风把鸟粪像风吹尘埃一样，吹到地衣生长地的情况。最近的研究表明，有几种地衣，其假根可以分泌地衣酸，溶解岩石，一方面固定自己，另一方面从中得到营养。

地衣的应用价值日渐凸显，人们对地衣资源的利用可以概括为两大类型。一是直接利用,比如,作为中草药、食品、饲料等。二是间接利用,地衣对污染物特别敏感,它可以用来作为指示生物以监测、评定大气质量。经过多年观测研究发现,二氧化碳是影响地衣生长与分布的最主要的影响因子。如在许多排放二氧化碳等污染物的炼油厂周围,地衣都受到严重影响,数量极少甚至没有生长。除二氧化碳外,炼铝厂、炼锌厂、炼硅厂等工厂以及火力发电站排放的氟化物也是地衣生长的致命杀手。此外,某些金属元素,如铜、铁、铅、锌、镁等,对地衣生长也有一定影响。影响地衣生长的二氧化碳和颗粒悬浮物等正是评定城市空气质量的主要指标,这是地衣能有效作为污染指示生物的有力证据。地衣对二氧化碳等物质如此敏感,是由于地衣缺乏像高等植物那样的真皮层和蜡质层,于是这些物质容易进入地衣体内并在体内大量富集,致使体内二氧化碳等物质的浓度高出周围环境许多倍,细胞渗透性和藻细胞中叶绿素结构被改变或破坏,从而妨碍了物质交换与光合作用的正常进行。人们还将地衣生长速度慢而寿命长的性质用于冰川沉积物测年,如20世纪50年代奥地利学者用地衣植物丽石黄衣的生长年限对冰川沉积物进行测年,后来用于地震、地质、气候、考古、岩画等方面的研究。用丽石黄衣测得贺兰山与卫宁北山岩画早期距今10000~13000年,中期距今4000~10000年。

二、根瘤root nodule

豆科(Fabaceae)植物根系与根瘤菌科(Rhizobiaceae)细菌的共生形成了互惠互利的根瘤,形态上表现为豆科植物根部的瘤状突起。这是由于土壤中的根瘤菌侵入根部皮层细胞中所致。根瘤菌在皮层细胞中迅速分裂繁殖,同时皮层细胞因根瘤菌侵入的刺激,也迅速分裂和生长,从而使根的局部体积膨大,形成瘤状突起的根瘤。植物为根瘤菌提供水和碳水化合物作为养料,根瘤菌为豆科植物提供强大的游离氮固氮能力,促进植物蛋白质的合成,提高作物的产量和质量。豆科植物因得到氮素而获得高产;同时由于根瘤脱落,具有根瘤的根系或残株遗留在土壤中,能增加土壤的肥力。利用豆科植物作绿肥或与其他作物轮作、间作,增产效果显著。

寻找根瘤其实并不难,小心地拔起大豆等豆科植物的根,你会发现根上附生有许多小瘤状的结构,其横切面呈红色,这便是根瘤。根瘤菌能有效地固定大气中的氮分子,除满足自身需要外,多数供豆科植物使用,豆科植物则为根瘤菌的生长、繁衍提供了特异的环境条件。豆科植物和根瘤菌之间的共生,是生物固氮中最先进和最复杂的系统。多数根瘤菌与豆科植

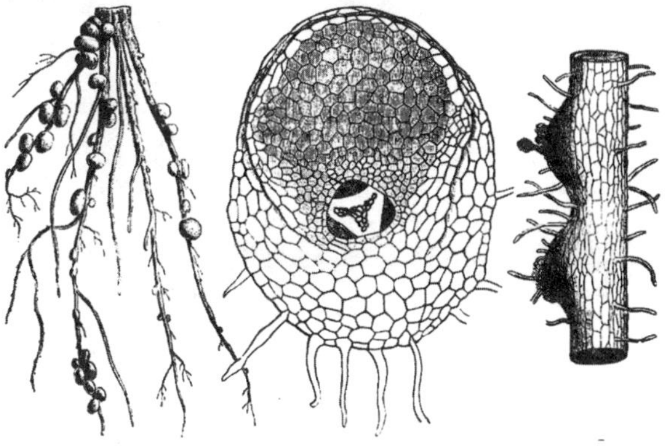

根瘤

物之间有相对专一性，但有些细菌可以和120个属的豆科植物结瘤固氮。豆科植物有一万种以上，其中能形成根瘤的且能被栽培利用的只有极少的一部分，所以研究豆科植物的固氮作用具有很大潜力。

空气中的氮气不能直接为植物所利用，只有通过特定途径，如大气固氮（通过光化学和闪电固氮）、工业固氮（如化肥厂生产氮肥）和生物固氮（如根瘤菌固氮）才能够间接为植物所用。工业固氮多在高温高压下进行，消耗大量的人力、财力和物力，而生物固氮则在常温下“免费”进行，相比之下，生物固氮更清洁、经济。目前，人们最感兴趣的问题是如何设法诱导非豆科植物如水稻、小麦、棉花等农作物形成根瘤自主固氮，这无疑将会为农业带来绿色革命。随着基因工程的不断应用和推广，这一天可能就快到来。

另外，胡颓子属、桤木属、杨柏属等一些植物种类亦具根瘤，且也有固氮作用，不同的是这些根瘤是放线菌侵入这些植物的根部而形成的，所以根瘤在农业生产上具有非常广阔的应用前景。

三、菌根 mycorrhiza

许多植物的根系与土壤中的微生物建立了共生关系，在植物体上形成菌根或根瘤。豆科植物的根瘤和根瘤菌已为人们所了解，但很多人对菌根还是比较陌生的。其实，菌根是植物界中最广泛的一种共生体，即某些种子植物的根与土壤真菌共生所形成的互惠共生体，称为菌根。自然界中95%的植物能形成内生菌根，只有少数植物如杜鹃花科、松科和桦木科能形成外生菌根，兰科的菌根较为独特，有人称为兰科菌根，如药用植物天麻，它是一种多年生腐生草本，其本身不能制造营养，主要通过和其共生的密环菌来吸收养分、水分等。兰科植物较难移栽，移栽时必须带些母土，否则就难以成活，这也和与其共生的真菌相关。

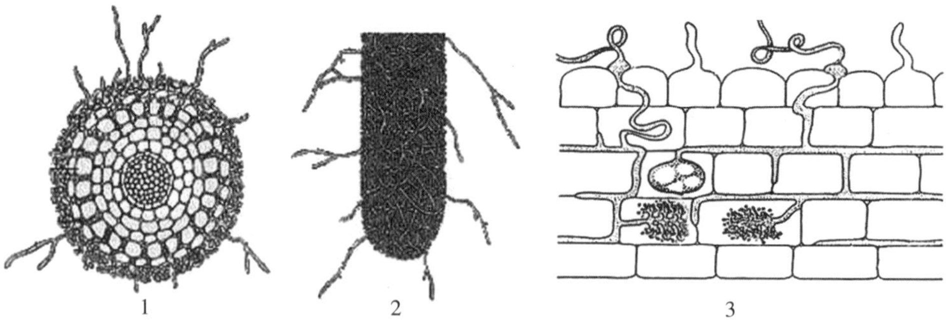

1~2. 外生菌根；3. 内生菌根（泡囊丛枝菌根）。

菌根形态解剖图

在形成的互惠共生联合体菌根中，植物根提供微量的碳水化合物就能满足菌根真菌的营养需求，作为“回报”，菌根真菌用丰富和细长的菌丝为植物根系提供更加强大的吸收能力。菌根的研究和利用，对于植树造林，尤其是对荒山、沙漠等贫瘠土壤上的绿化工作,对提高作物的产量和质量,对农业的可持续发展等都具有特别重大的意义。

根据真菌菌丝与寄主根细胞的相互关系以及形态结构特征,可将菌根分为两种类型:(1) 外生菌根,真菌形成一鞘层,即菌丝罩,包裹着幼根的外部,只有少数菌丝侵入根皮层的细胞间隙中,如松树、栎树等的菌根。(2)内生菌根,真菌不形成明显的罩子,而大部分菌丝均侵入根部皮层的细胞内部,如兰属、草莓等的菌根。菌根真菌的菌丝如同根毛一样,起吸收水分与营养的作用。还能将土壤中的矿质盐和有机物质,转变为易于寄主吸收的营养物质,以及可制造维生素等营养成分供给根系。而寄主植物分泌的糖类、氨基酸及其他有机物质又可供真菌生活,因此两者为共生关系。

菌根对植物的养分吸收、抗旱及抗病虫害等能力有很大的影响。在果树上,菌根已进入实用阶段,如在苗圃中可以接种很少的菌根真菌来代替施用磷肥和锌肥。但总体上看,由于一些技术问题还未解决,菌根的开发利用在我国尚未普及,还停留在试验阶段。

四、榕果 banyan fruit

桑科榕属中的无花果、薜荔榕和某些特定的瘿蜂之间也存在着较为密切而复杂的共生关系,称为榕果共生。全世界共有桑科榕属植物约1千种,我国约有100种。它们都有一个共同的特征——外表看起来似乎没有花,但却能结果,所以大家又叫它们“无花果”。其实,榕属植物是有花的,只是它们的花都很小。开花的时候一朵花比我们书本上的一个句号还要小得多,而且与一般显性花不同,榕属植物的花许多朵簇生在一起,集中在一个膨大的花序托(以下简称”花序”)里面,构成一个隐头花序。尽管花很小,它们一样还是有花被、雄蕊、子房,有花粉和胚珠,照样要开花、传粉、结实并散布它们的种子。这一过程全部都隐藏在一个很小的花序里面进行,每一个花序里又包含了几十朵甚至几千朵花。榕属植物的花很小很幼嫩,容易遭到昆虫的噬咬和破坏,所以在长期的进化过程中,它们的花序将所有的花包裹起来,这样就达到了保护花的目的。但同时也产生了一个问题——谁来给它们传粉?虽甲虫、蝇类、蝶类和蚊类各有不同的口器,但是它们都不能完成这一任务。一种特殊的昆虫榕小蜂此时便大显身手了。榕小蜂有特化的身材,削扁的头部,可以钻进花序里面去寄生,同时也完成传粉的任务,榕树和榕小蜂的共生关系由此建立起来,榕属植物为榕小蜂提供栖身场所(瘿花子房)及发育所需的一切营养,榕小蜂在花序中爬动,为榕属植物进行必不可少的传粉。

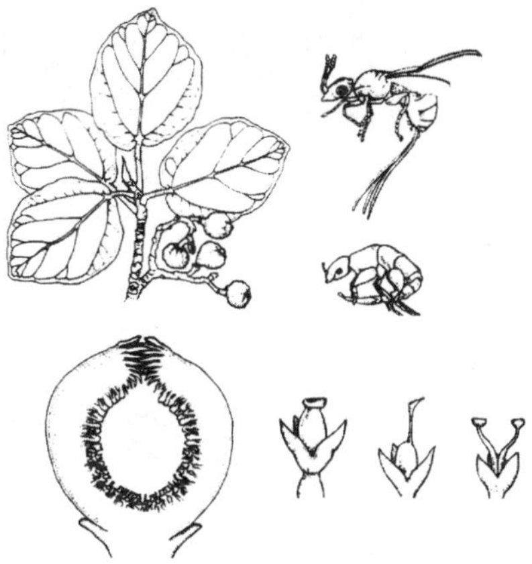

无花果与榕小蜂共生形成榕果

榕树和榕小蜂是世界上目前所知互惠共生关系最为密切的一类生物，它们与丝兰和丝兰蛾、蚂蚁和金合欢被认为是地球上最典型的三类协同进化关系最为密切的生物。而榕树和榕小蜂又比后两类协同进化关系更为密切，几乎已经发展到一对一的高度协同进化程度，所以，对榕树和榕小蜂的研究，已经成为目前生物协同进化机制研究、局域配偶竞争机制研究、微环境生物竞争机制研究等的最佳模型材料和试验验证材料。

最初榕小蜂从榕树获得食物建立起原始的生态关系，在以后的演化过程中榕树花序为榕小蜂提供繁衍栖息的场所并依赖其传粉，此类共生关系的建立和维持，不但依赖于共生双方在形态结构上的高度互适，生理生态上互相吻合，生活史上互相衔接，而且与榕小蜂的生物学行为密切相关。

榕属植物中有些为雌雄异株植物，是观察榕-蜂之间奇妙共生关系的好材料。所谓雌雄异株植物是指雌花和雄花长在分离的植株上，雌性植株上的花必须接受雄性植株上的花粉才能结果。榕属植物有3种花：雌花、雄花和瘿花。雌株上只有雌花，雄株上则有雄花和瘿花，其中瘿花是由雌花特化而来的一种中性花，它不能结实，只能供榕小蜂在里面产卵，然后孵化出新一代的榕小蜂。瘿花的柱头很短，正适合榕小蜂的产卵器的长度。因而榕小蜂可以在每个瘿花的子房里产下一个卵。无论是雌花、雄花还是瘿花，都是被花序包裹起来的隐头花序。只有剖开花序才能看到里面，但由于花序的发育阶段不同，所以看到的情景又可能极不相同。

榕属植物花的发育可以分为五个时期。①花前期：雌、雄株的隐头花序都还很小（只有花生米般大小），里面的雌花、雄花和瘿花都正在生长。②雌花期：雌花和瘿花发育成熟，雌花正等待传粉，瘿花则在等待小蜂前来产卵。传粉和产卵都在这个阶段完成。③间花期：雄花逐渐发育成熟，大约需要好几个月。④雄花期：雄株上的隐头花序的口部打开，已经发育成熟并完成交配的雌性榕小蜂从里面飞出来，同时身上沾上了已经成熟的花粉。⑤花后期：榕小蜂为雌花传粉结束，雌花序中雌花的子房不断膨大，最后结出硬邦邦的果实，雄花序由于瘿花中的小蜂已经飞出，雄花的花粉也已经被带走，它的使命已经完成，因此纷纷落下。

许多物种依赖其他物种而生存，通常情况下是一个物种利用另一个物种，但有时两个物种也可能在生存竞争中同心协力。赤小蜂与榕属植物，它们“合则皆旺，分则皆亡”：植物离不开它的寄生虫，失去了虫的寄生，它就将断种，而全由植物哺育的这种昆虫“知恩图报”，大部分的雌性成虫专为植物传粉效力，传粉以后怀着满腹的虫卵死去。

薜荔榕小蜂（*Blastophaga pumilae*）是薜荔（*Ficus pumila* L.）的传粉昆虫，栖息于薜荔隐头花序中，在其生物学行为中以钻入花序产卵或传粉最为关键。有研究表明：薜荔榕小蜂钻入花序平均费时69.48 min，标准差13.26 min；伤残程度很高但能在伤残的情况下完成产卵或传粉；卵的尾丝能起标识作用避免重复产卵；进入雌花序的小蜂具逃离花序的行为但不能实现；1只小蜂平均产528个卵或为1072.4朵雌花授粉。

无花果大约在汉代传入我国，可食率高达92%，果实皮薄无核，肉质松软，风味甘甜，具有很高的营养价值和药用价值。无花果有治疗肠热便秘之效，并且含有丰富的蛋白质分解酶、脂酶、淀粉酶和氧化酶等酶类，能促进蛋白质的分解。所以，当人们多食了富含蛋白质的荤食以后食用无花果，有帮助消化的良好作用。无花果除了开胃、助消化之外，还能清热生津、治咽喉痛。在浴盆中放入干燥的无花果叶片，有暖身和防治神经痛与痔瘘、肿痛的效果，同时还具有润滑皮肤的美容作用。所以，在日本的无花果产品包装上常印有“健康食品”“美容”等宣传字样。无花果最重要的药用价值表现在对癌症的显著抑制，被誉为“21世纪人类健康的守护神”。无花果中含有多种抗癌物质，是研究抗癌药物的重要原料。科学家从无花果汁中提出类黄酮、芸香苷、酮糖、醛酸、佛手柑内酯、补骨脂素等抗癌物质，这些物质对癌细胞的生长有明显的抑制作用。

五、满江红 *Azolla pinnata* subsp. *asiatica* R. M. K. Saunders & K. Fowler

农田杂草一向被视为作物的大敌，但在中国江南水乡，农民们却希望自己经营的稻田中有一种名叫满江红的水生杂草“光顾”，以至于特意在水田中放养这种植物。有了满江红的帮助，稻田不仅可以少施肥，而且还能抑制其他有害杂草生长，使水稻增产。满江红亦称红萍、红浮萍、绿萍、紫藻和三角藻，是一种生长在水田或池塘中的小型浮水植物，属于蕨类植物门、满江红科，几乎分布在世界各地的淡水水域中。中国原产的只有满江红1种，分布在秦岭淮河以南等地区。满江红幼时呈绿色，生长迅速，常在水面上长成一片。秋冬时节，它的叶内含有很多花青素，群体呈现一片红色，所以叫作满江红。上瓣浮在水面上，能进行光合作用，下瓣斜生在水中，没有色素。

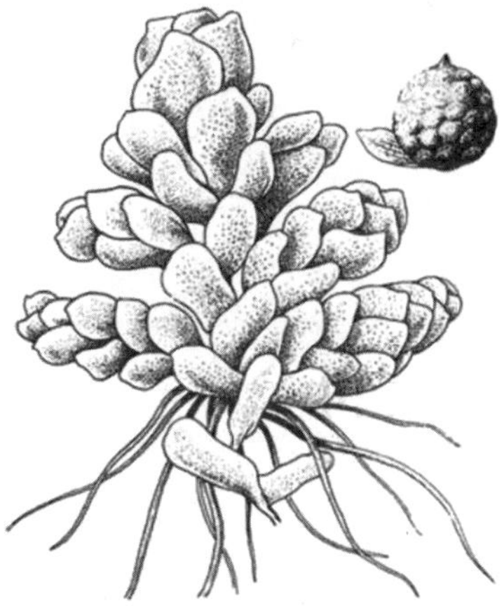
满江红

满江红看上去像一团黏在一起的芝麻粒浮在水面上，水下有一些羽毛状的须根。如果仔细观察就会发现，这些“小芝麻粒”就是满江红的叶。它们无叶柄，交互着生在分枝的茎上，根状茎横走，羽状分枝，又好似一串串小葡萄。每一片叶都分裂成上下两部分。上裂片绿色，浮在水上；下裂片几乎无色，沉在水中，上面生有大、小孢子果，分别产生大、小孢子。满江红能增加水田肥力的奥秘就在它那芝麻粒大小的叶子中。在满江红叶的上裂片下部，有一空腔，腔内生长着一种叫鱼腥藻(*Anabaena azollae*)的蓝藻。这种蓝藻并不白住在满江红的体内，它通过自己奇特的固氮本领，将空气中的氮素变成氮肥供满江红使用，使这种水生蕨类植物成了赫赫有名的“绿色肥源”。农业上，满江红既是好饲料也是好肥料。鲜萍体含粗蛋白1.3%~1.46%，粗脂肪0.18%~0.3%，灰分0.73%~1.16%，无氮浸出物2.2%~4%。满江红除进行有性生殖外，还能通过侧枝分离进行营养繁殖。只要环境适宜，满江红生长和繁殖十分迅速，虽然体形小，却通过极大的个体数量布满整个水面，好像在水面上铺了一床红彤彤的地毯，景色十分动人。

李时珍在《本草纲目》中记载了满江红作草药或熏杀蚊虫等用途。它的全株入药，有发汗、利尿、祛风等功效。

生物间共生现象十分普遍，如经表面消毒的真菌孢子，在灭菌培养基上培养时，仍有相当大比例的其他微生物在培养基上生长，表明真菌孢子内可能共生了其他更小的微生物。笔者在调查三峡库区柑橘园土壤中的丛枝菌根真菌（Arbuscular mycorrhizal Fungi，AM 真菌）时，发现不少的 AM 真菌孢子内共生有同种或不同种的 AM 真菌孢子，称这种现象为孢内孢子或内生孢子。

【思考题】

1. 什么是共生？
2. 生物共生的特点有哪些？
3. 常见有哪些植物共生现象？
4. 根瘤和菌根有何区别？

第八章

干花工艺与叶脉书签的制作

干花最早源于人们对美的一种追求，19世纪初欧洲的一些油画作品中就有干花出现，目前在西方国家十分流行，已成为一个有相当历史渊源并且极富艺术性的独立行业。生活中，人们把采摘的野花野果不经意地摆放在家里，经过一段时间后，发现干燥的鲜花鲜果也有特殊的美感。尽管大自然有着千千万万争奇斗艳的花草植物，但是花开也有花落时，随着时间的流逝，花朵总有枯萎凋谢的时候。为了能够留住大自然创造的美丽，于是富有生命力的干花应运而生，以其特有的风姿出现在人们的生活之中，并成为珍贵的礼品，用于馈赠亲友。清香淡雅、芳馨长驻的干花，代表天长地久的永恒情感。环顾国内，无论是街边小铺，还是高级商场的橱窗里，到处都有五色斑斓的干花丛或几可乱真的人造花饰。

第一节

干花工艺的基本原理

干花是以植物的秆、叶、花、果干燥后的形貌为设计重点，慧心巧思地表现植物在活色生香之外的独特韵味，经干燥等特殊工艺制作，可久置不坏，又具有独特风格的观赏花材。它有鲜花所不及的耐久性，也有比人造花真实、自然的优点。它可和鲜花或人造花搭配，表现独特的趣味。它源于大自然，摆放时间长，可以任意染色。它与绢花、塑料花相比，更加逼真，不需保养。对于向往大自然，却又无法常亲近大自然的人而言，这种有着大自然气息的干燥花，可以满足现代人对回归自然的渴盼。选择干花布置房间，既有野趣，又不费时费力。同时，干花的香味在半封闭环境下一般可持续半年至一年，香味散尽后，还可以根据自己的喜好，选择从不同鲜花中提炼的芳香油为干花添香。干花正逐渐成为室内摆设的宠儿,其开发利用前景十分广阔。

不同形式和质地的干花及花篮

一、平面干花工艺品制作的简易工艺

(一)材料采集

大自然里的花草种类很多,如蝴蝶花、翠雀、天竺葵、迎春、天人菊、孔雀草、蜡梅、月季、香石竹、一串红、矢车菊、麦秆菊、补血草(干枝梅)、霞草等都是很好的干花材料。还可以用人工栽培的花草作为制作材料,包括二色堇、白锦竹、美女樱、六倍利、银叶菊、黄波斯、千茑、矢车菊、香豌豆花、玫瑰、飞燕草等。

花草要不失时机地去采集,及时干燥,这样在少花时节也可以将其组合为干花束。一般以9:00—11:00采集为好,这时已无露水,花草本身含水量也适中,采集后既保鲜也易烘干脱水。下午花草多处于凋萎状态,不宜采集。可选含苞初放的花蕾,也可选完全开放的花朵;叶子要选新鲜翠绿的,根据需要也可采集成熟的深绿色叶。采到的花草应立即处理,放在阴凉处(可将花分类放在袋中),以保持新鲜状态。

(二)材料处理

采集来的花草可按用途分两种方法处理:(1)用来制作贺卡的花需要准备好吸水纸(无皱卫生纸)、瓦楞纸(包装硬纸盒)、大铁夹、镊子等。先在瓦楞纸上铺2~3层吸水纸,再放一层花,这样放3层花后,上盖瓦楞纸,四周用铁夹夹紧(或用重物压紧),放在炉子旁或暖气上烘干(切不可放在太阳下晒干),12 h即可。如有条件,用烘干箱或微波炉干燥最好。(2)用来作花枝的花草如千日红、麦秆菊、补血草、霞草、地榆、芦苇、狗尾草等,需去掉叶子，倒挂在阴凉通风处，使其自然干燥。或将采来的花枝埋入干燥剂中，经11~20 d后拿出，用毛笔扫掉花瓣上的干燥剂。

（三）制作工艺

在制作干花工艺品时，需准备好剪刀、镊子、胶水、铅笔、毛笔、卡片纸、细铁丝和缎带。工艺品分为平面工艺品及花枝工艺品两种。

平面干燥花也称压花，它是将鲜花或植物其他部分经脱水、保色、压制和干燥等工艺处理而成的。按花的色彩、形态、质感、韵律等特点进行搭配，可构成一幅幅生动活泼的压花艺术画。

初学时，可根据材料，按照图画书或杂志上的画样，在卡片纸（或镜片）上用铅笔轻轻画个草图，然后用毛笔蘸胶水小心粘胶。胶水不要蘸得太多，否则画面上沾有胶水会影响美观，贴后自然晾干即可。有塑料平面封膜机的，可在卡片纸上组图后再封上塑料薄膜，这样可延长保存时间，并使之更加美观。制作一段时间后，有了美感和实际经验，还可以自己设计图案，如风景、植物、动物、人物等，会更加增添乐趣。

压花不仅可以把花草本有的美丽定格，而且通过人们的创意，还可以把人物、动物、风景等画面重现于人们的眼前，放在家中可为家居装饰增添一份大自然的气息。不仅如此，压花艺术还带给人们更多的情感交流和美的享受。那些美丽的贺卡、可爱的饰物、别致的灯饰、透明的花草让我们在喧闹、浮躁的都市生活中倍感轻松和温馨。

二、立体干花的干燥与简易工艺品的制作

（一）材料干燥

容积式干燥法用棉花干燥，能极好地保持花朵的形状和颜色。先在一块硬纸板上垂直固定几块几厘米高的小纸板，把花朵放在纸板之间。然后小心地把棉花铺在整朵花的下面和花瓣之间，并填满所有花冠的凹处和叶片之间的空隙处。为了不使棉花掉落，可用纱布把裹上棉花的花朵包起来，然后把硬纸板挂在干燥暖和处或平放在地板上。2~3周后，花朵变干了，颜色仍然鲜艳。如纸板有限，也可在硬纸板上扎些孔洞，把花茎从孔洞中穿过去，而花朵留在硬纸板上。然后用棉花填满所有的凹处，并用纱布把棉花固定。此法适用于唐菖蒲、百合、鸢尾、百日草、并蒂莲等具有复合花冠或重瓣花冠的大花朵。

沙子干燥法要选用纯净、干透的细河沙和不带水汽的花朵。先在纸盒里撒一层5 cm厚的沙子，将花朵朝下放在沙子上，从上往下细心地撒沙子直到填满所有空隙，特别是花瓣之间的空隙一定要小心地填满沙子。然后把花茎捆扎起来，露在沙子外，盖上

盖子,放在干燥凉爽处。2~3周后,小心地将沙子透过盒子底部的小孔漏掉。留在花瓣上的沙子,可用软刷子刷掉。适用此法的花卉有三色堇、鸢尾、毛茛、勿忘我、玫瑰、芍药等。

干燥的方法有多种,但以自然干燥法最为简单易行。在开花季节,将采集好的花扎成小把,彼此相距10 cm,在室内干燥的空气中将花序朝下悬挂在绷紧的绳子或铁丝上,这样在干燥过程中茎的顶端可保持刚硬。水分蒸发20 d便可干燥。为更好地保存其自然色泽,应尽量用热空气快速干燥。干燥后取下来,放在专门的盒子里。不要用塑料袋,因为这会影响水分蒸发,易引起霉变。

在制作干花时,应在干燥的天气条件下进行切割。花茎应留得长一些,除去叶子,因为叶片会延长脱水过程,而且往往皱缩失去观赏价值,大型切花(如飞燕草)应单花悬挂干制,若成束捆住,花干后彼此易挤碎。一般切花可捆成小束,花头彼此分开,使它们不因挤压受损伤,在数天之后,切花会慢慢变干,用手接触感到质脆,花瓣呈纤维状,这时已制成干花,可用于装饰。

(二)简易工艺品的制作

将已阴干的干花整理调配,用缎带扎成花束插在花瓶中,如将麦秆菊等花朵重新粘在经处理的小麦秆上,也可以配以晾干的狗尾草、芦苇、竹子等,再用缎带扎成花束,就是一份很精美的工艺品。

第二节

叶脉书签制作的基本原理与技术

众所周知,书签夹在书里,可以方便阅读。叶脉书签全部选用天然树叶精心制作而成,脉络清晰错落,富含大自然的古朴雅致,让人爱不释手。

叶片因种类的不同,其叶型、大小、色泽与生长顺序,皆有显著的不同,其质地多变,也各有千秋。叶肉遇到腐蚀性液体就会腐烂,经过加热,会腐烂得更快,而叶脉比较坚韧,不容易被腐蚀。因此,可以将一些叶片坚硬、叶脉坚韧的树叶利用上述原理制成叶脉书签。

使用的基本工具与材料有:烧杯、三脚架、石棉网、酒精灯、火柴、天平、牙刷、镊子、水彩颜料、彩色丝线、氢氧化钠、碳酸钠、3%双氧水、桂花等双子叶植物的树叶。

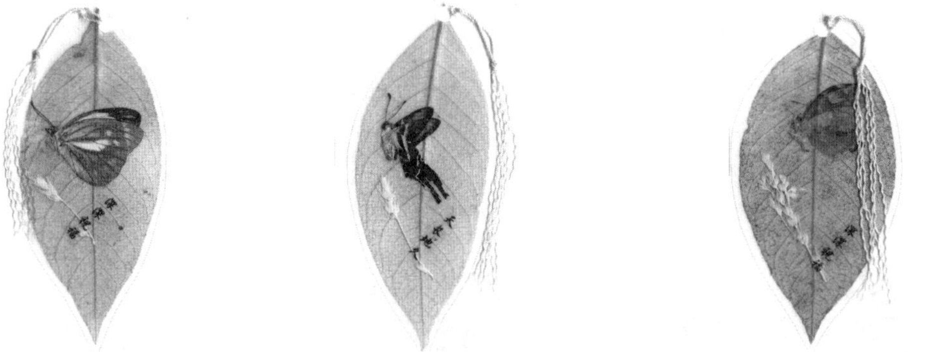

叶脉书签

金秋时节是采集树叶制叶脉书签的大好时期，怎样才能制成一个美丽称心的叶脉书签呢？制作步骤如下。

第一步：把约100 mL水倒入烧杯，在水中加入4 g氢氧化钠（可再加入3 g碳酸钠），把烧杯放在石棉网上，用酒精灯加热，至溶液微沸。

第二步：把树叶浸没在微沸溶液中，继续加热15 min左右，保持微沸状态，用镊子轻轻搅动，使叶肉分离，腐蚀均匀。

第三步：当叶片变色、叶肉腐烂时，用镊子取出叶片，放在盛有清水的玻璃杯内。

第四步：从清水里取出叶片，放在玻璃板或光洁的瓷砖上，用牙刷在流水下轻轻地刷叶片的正面和背面，刷去叶肉部分，露出叶脉。把叶脉浸入3%双氧水中24 h，等叶脉变成纯白色，再取出，用清水洗净，沥去水滴。

第五步：把叶脉放在旧书或旧报纸里压平。

第六步：取出压平的叶脉，待叶脉干透后，用毛笔在叶脉两面涂上水彩颜料，稍干后再压平。

第七步：取出涂上颜料的叶脉，在它的叶柄上系一条彩色丝线，就得到了一个精致美丽的叶脉书签了。

第八步：将叶脉书签压膜封塑，使用及观赏效果更好。

注意事项

（1）制作叶脉书签除了用桂花树叶外，还可用其他双子叶植物的叶，但要选择较硬的叶片，如珊瑚树叶、桉树叶、菩提树叶等。

（2）加热时，烧杯必须放在石棉网上，如直接加热，烧杯由于受热不匀会引起破碎。

（3）用过的药液可保存在空容器中，以便下次制作叶脉书签再用，一般药液可循环使用4~5次。

（4）如加工处理的叶片过多，可换大烧杯，水和氢氧化钠应按100:4[体积（mL）:质量（g）]比例增加。

【思考题】

1.什么是干花?
2.干花有哪两种类型?
3.干花制作的基本步骤有哪些?
4.叶脉书签制作的基本步骤有哪些?

第九章

植物细胞的显微结构与司法鉴定的联系

植物组织在显微镜下表现出丰富的形态结构,多样性特征非常明显。导管、筛管、管胞、筛胞的有无可以帮助鉴别植物是被子植物还是裸子植物,表皮毛、纤维、石细胞、异型维管束、花粉粒、淀粉粒、晶体等的显微结构多样性是鉴别植物种类的重要依据,在司法鉴定工作中是非常有用的参考依据。

第一节

淀粉粒的鉴定意义

植物细胞中除了原生质外,还可能有一些后含物。淀粉是很常见的一种后含物,尤其是一些农作物的经济使用部分常含有大量淀物。所以淀粉粒的有无,是鉴别植物种类的重要依据,可以利用稀碘液与淀粉的蓝色化学反应来鉴定淀粉是否存在。然而,如果同是高淀粉含量的植物粉末,如土豆粉、藕粉和大米粉,用简单的化学染色方法就难于区分,因为它们与稀碘液反应都会发生蓝色反应。但是,淀粉粒的形状和大小在不同的植物中可能有较大的区别,观察淀粉粒的形态和大小成为鉴别不同植物的又一重要途径。淀粉粒的形状大致上可分为圆形、卵形和多角形三种。马铃薯的淀粉粒较大、近三角形,藕的淀粉粒比马铃薯的更加大、长椭圆形、腰部有内弯现象,这两种植物的淀粉粒都具有较显著的环状轮纹,而大米的淀粉粒很小,轮纹难以看见。

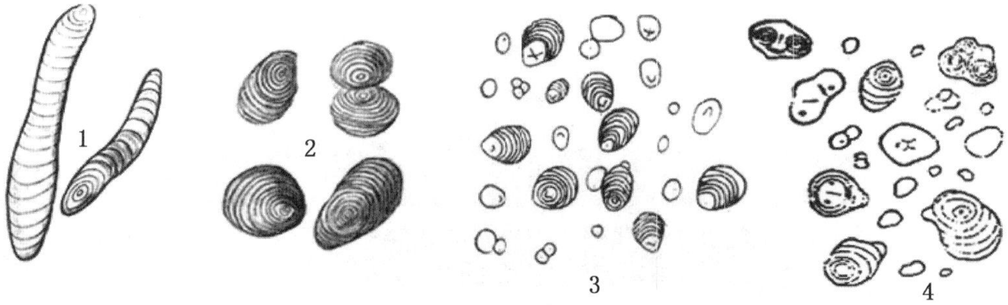

1. 藕淀粉粒；2. 马铃薯淀粉粒；3. 浙江贝母淀粉粒；4. 川贝母淀粉粒。

不同植物的淀粉粒形态

在药用植物中，淀粉粒的形态鉴定有时是区别相近药材品种的重要依据。用淀粉粒的形态鉴定来区分四川贝母和浙江贝母是简单易行的方法：浙江贝母淀粉粒近三角形，表面光滑平整，而四川贝母的淀粉粒表面不光滑，四周有不规则的凹凸。

第二节 晶体的鉴定意义

植物细胞中某种后含物浓度过高时就会形成晶体。植物晶体的化学成分有草酸钙和碳酸钙两大类，不同的植物，所含晶体的化学成分是不一样的，此时，可以将未知植物粉末与稀盐酸反应，有气体逸出者即为碳酸钙结晶。有时需要鉴别的植物粉末中，晶体的化学成分是一致的，靠化学方法就难以鉴定这些植物。此时可以根据不同植物细胞中晶体的大小和形态的差别来鉴定植物。如人参细胞中的晶簇晶瓣先端锋锐，大黄晶簇晶瓣外缘宽广；大蒜鳞叶细胞中是棱晶，天麻细胞中是针晶，枸杞细胞中是砂晶等。

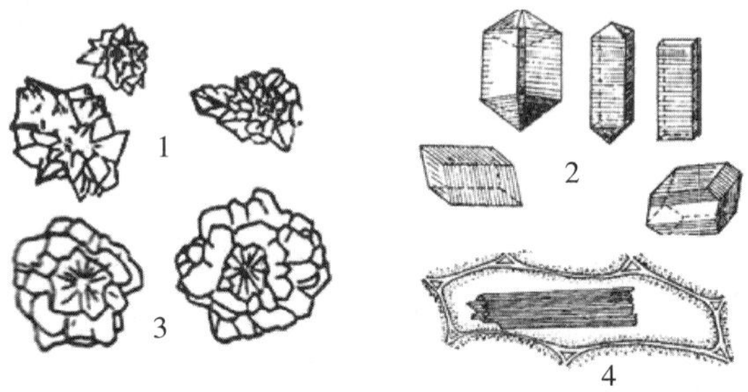

1. 人参的晶簇；2. 大蒜的棱晶；
3. 大黄的晶簇；4. 天麻的针晶。

不同植物细胞中的晶体形态

第三节

植物表皮毛的鉴定意义

表皮毛存在于大多数被子植物、一些裸子植物和一些苔藓植物的地上部分的表面。在被子植物中,依植物种类不同,表皮毛可能分布于叶片、茎、花瓣、叶柄、花梗和种皮等部位的表面。植物拟南芥表皮毛的分化和发育研究已取得了长足的进步,并已深入到分子水平,克隆到与表皮毛发育相关的基因已超过40个。表皮毛的存在,增加了表皮层厚度,在低温时起到物理保温作用;在高温干旱环境中,表皮毛具有反射阳光(包括紫外线)、阻止水分过度散失等功能;外果皮表面的表皮毛使种子易于散布,有利于种子的传播;表皮毛的存在还有减少机械损伤的作用;柑橘内果皮的表皮毛储藏有大量的营养物质,是食用的主要部分。

不同的植物体表面,有的光滑,有的具表皮毛,所以表皮毛的形态和结构是鉴别植物的重要特征。尤其是在花类药用植物粉末鉴定中,表皮毛的形态鉴定尤其显得重要。即使在同一种植物中,表皮毛的形态和结构可能也有多样性特征。如金银花品种之一毛忍冬,其植物体表面就有两种毛:一种较长、较大,头部黄棕色或淡棕色,倒卵形或倒圆锥形,顶端较平坦或稍凹陷,侧面观9~26个细胞,排成3~4层,直径56~95 μm,柄部3~5(6)个细胞,长75~200(400)μm;另一种表皮毛较短小,头部类圆形或倒圆锥形,侧面观5~9个细胞,直径34~40 μm,柄2~3(4)个细胞,长52~90 μm。

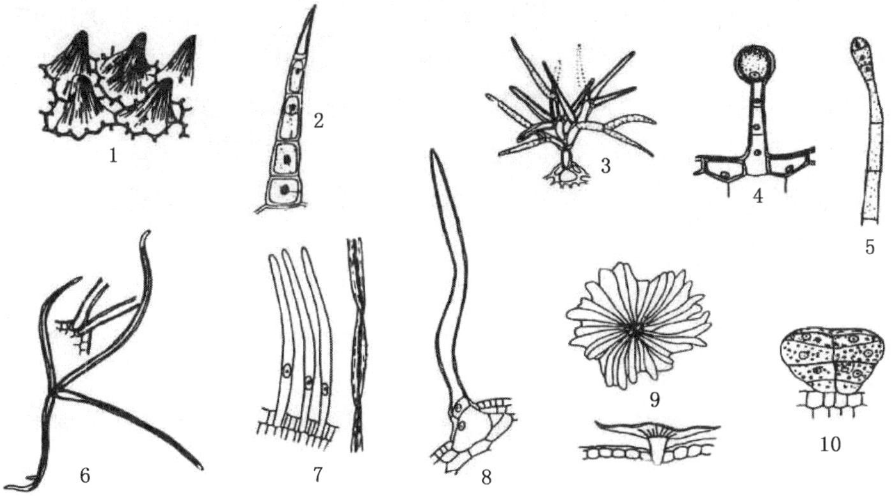

1.三色堇表皮毛;2.南瓜叶表皮毛;3.薰衣草叶表皮毛;4.天竺葵表皮毛;5.烟草表皮毛;
6.棉叶表皮毛;7.棉种子表皮毛;8.大豆叶表皮毛;9.橄榄叶的腺鳞;10.薄荷叶腺鳞。

不同植物体上的表皮毛及腺毛形态

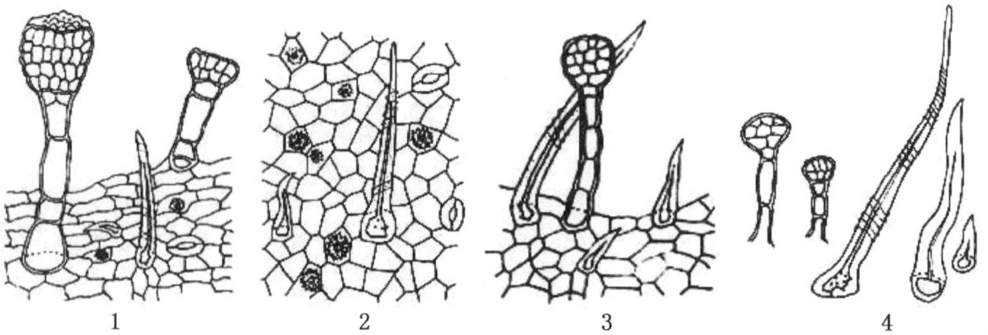

1.花冠外表皮毛;2.花萼外表皮毛;3.苞片外表皮毛;4.解离组织中的表皮毛。

毛忍冬表皮毛

第四节

石细胞的鉴定意义

石细胞是维管植物(蕨类植物、裸子植物和被子植物)体内的一种厚壁组织细胞,成熟的石细胞是没有原生质体的死细胞。有各种形状,细胞壁次生加厚,木质化,壁上具单纹孔,主要起机械支持和保护作用。植物的根、茎、叶、果实或种子中通常都有石细胞。它们可以形成坚实、完整的一层细胞,也可以分散地成团或单个存在于其他组织中。梨果实里的硬渣,就是果肉里的石细胞群。蚕豆或其他豆类植物种子外面坚韧的种皮,以及桃等核果类植物坚硬的内果皮,均由石细胞组成。此外,有些植物的韧皮部和木质部维管束的周围、皮层或髓的薄壁组织中,以及叶片或叶柄内,也多有石细胞。

根据石细胞形状的不同,一般可分为:短石细胞、大石细胞、骨状石细胞、星状石细胞和毛状石细胞5种。短石细胞,形状很像薄壁组织细胞,但细胞壁大为增厚,如梨果肉中的石细胞;大石细胞,细胞为柱状,如菜豆种皮中的石细胞;骨状石细胞,细胞两端稍膨大,像骨头,存在于种皮和叶子中,如豌豆种皮中的石细胞;星状石细胞,呈各种星芒状,多存在于叶片或叶柄内,如睡莲叶子中的石细胞;毛状石细胞,非常长,形状有些像毛,有时具分支,见于木樨榄的叶子中。在各种类型的石细胞之间,还有很多难以划分的过渡类型。

不同的植物中,石细胞的大小、形态和排列方式都存在着很大的差别。在中药材粉末显微鉴定中,石细胞的形态特征比较特殊,细胞壁很厚,又具有明显的细胞腔,明显不同于其他组织碎片,又因为石细胞的形态特征比较稳定,故其是中药材真伪鉴定和中成药成分分析中重要的显微特征。桑石细胞淡黄色或黄棕色,类圆形、类方形、类多角形或短纺锤形，直径24~52 μm，壁较厚或极厚，纹孔大多明显，孔沟有分支；黄檗石细胞鲜黄色，类圆形或纺锤形，直径35~128 μm，有的呈分枝状，枝端钝圆，壁厚，层纹明显，石细胞呈不规则分枝状者较大，长约220 μm，壁厚或较厚，孔沟较少；厚朴石细胞呈类长圆形、类方形或类多角形，直径11~58 μm，壁厚约20 μm；玉兰石细胞呈卵圆形、不规则形或分枝状，长80~180 μm，宽20~60 μm，壁厚薄不一，壁孔大多不明显。茶树叶片中的石细胞常作为茶树分类的依据，茶叶的石细胞呈分枝状，山茶石细胞呈骨状。因此，石细胞的鉴定是药用植物鉴定及法医鉴定的重要依据。

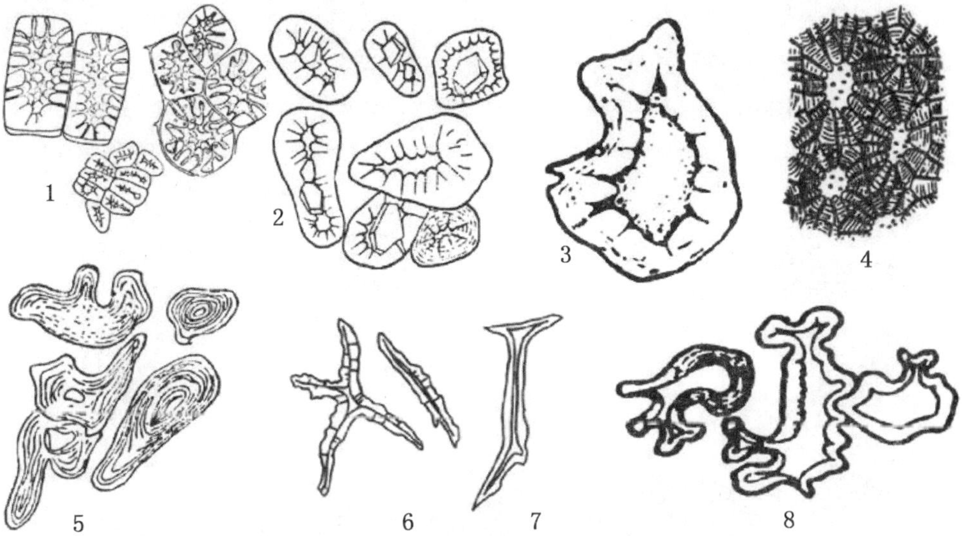

1.栀子石细胞；2.桑石细胞；3.厚朴石细胞；4.桃石细胞；
5.黄檗石细胞；6.茶叶石细胞；7.山茶石细胞；8.玉兰石细胞。

不同植物体内的石细胞

第五节

花粉粒的鉴定意义

花粉由植物用来进行有性繁殖的单细胞或2~3个细胞组成。显微镜下的花粉粒是一些艺术精品，它的形态、结构在漫长的历史演化长河中是最为稳定的性状之一。因此，研究植物的花粉可以为蜜源植物的鉴定甚至刑事案件侦破起到重要作用，即花粉粒的颜色、大小、形态、结构及外壁纹饰等特征对鉴定种甚至种以下的植物以及粉尘来源具有重要的意义。

花粉最常见的颜色是金黄色、橙黄色，这是因为花粉外壁含有类胡萝卜素和类黄酮类物质。然而许多虫媒植物的花粉，颜色很丰富。例如蚕豆、大丽花和七叶树的花粉，颜色较淡时呈黄色，颜色较浓时呈红色。绿色花粉可见于榆树、白头翁、悬钩子和柳叶菜等植物中。紫丁香和天竺葵的花粉是蓝色的。紫色花粉在罂粟、桔梗、野芝麻等植物中能见到。

花粉粒一般都是很小的颗粒，直径只有15~50 μm，水稻的花粉粒直径为42~43 μm，桃花的花粉粒直径50~57 μm，玉米花粉粒直径为77~89 μm，棉花的花粉粒直径为125~138 μm，要在显微镜下才能看得很清楚；而一些大型的花粉粒，如紫茉莉，直径可达250 μm，用肉眼也能一粒粒看清楚。花粉粒形态万千，植物种类不同，花粉的形状、外壁纹饰、孔沟也各不相同。如果把各种植物的花粉放在显微镜下观察，你就会发现它们真是奇形怪状、各有特色。

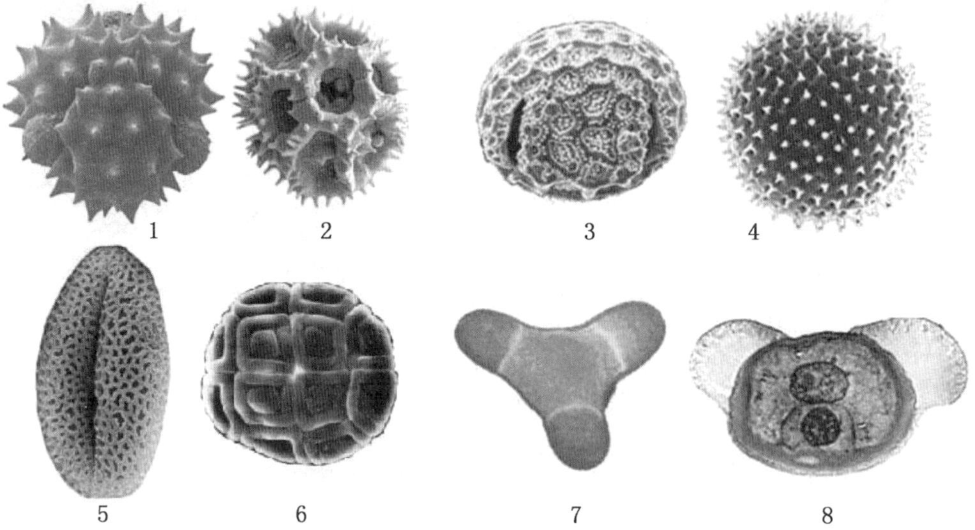

1.甘菊花粉；2.蒲公英花粉；3.大豆花粉；4.锦葵科植物花粉；
5.油菜花粉；6.金合欢花粉；7.柳叶菜科植物花粉；8.松树花粉。

不同植物的花粉粒形态、结构及外壁纹饰

水稻或玉米的花粉呈圆球形，表面非常光滑；而蒲公英、雏菊、款冬的花粉，浑身长满了小刺；石榴的花粉椭圆形，且有三条纵沟；椴树、白桦的花粉从一侧看上去呈三角形；而落葵的花粉粒却为四边形；赤杨的花粉粒为五角形；薰衣草的花粉粒为六边形；杉树、麦仙翁的花粉粒一边有一个高高的突起，整个花粉粒像个吸耳球；苦瓜的花粉粒上布满了网纹，就像一种哈密瓜；苏铁、银杏的花粉粒像个小船；铁杉花粉粒上有众多的突起，使它可以假扮荔枝；麻黄带纵棱的花粉粒可以冒充杨桃；还有4粒花粉粒紧紧抱在一起的，称为4合花粉，如杜鹃和香蒲的花粉粒；围延树的花粉粒是16合花粉，看上去像个足球。虫媒花花粉外壁的突起或刺状物都使它们更容易附着在昆虫身上，而多粒花粉粒粘在一块儿，传粉概率更高；松树、云杉、冷杉的每粒花粉粒都像个圆面包连着两个大气囊,显然这对它们在空气中的飘浮传播起着重要的作用;所有风媒花的花粉都很轻,因此能够传播距离很远,有气囊的花粉传播就更远了。据说北欧的松树花粉可从大西洋飞越600多千米到达格陵兰岛。

花粉粒表面的孔、沟是供花粉管萌发用的,叫萌发孔或萌发沟。在各种花粉粒上萌发孔的数目却大不相同,如小麦的花粉粒只有一个萌发孔,棉花有8~16个,而樟树的花粉粒却一个萌发孔也没有。萌发沟的数目变化不大,油菜的花粉粒有3条沟,苹果、梨、烟草的也为3条沟,此外有些植物的花粉粒有多条沟或只有一条萌发沟。

花粉粒还具有"不朽"的功绩。专门研究花粉孢子形态的科学叫孢粉学(Palynology)。孢粉学可以分为两个领域,现代孢粉学及古孢粉学。花粉和孢子一样,外壁坚固,富含大量的孢粉素和角质,特别是孢粉素,它是一种复杂的碳、氢、氧化合物,具有很强的化学稳定性,能耐酸、碱,极难氧化,在高温下也难溶解。因此无论花粉飘落到哪里,即使在地层中埋藏千万年也不会腐朽烂掉,能保持外壁形态不变。在石油勘探时,大型化石不仅难以找到,而且易被粉碎。这时,体小、量多的花粉就成为地层对比的重要依据,还能为寻找生油层及储油层提供古生态及古地理的重要信息。从原油中分离出来的花粉,可以指示石油生成的地层年代及其迁移的过程;分析岩心中的花粉及海相化石,并计算彼此值的变化,可以指示石油形成的地点及层位。当前还能根据花粉的颜色来推断石油的成熟度,以指导石油勘探,这个方法被广泛应用于世界各国的石油勘探中。

根据各种植物花粉在地层出现的规律,科学家们可以判定地质年代,研究古植被、古气候的特点,为寻找石油提供依据。花粉是植物生殖器官的一部分,具有顽强的保守性,不易受到环境因素的影响而变异,也是研究植物起源、演化的最好材料之一。

第六节

导管的鉴定意义

导管是植物的输水组织,由许多导管分子首尾相连而成,是多细胞的管状结构,其细胞壁高度木质化,表现出多种形态的加厚,如螺纹、环纹、网纹、梯纹、孔纹。不同发育时期和不同种的植物,导管分子的大小、形态可能存在较大的差别,故导管对鉴别高档家具及未知植物粉末等具有指导意义。

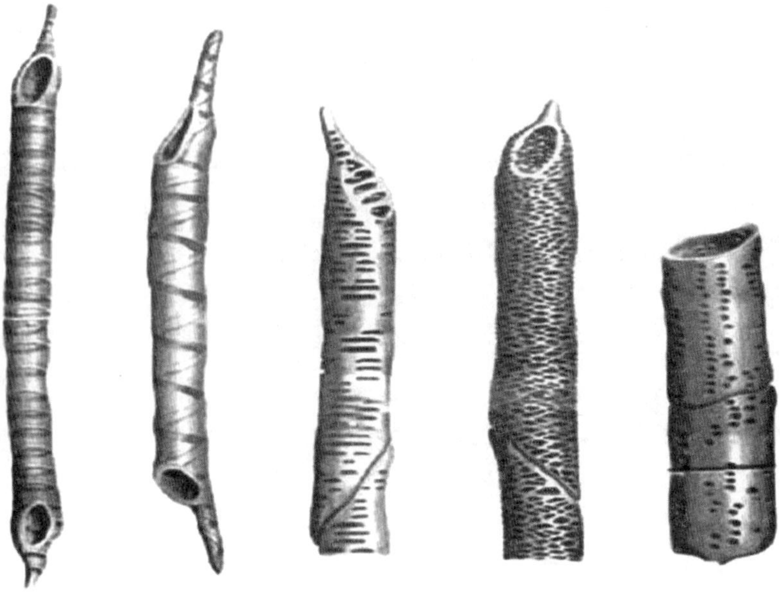

1.环纹导管;2.螺纹导管;3.梯纹导管;4.网纹导管;5.孔纹导管。

不同形态结构的导管

近年来与导管相关的报道逐渐增多。对国产五味子科2属19种植物进行导管分子的比较研究,结果表明:同科不同属或不同种之间,导管分子的形态、大小和结构都有一定的差异;南五味子属多数种有梯孔纹导管;两个属导管的长与宽的比值有差异;红花五味子(*Schisandra rubriflora*)、五味子(*S. chinensis*)、翼梗五味子(*S. henryi*)、铁箍散(*S. propinqua* subsp. *sinensis*)和黑老虎(*Kadsura coccinea*)5种植物的导管分子具有梯形穿孔板。其中五味子属中的五味子导管分子只具有梯形穿孔板,无单穿孔板,但横条较少,多为2~3条。

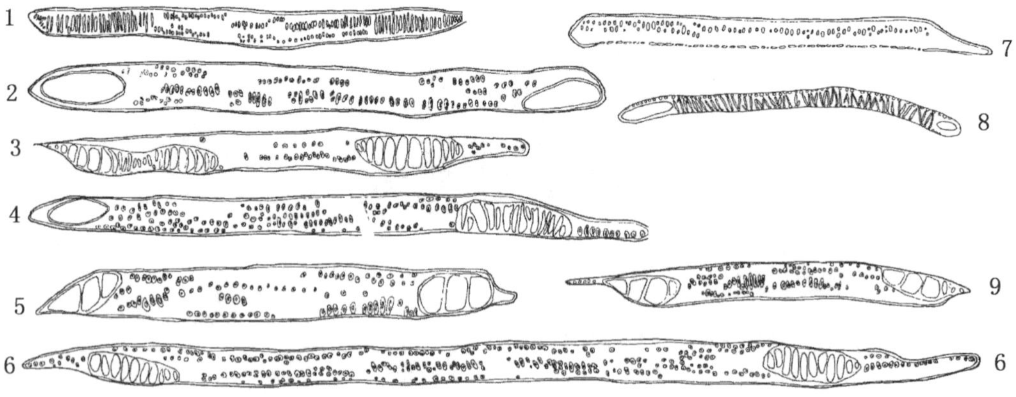

1.五味子;2.广西五味子;3.黑老虎;4.异型南五味子;5.梯纹导管;6.铁箍散;
7.红花五味子;8.螺纹导管;9.梯孔纹导管。

国产五味子植物导管分子比较

蔷薇科12种植物的导管解剖结构也表明,同科同属不同种的植物导管类型是不相同的,油桃、苹果、河北梨等树种在水肥条件较优越的情况下,孔纹导管、梯纹导管、网纹导管数量较多,环纹和螺纹导管所占比例较小;毛樱桃、榆叶梅等野生植物(变种)的导管分子较原始,多数是环纹导管或螺纹导管,孔纹导管、梯纹导管、网纹导管所占比例较小;油桃、苹果、河北梨等树种随着月份的增加,导管分子从环纹或螺纹逐渐发育到孔纹、梯纹、网纹;而毛樱桃、榆叶梅等野生植物树种导管分子随着月份的增加变化不明显。同科不同属的植物导管类型也存在着一定的差异,但亲缘关系较近的导管类型近似,亲缘关系较远的在导管类型上存在着一定的差异。

观察从野生到半野生到半栽培到全栽培的大豆的导管时发现,导管分子相对长度、粗细差异较大,导管穿孔板形态亦不同。野生大豆导管分子保留了尾端,其他大豆的导管分子尾端退化消失。同种植物的大豆,导管端壁发生了较大的变化。

人们曾认为,鉴定裸子植物和被子植物的重要解剖特征之一是被子植物具有导管,裸子植物具有管胞。但是,近年来的研究在苏铁、银杏、红豆杉等裸子植物中都相继发现了导管,这在开展显微鉴定时是值得注意的重要事项。黄玉源(2003年)对银杏的茎、叶进行组织离析、光镜和扫描电镜观察,发现在茎、叶维管组织中具有导管,类型有环纹、螺纹、梯纹、孔纹和网纹导管,而在过去的学术领域一直认为起源古老的银杏仅有管胞而没有导管。2004年她与同事又发现托叶铁叶有导管,导管的类型丰富,有环纹、螺纹、梯纹、网纹和孔纹导管,螺纹和梯纹导管较多。同年她对马尾松、水杉、圆柏、兴安圆柏、南洋杉、长叶竹柏、陆均松、海南粗榧和云南红豆杉的茎或叶进行了组织结构离析,同样发现各类组织中均具有导管。这一系列的发现成为修改鉴定裸子植物和被子植物鉴定方法的重要依据之一,且对进一步研究裸子植物的系统进化过程,探究为何这些裸子植物具有如此强大的适应能力,在该类群其他种类均已彻底消失的情况下,仍能顽强地生存、繁衍至今,并能引种广布到世界上许多地区的适应机理,以及植物系统学、生态学等方面的研究均具有重要的意义。

【思考题】

1. 显微镜下可以观察到哪些颗粒?
2. 在土豆或藕的粉末中,显微镜下主要能观察到什么颗粒?
3. 叶类粉末中,显微镜下能观察到什么特殊结构?
4. 花类粉末中,显微镜下能观察到什么特有颗粒?

第十章
植物结果现象解密

植物是一种生命体，也有其发生、发育、衰老和死亡的过程，避免个体死亡对物种延续产生较大阻碍，在长期的自然适应和选择过程中，植物采取了繁殖的方式来保证生命的不断延续，繁衍后代，维护自然的生态平衡。

第一节 繁殖

一、繁殖的概念及意义

繁殖：植物自身产生新个体延续后代的方式，分为无性生殖和有性生殖两大类。

植物界的所有种类，无论是低等的或是高等的，它们的生活周期包含两个相互依存的方面：一方面是维持其本身的生存，另一方面是保持种族的延续。尽管不同的植物寿命长短有很大区别，但最终都要经过衰老而死亡，所以植物生长发育到一定阶段时，就要通过一定的方式，产生新的个体以延续后代，即繁殖。繁殖是一种重要的生命现象，通过繁殖大大地增加了新生一代的个体数量，扩大了植物的生活范围，为后代的遗传和变异奠定基础。

二、无性生殖

营养繁殖：植物营养体（根、茎、叶）的一部分从母体分离开，进而直接形成一个独立生活的新个体的繁殖方式。

自然营养繁殖:植物体在自然情况下不经人工辅助,就能产生新的植株。如香蕉、竹子等。

人工营养繁殖:经过人工的辅助,采用各种方式进行营养繁殖。人工营养繁殖的方法有分离、压条、扦插、嫁接,如大红花、芒果、橡胶等。优点:快,容易保留优良品种,苗齐,果树可提前收获。

无性繁殖:孢子(无性细胞)从母体分离后,直接发育为新个体的繁殖方式。植物界的某些类群如藻类、蕨类,主要靠无性繁殖。

三、有性生殖

又称配子生殖,由两个称为配子的有性细胞,经过彼此融合,形成受精卵,再由受精卵发育为新个体的繁殖方式。

被子植物的有性生殖,是在花里进行的;精、卵细胞的形成、传粉、受精过程,都是在花里进行的。

【思考题】

1. 什么叫繁殖?
2. 繁殖有哪些类型?
3. 什么叫有性生殖?
4. 被子植物的有性生殖发生在哪个部位?

第二节

花的概念与花的组成部分

花是适应于生殖的变态短枝。被子植物典型的花由花梗、花托、花萼、花冠、雄蕊群和雌蕊群几部分组成。构成花萼、花冠、雄蕊群、雌蕊群的组成单位分别是萼片、花瓣、雄蕊和心皮,它们均为变态叶,其中萼片和花瓣是不育性的变态叶,雄蕊是雄性可育的变态叶,心皮是雌性可育的变态叶。

花梗与花托:花梗是枝条的一部分;花托是其顶端膨大成各种形状的部分,有密集的节,花萼、花冠、雄蕊群和雌蕊群等按一定方式着生在花托上。花梗和花托,起支持和输导的作用。

花萼:由若干萼片组成,保护幼花,并有光合等作用。萼片之间完全分离的称离萼,彼此之间基部合生或全部合生的称合萼,基部合生部分称萼筒,顶部分离的部分称萼裂片。有的植物在花萼外还有副萼。

花冠:由若干花瓣组成,常有鲜艳色彩或散发出香气,有保护雌、雄蕊和吸引昆虫传粉的作用。花瓣之间完全分离的称离瓣花冠,花瓣基部合生或全部合生的称合瓣花冠,其基部合生部分称花冠筒,顶部分离的部分称花冠裂片。

花被:花萼和花冠总称花被。当花萼和花冠相似不易区分时也统称花被,其中的每一瓣都称花被片。

具备花萼、花冠的花称两被花,仅有花萼的花称单被花,两者皆无的花称无被花或裸花。

雄蕊群:花中所有雄蕊总称雄蕊群。雄蕊可分为花丝和花药两部分,花药是产生精子的地方,故雄蕊群是花的重要组成部分之一。

雌蕊群:花中所有雌蕊总称雌蕊群,但多数植物的花只有1枚雌蕊。雌蕊由1至多个心皮组成。心皮是组成雌蕊的单位,是具有生殖作用的变态叶。花中只有1个心皮的称单雌蕊;具有两个以上的心皮且所有心皮合生形成一个雌蕊的称合心皮雌蕊(复雌蕊),心皮彼此分离单独形成雌蕊的称离心皮雌蕊(离生单雌蕊)。形态上雌蕊可分为柱头、花柱、子房三部分,子房是种子的前身即胚珠着生的地方,胚珠内可产生卵细胞,故雌蕊是花的另一个重要组成部分。

具有雌蕊和雄蕊的花称为两性花,仅有二者之一的称单性花(雌花或雄花)。

具有花萼、花冠、雄蕊群和雌蕊群的花称完全花,缺少其中1~3部分的花称不完全花。

【思考题】

1.什么叫花?花的基本组成有哪些?

2.什么叫花冠?

3.什么叫苞片?

4.按性别特征不同,花分为哪些类型?

第三节

开花、传粉和受精

一、开花

开花是指植物的花蕾发育成熟后，花被逐渐张开，雌蕊、雄蕊伸长，柱头分泌黏液，花蕊裂开，花粉散出的过程。在一个生长季内，一株植物从第一朵花开放到最后一朵花开毕所经历的时间称为开花期。开花期长短随植物种类而异，从数天至两三个月不等。

开花的习性：指植物开花的年龄、开花的季节、开花期长短等特性，不同的植物开花的习性不同。

开花的时间：开花的时间因植物不同而异，并受环境条件和植物内在激素的影响。早春至春夏开花的较多，一般情况下，花、叶绽放顺序有先花后叶、花叶同放和先叶后花三种情况。

影响开花的因素：开花受许多因素影响，环境因素如光照、温度、湿度等，以及植物的发育和遗传因素（如从十字花科植物拟南芥中分离到开花基因）都会影响到植物的开花进程。

二、传粉

成熟的花粉以各种不同的方式传到雌蕊柱头上或胚珠上的过程称为传粉，分为异花传粉和自花传粉两类。

（一）异花传粉

由于长期自然选择和演化的结果，植物形成了许多适应于异花传粉的特性。一朵花的花粉借助外力传到另一朵花的雌蕊柱头或胚珠上的过程称为异花传粉。从生物学意义上说，异花传粉比自花传粉的进化程度更高，这是因为异花传粉的精、卵细胞产生于不同的个体、环境条件，遗传性差异较大，受精形成的后代较易产生变异，生活力更强，适应性更广。因此，经过长期的演化，异花传粉成为大多数植物的传粉方式。

不同植株的花进行异花传粉时，供应花粉的植株叫作父本，接收花粉的植株叫作母本。孟德尔在做杂交实验时，先除去未成熟花的全部雄蕊，这叫作去雄；然后，套上纸袋，待花成熟时，再采集另一植株的花粉，撒在去雄花的柱头上。在果树生产中不同品种间的传粉和林业生产上不同植株间的传粉，也叫异花传粉。自然界多数植物是异花传粉，异花传粉的植物的花在结构上和生理上产生了一些防止自花传粉的适应性。如有的植物虽为两性花，但同一花的雄蕊和雌蕊不同时成熟，便不能自花授粉，如莴苣雄蕊先成熟,甜菜雌蕊先成熟。有的植物一朵花中的雌雄蕊异长或异位,如报春花、连翘等有两种花,一种是花柱长、花丝短的长柱花,一种为花丝长、花柱短的短柱花,传粉时,只有长柱花的花粉落在短柱花的柱头上,或短柱花的花粉落在长柱花的柱头上才能萌发。还有的植物花粉落在自花柱头上,不能萌发。自然界的异花传粉有风媒和虫媒两种方式。总结起来植物对异花传粉的适应方式主要有如下几种。

单性花:只有雄蕊或雌蕊的花称为单性花。

雌雄蕊异熟:花中雌蕊和雄蕊不同时发育成熟。

雌雄蕊异长:同种不同个体产生2种或3种两性花,同一朵花中雌雄蕊不等长。

雌雄蕊异位:同种个体只产生一种两性花,同一朵花的雌雄蕊伸展部位不同。

自花不孕:花粉落到同一朵花或同一植株的柱头上不能受精结实。

异花传粉主要依靠外部力量来实现,如虫媒传粉、风媒传粉和人工辅助授粉。以昆虫为媒介传粉的植物称为虫媒植物,它们的花称为虫媒花。虫媒花通常具有大而显著的花冠,并有鲜艳的色彩、特殊的香味以及可食的蜜汁,作为引诱昆虫的诱物。不同的诱物对不同的昆虫具有不同的吸引力,并通过长期的协同进化,使得虫媒花的大小、结构以及蜜腺的位置,与传粉昆虫的大小、体形和行为十分吻合,其结果是某一类植物常有某些特殊的昆虫为其传粉。例如,散发出臭味的花通常对甲虫、蝇类等具有引诱的作用,而散发香味的花则吸引蜜蜂、蝶类和蛾类等;蜜蜂偏爱蓝色和黄色的花,蝶类则喜红、紫等鲜艳的颜色。在形态上,甲虫选择辐射对称的花朵,而蜂类则更多地选择两侧对称的花;花部结构的高度特化常与其传粉者形态的高度特化相关,如一些花管细长的植物,其昆虫传粉者的口器亦特化成长吻。依靠风力为媒介进行传粉称风媒传粉,其传粉是随机的,且无方向性,具有浪费的性质。因此,这类植物产生了一系列有利于风媒传粉的特征,它们的花通常为密集的穗状或柔荑花序,能产生大量的花粉,花粉质轻而外壁光滑,易于被风吹送;雄蕊的花丝细长,易为风吹摆动从而散发花粉;有些植物的柱头呈羽毛状,以利于花粉的捕获;先花后叶、花被简化甚至退化为裸花,以及个体相对集中的分布格局,用以减少花粉随风传播的障碍。被子植物中约有十分之一是风媒传粉植物。

传粉规律在农业上的运用对提高作物产量和质量具有重要的作用。人工辅助授粉技术在农业生产上有着广泛的运用。梨属是异品种授粉才能结实的树种,除了金坠梨品种外,梨的绝大多数品种自花不实,或自花结实率极低。这就是建梨园时一定要配植授粉品种的根本原因,否则,果农辛苦种植的果树只能“花而不实”。选择授粉树时要选择花粉多、与主栽品种花期相遇、亲和力强的优良品种。但是花期比主栽品种稍早一些为好,这样可以在授粉前充分做好各项准备工作。一般梨树搭配授粉树的比例应为4:1,由于花粉是借助微风和蜂虫作媒介传授的,当花期遇有大风、干热风沙、多日阴雨、低温、霜冻等不良天气时,蜂蜜等昆虫的活动受到影响,或花柱头受干热沙土所伤,柱头黏液上沾满沙土,或高温使柱头干竭,或低温冻死花器,都会导致授粉不良,坐果率降低，甚至造成有花不实的局面。梨花白色，蜜源少，蜜蜂不喜欢停留。梨的花粉细胞是第二年春2—3月才开始形成的，在上一年是大年的或秋季管理差的梨园，由于储藏养分不足，致使下一年花粉发育不良或败育。即使栽有授粉品种，也会出现自然授粉坐果不多的现象。因此，对梨施行人工辅助授粉是提高果实产量和质量的重要措施。常见的授粉方法有引蜂传粉、人工点授、液体喷粉、花粉袋授粉、挂罐插枝和振花枝授粉、快速鸡毛点授以及鸡毛掸子滚授等。人工授粉可提高坐果率1~3.4倍，产量和经济效益明显提高。

雌雄异株植物（此类树种极罕见有雌雄同株），例如柳树、大麻、银杏等，就完全没有自花授粉的可能性，只能是异花授粉。银杏树营养生长期较长，二十年左右才能开花结实，主要靠风力传粉，常因风力、风向、低温、大雾或降水等气候因素，影响传粉受精，降低产量。而采用人工辅助授粉可延长授粉时间，提高授粉质量，从而提高产量。银杏产区推行人工辅助授粉后，银杏种子年产量提高了3~4倍。可见，人工授粉是一项成本低、效益高的增产技术，应予以推广。

随着科学技术的发展，人们对银杏采取嫁接、人工授粉等措施，大大提前了结实期，提高了坐果率，如今只需5~7年即可见花见实。

（二）自花传粉

一朵花的成熟花粉粒传到同一朵花内的雌蕊柱头上，并能受精结实称为自花传粉。最典型的自花传粉是“闭花受精”，指在未开花时已经完成受精作用，花粉粒在花粉囊里萌发，花粉管穿过花粉囊伸向柱头完成受精。闭花受精是植物的一种适应性，当环境条件不适宜开花传粉时，通过闭花受精也可以完成生殖过程。长期的自花传粉会使后代的生活力减弱。

自花传粉植物的花必须是两性花，花的雄蕊常围绕雌蕊而生，花粉易于落到本花的柱头上，要求雌雄蕊不仅同时成熟，而且雌蕊的柱头对本花的花粉萌发和花粉管中雄配子的发育没有任何阻碍。

（三）自花传粉新模式

中国科学家首次发现黄花大苞姜（*Monolophus coenobialis* Hance）在传粉时采用了一种自花传粉的新机制——花粉滑动自花传粉。2004年9月2日，这一研究成果在世界最具影响力学术期刊之一的《自然》副封面刊载。黄花大苞姜的花朵酷似兰花，是不借助外力自花传粉的“先驱”，它为了长期适应高度潮湿和缺乏传粉昆虫的生活环境，选择了自身液态花粉流动进入柱头的适应方式。黄花大苞姜于6:00左右花开，此时花药的花粉囊同时开裂，油质液浆状的花粉从花粉囊溢出，呈球形，很快铺满于花药面，慢慢流向柱头的喇叭口，实现自花传粉。这种另类的繁衍方式甚至有可能同样存在于生长环境相似的其他植物中。

自花传粉使得植物群体内的每个个体都是由遗传型相同的两性配子受精结合而产生的合子,这是一种同质结合子。由此,也使得个体间的遗传型和表现型上总是呈现出相似。长久以来,自花传粉被视为一种比较原始的传粉方式。植物如果长期自花传粉,必定会引起后代生活能力的逐渐衰退。

为什么自花传粉能在自然选择中被保留呢?因为自花传粉是植物在缺乏异花传粉条件时的一种适应。大根槽舌兰[*Holcoglossum amesianum* (Rchb. F.) Christenson]是一种观赏价值很高的兰花,原生于云南地区,植物在其系统发育过程中,产生了许多变异,以适应不断变化的周围环境。而植物的花,同样产生了许多奇特的变异,从而保证了物种生存并促进种属的繁衍和发展。自花传粉就是其中的一种。在干旱无风、无昆虫的环境下,大根槽舌兰为了生存下去,必须做出适应环境的调整。“花粉滑动自花授粉”机制恰恰是适者生存法则的生动演绎。大根槽舌兰花药能够主动旋转360°,将花粉团送入同一朵兰花的雌性柱头腔,酷似动物界的性交,即能够完全由雄性花药主动运动而不借助于任何外部传递媒介完成传粉,而且这一机制是该物种繁殖的唯一途径。

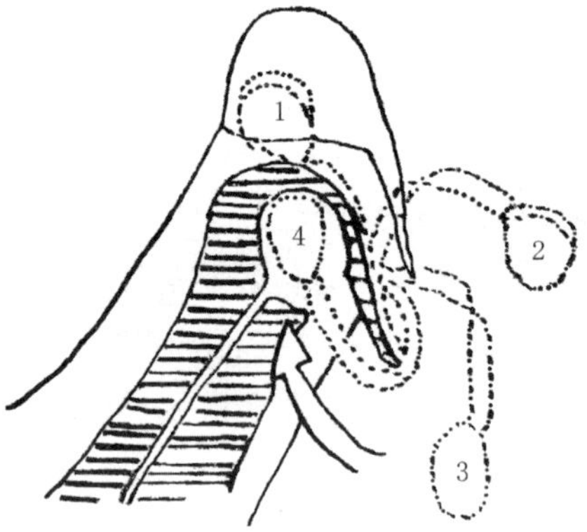

雄蕊通过1、2、3、4的转动将花粉粒送入同一朵兰花雌性柱头腔。

大根槽舌兰滑动自花传粉

这种传粉机制进一步揭示出一些特别的植物物种在缺乏风、昆虫等传统传粉媒介的恶劣生态环境下能够主动适应环境的演变,从而为研究植物的进化机理、揭示自然界进化的秘密开辟了一个崭新的方向,对于认识了解兰花的繁育系统以及生物对环境变化的适应及其进化机理都有重大意义。

而类似的自花授粉植物往往也呈现出能自交的特征。在自然条件下,自花授粉植物通过自交,能保持群体的一致性和稳定性,它是植物进化过程中对自身生存环境的一种适者生存的自然反应,并不能简单地说是退化。滑动自花传粉现象的发现,对研究有花植物有性生殖系统的演化及其对高湿度、无风和少昆虫环境的适应机制具有重要的科学价值。

三、受精

卵细胞(雌配子)和精细胞(雄配子)相互融合的过程称为受精。动物精子可以依靠自身的游动本领去实现与不能运动的卵细胞结合形成合子,植物的精细胞没有游动能力,传粉只能够到达雌蕊的柱头,那么如何才能使卵细胞顺利受精呢?

花粉粒的萌发和花粉管的生长：落在柱头上的花粉经过“识别”，生理上亲和的花粉粒即在柱头上吸水、物质合成、膨胀，内壁在萌发孔处向外突起形成1条花粉管，花粉中的细胞质及内含物流入管内，花粉管伸长把两个精子带到子房并送入胚囊。成熟花粉粒及其花粉管即是成熟的雄配子体。电子显微镜研究结果表明，花粉管中的两个精子细胞是通过胚囊中助细胞的丝状器进入胚囊的，分别与卵细胞和中央细胞结合，即被子植物的双受精。

双受精过程具有重要的生物学意义。进入胚囊的两个精子，一个与卵细胞融合形成受精卵（合子，$2n$），另一个与中央细胞的极核（或次生核）融合形成初生胚乳核（$3n$），这个现象称为双受精。双受精长期以来一直被认为是被子植物特有的受精现象，但在裸子植物中有过“双受精”的报道，不过两者之间差异很大。例如，麻黄属植物中，两个精子一个与卵核融合，一个与腹沟核融合，与被子植物不同的是，其两个融合产物都是二倍体，都发育为胚，而非胚乳。所以双受精仍是被子植物所特有的现象。

双受精具有重要的生物学意义：①单倍体的精细胞和卵细胞融合形成二倍体的合子，恢复了植物体原有的染色体数目，保持了物种遗传性的相对稳定；②经过减数分裂后形成的精、卵细胞在遗传上常有差异，受精后形成的后代常出现新的性状，丰富了遗传的变异性，促进了系统演化；③精子与极核融合形成三倍体的初生胚乳核，并发育成为胚乳，同样结合了父、母本的遗传特性，生理上更为活跃，作为营养被胚吸收利用，后代的变异性更大，生活力更强，营养更丰富，适应性更广。所以，双受精作用不仅是植物界有性生殖的最高级的受精方式，是被子植物在植物界占优势的重要原因，也是植物遗传和育种学的重要理论依据。

四、外界环境条件对传粉受精的影响

开花、传粉和受精对外界条件尤其是温度条件表现十分敏感，低温、阴雨、高温、干燥等不良条件使传粉受精过程发生障碍，会导致结实率降低。一般情况下，25 ℃、微风、80%的湿度比较适合于传粉受精。

【思考题】

1. 什么叫开花？
2. 什么叫传粉？
3. 什么叫双受精？双受精发生在哪类植物中？
4. 双受精的生物学意义有哪些？

第四节

种子的发育

双受精后，合子发育成胚，初生胚乳核发育成胚乳，珠被发育成种皮，三者共同发育成种子，其中胚乳在一些物种中消失。

被子植物的胚乳由三倍体的初生胚乳核发育形成，通常在受精完成后早于合子发育。

种皮由珠被发育形成。有一层珠被的胚珠形成一层种皮；有两层珠被的胚珠可发育形成两层种皮，或只有其中的一层发育形成一层种皮。

【思考题】

1. 种子由哪三个基本结构组成？
2. 种子中的胚、胚乳和种皮分别由什么发育而来？

第五节

果实的发育、结构和传播

一、双受精促进果实的发育

被子植物在开花、传粉、双受精之后，花中的生长素类物质含量升高，花的各部分发生了相应的变化：胚珠发育成为种子，子房发育成为果实，花萼枯萎或宿存，花瓣、雄蕊以及雌蕊的柱头和花柱均凋谢枯萎。

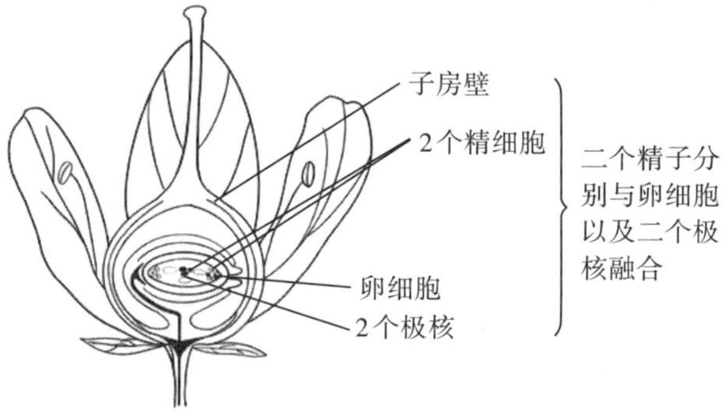

双受精

单纯由子房发育成的果实，称为真果，如花生、水稻、小麦、柑橘、桃、李等。真果结构包括果皮和种子两部分。果皮由子房壁发育形成，包在种子的外面，一般又分外果皮、中果皮、内果皮三层，由于各层质地不同而形成不同的果实类型。

由子房和花的其他部分如花托、花被筒甚至整个花序共同参与形成的果实称为假果。假果的结构比较复杂，如苹果、梨的主要食用部分是由花托和花被筒合生的部分发育形成的，只有果实中心的一小部分是由子房发育而成。南瓜、冬瓜较硬的皮部是花托和花萼发育成的，称外果皮，食用部分主要是中果皮和内果皮，西瓜的食用部分则主要是胎座。

二、单性结实产生无籽果实

一般情况下，植物通过受精作用才能结实。但是有些被子植物开花后子房不经过授粉或别的刺激而直接发育成不含种子的果实，这种现象称为单性结实。单性结实的果实里不产生种子，形成无籽果实。单性结实有两类：天然单性结实和刺激性单性结实。

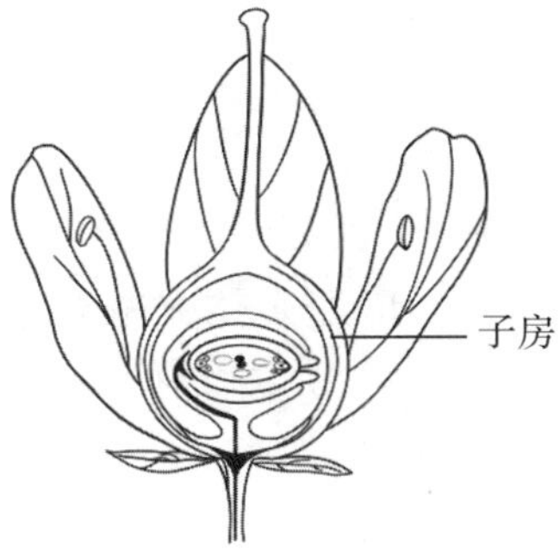

未受精子房直接发育成果实

单性结实

天然单性结实是指不需要经过受精作用或其他刺激诱导而结实的现象。如一些葡萄、柑橘、香蕉、菠萝、无花果、柿子、黄瓜等。这些植物的祖先都是靠种子传种的，由于种种原因，使个别植株或枝条发生突变，形成无籽果实。人们用营养繁殖方法把突变枝条保存下来，形成了无籽品种。一般认为，单性结实的果实生长是依靠子房本身产生的生长促进物质。据分析，同一种植物，能形成天然无籽果实的子房内含有的吲哚乙酸(IAA)和赤霉素(GA)的量较形成有籽果实的子房更高，并在开花前就已开始积累，使子房本身能具备种子所具有的功能。如葡萄的无籽品种比有籽品种果内IAA(可能也含GA)上升得早。柿子无核品种的子房中GA含量比有核品种中的高3倍以上。脐橙有种子的子房IAA含量为0.58 μg/kg，而无种子的子房IAA含量为2.39 μg/kg。天然单性结实受基因控制，也受环境尤其是温度的影响。果实中GA主要来自种子，但某些品种的果皮也能产生GA，开花期高温可以刺激GA的增加，使果皮中的GA能满足果实的正常生长。比如，有些梨品种在气温较高的地区单性结实率很高，霜害可引起无籽梨的形成；低温和高光强可诱导无籽番茄的产生；短日照和较低的夜温可引起瓜类单性结实。低温和霜害诱导单性结实的原因可能是抑制了胚珠的正常受精发育，使得品种单性结实的潜力发挥出来。

刺激性单性结实也称诱导性单性结实。如用花粉或花粉浸出液处理雌蕊；将野生蛇葡萄的花粉授于栽培品种的柱头上；梨的花粉授于苹果的柱头上；用捣碎的南瓜花粉或用其他花粉浸出液处理南瓜柱头，均可诱发单性结实。更多的是使用植物生长调节剂，它们可以代替植物内源激素，刺激子房等组织膨大，形成无籽果实。如番茄、茄子用2，4-D(2，4-二氯苯氧乙酸)或防落素(对氯苯氧乙酸)，葡萄、枇杷上用GA，辣椒上用NAA(萘乙酸)等均能诱导单性结实。在苹果、梨、桃、草莓、西瓜、无花果等作物上用植物生长调节剂也都成功诱导出了无籽果实。

单性结实可形成无籽果实，但无籽果实并非全是由单性结实所致。有些植物虽已完成了受精作用，但由于种种原因，胚的发育中止，而子房或花的其他部分继续发育，也可形成没有种子的果实。这种现象称为假单性结实，如有些无核柿子和葡萄。单性结实在生产上有重要意义：当传粉条件受限制时仍能结实，可以缩短成熟期，增加果实含糖量，提高果实品质。如北方地区温室栽培番茄，由于日照短，花粉发育往往不正常，在花期用2,4-D处理可达到正常结实的目的。

三、无融合生殖产生有种子的果实

无融合生殖(apomixis)指不经受精(雌雄性细胞融合)也能产生有胚种子的果实的现象，包括二倍配子体无融合生殖、单倍配子体无融合生殖以及不定胚生殖三种类型。这几大类无融合生殖都可再细分为更多的类型，这里主要介绍以下三种。(1)孤雌生殖。卵细胞不经受精直接发育成胚的现象。有两种类型，一种是由经过减数分裂的胚囊中的含单倍染色体的卵发育成胚，这样的胚长成的植物体不能产生后代。这种类型在自然界罕见。大部分文献所报道的，差不多都是通过某种刺激(如冷处理、热处理、不同种花粉传粉等)诱导发生的，如曼陀罗属、小麦属等。由单倍体孤雌生殖产生的单倍体植物，经人工染色体加倍后可得到能育的二倍体植株。故在遗传育种上，有目的地采取各种措施，人工诱导单倍体孤雌生殖，进而对获得的单倍体进行人工加倍，以此来加快得到纯合二倍体的速度，用于生产自交系种子。另一种是由未经减数分裂的胚囊中的二倍体卵细胞发育成胚。如蒲公英、小金海棠等，它们产生的种子是能育的二倍体，并且所有种子中的胚都与母本植物具有完全相同的遗传信息，种子萌发后幼苗长势高度整齐一致，在果树生产中利用某些植物具有无融合生殖的特性可以培育出高度整齐一致的优质果苗砧木。(2)无配子生殖。由胚囊内卵细胞以外的非生殖性细胞，如助细胞、反足细胞或极核等不经受精而发育成单倍体胚的现象，见于韭菜、含羞草、鸢尾等植物。(3)不定胚生殖。由珠心或珠被细胞直接发育成胚的现象，见于柑橘属、高粱属等植物。

无融合生殖

无融合生殖与有性生殖不同，因为没有受精过程；它也与无性生殖不同，因为它不是以营养器官进行繁殖而是通过种子繁殖的。无融合生殖是有性生殖向无性生殖过渡的一种繁殖方式，无融合生殖具有稳定的遗传特性。

四、单性结实与无融合生殖的区别

相同点：都不经过受精作用但可以发育成果实。

不同点:单性结实的果实中不产生种子,而无融合生殖的果实中可以产生种子。

在果树生产中,由于单性结实和无融合生殖都没有经过两性细胞的融合,因此,有时也将无融合生殖列为单性结实之中,指能够产生单性种子的单性结实现象。

【思考题】

1.形成果实有哪几种机制?

2.果实必须经过双受精才能发育吗?

3.所有的果实都有种子吗?

4.所有的种子都是胚珠受精发育而成的吗?

第六节

果实与种子的传播

被子植物用以繁殖的特有结构是包在果实里受果实保护的种子,同时,果实的结构也有助于种子的散布。果实和种子散布各地,扩大后代植株的生长范围,对繁荣种族是有利的。果实形成后最重要的任务是把种子散布出去,而不同的果实结构有着不同的传播机制,如风力传播、水流传播、动物传播等。

多种植物的果实和种子是借助风力散布的,它们一般细小质轻,能飘浮在空气中被风吹送到远处;其次果实或种子的表面常生有絮毛、果翅,或其他有助于借风力飞翔的特殊构造。蒲公英果实上的冠毛如同降落伞,气流可将它们带到很远的地方,枫杨与槭树的果实两侧端延伸生长形成一对向后的翅,使它在气流中“滑翔飞行”。杨柳科中的杨树也是靠杨絮传播种子,果序将要成熟时,果开裂杨絮就四处飞扬。大街上杨絮到处散播会造成环境污染,因此,行道树应种雄株杨树,不能种雌株杨树。

喷瓜

有些植物的果实在急剧开裂时,产生机械力或喷射力,使种子散布出去。干果中的裂果类,果皮成熟后成为干燥坚硬的结构,由于果皮各层厚壁细胞的排列形式不一,随着果皮含水量的变化,容易在收缩时产生扭裂现象,借此把种子弹出,分散到远处。常见的大豆、蚕豆、凤仙花等果实有此现象,所以大豆、油菜等经济植物的果实,成熟后必须及时收获,不然,这些植物的果实在干燥后会自行开裂,把种子散布在田间,导致可收获的作物产量降低。

喷瓜 *Ecballium elaterium*（L.）A. Rich.，是葫芦科的一种植物，当果实成熟时，稍有触动此果实便会脱落，并从顶端将果实内的种子连同黏液一起喷射出去，射程可达5 m，果实长圆形，像一个瓜，喷瓜也因此而得名。大自然中喷瓜传播种子的本领已经达到了登峰造极的水平。

1. 借风力传播的果实：A. 蒲公英；B. 榆树；C. 槭树；D. 臭椿；E. 栾树；
2. 借人类或动物的活动进行传播的果实：F. 苍耳；G~H. 鬼针草；I. 蒺藜；J. 窃衣；
3. 借果实开裂的弹力和直落进行传播的果实：K. 绿豆；L. 凤仙花；M. 苦瓜；N. 兰花；O. 罂粟；
4. 借水力传播的果实：P. 莲；Q. 椰子。

适应不同传播方式的果实形态结构

水生和沼泽地生长的植物，果实和种子往往借水力传播。莲的果实，俗称莲蓬，呈倒圆锥形，组织疏松，质轻，漂浮于水面，随水流到各处，同时把种子远布各地。陆生植物中的椰子，它的果实也是靠水力传播的。椰果的中果皮疏松，富有纤维，适应在水中漂浮；内果皮又很厚实，可防止水分侵蚀；果实内含大量椰汁，可以使胚发育，这就使椰果能在咸水的环境条件下萌发。热带海岸地带多椰林分布，与椰果随水传播是有一定关系的。

一部分植物的果实和种子靠动物和人类的携带进行传播，这类果实和种子的外面生有刺毛、倒钩或有黏液，能挂在或黏附于动物的毛、羽或人们的衣裤上，随着动物和人类的活动无意中把它们散布到较远的地方，如窃衣、鬼针草等。同时，由于多种植物的肉质果实甜香多汁，成为某些动物和人类的食物，动物或人类在取食时往往把种子随处抛弃，种子借此得到了广为散布的机会。无花果的果实经鸟啄食后，消化了除种子以外的营养物质，便把种子随鸟粪排出，种子不仅能传播到其他地方且更易萌发。

部分参考文献

[1]李育农.苹果属植物种质资源研究[M].北京:中国农业出版社,2001.

[2]李光晨,范双喜.园艺植物栽培学[M].北京:中国农业大学出版社,2004.

[3]E.G.卡特.植物解剖学 上 细胞与组织 第2版[M].李正理,等译.北京:科学出版社,1986.

[4]李正理,张新英.植物解剖学[M].北京:高等教育出版社,1983.

[5]李名扬.植物学[M].北京:中国林业出版社,2004.

[6]李扬汉.植物学[M].上海:上海科学技术出版社,1978.

[7]《全国中草药汇编》编写组.全国中草药汇编 上[M].北京:人民卫生出版社,1975.

[8]《全国中草药汇编》编写组.全国中草药汇编 下[M].北京:人民卫生出版社,1978.

[9]任仁安.中药鉴定学[M].上海:上海科学技术出版社,1986.

[10]四川省中医药研究院南川药物种植研究所,四川省中药材公司.四川中药材栽培技术[M].重庆:重庆出版社,1988.

[11]熊济华.重庆缙云山植物志[M].重庆:西南师范大学出版社,2005.

[12]杨晓红.植物学[M].北京:科学出版社,2019.

[13]祁承经,汤庚国.树木学 南方本[M].3版.北京:中国林业出版社,2015.

[14]徐汉.植物学[M].北京:北京农业大学出版社,1994.

[15]杨继.植物生物学[M].2版.北京:高等教育出版社,2007.

[16]杨世杰,汪矛,张志翔.植物生物学[M].3版.北京:高等教育出版社,2017.

[17]俞德浚.中国果树分类学[M].北京:农业出版社,1979.

[18]郑湘如,王丽.植物学[M].北京:中国农业大学出版社,2001.

[19]周云龙,刘全儒.植物生物学[M].4版.北京:高等教育出版社,2016.

植物中文名称索引

（按汉语拼音排序）

J

Z

植物拉丁名索引

（按英文字母排序）

D